Florian Aigner

Warum wir nicht durch Wände gehen*

*unsere Teilchen aber schon

Ein Reiseführer durch
die Welt der Quanten

Brandstätter

Inhalt

Wie man dieses Buch lesen soll

Wer dieses Buch liest, wird sich wundern. Es ist ein Buch über kleine Teilchen und große Ideen. Es geht um Elektronen und Atome, um Menschen und Katzen, um Sterne und das Universum. Dieses Buch stellt die vielleicht faszinierendste wissenschaftliche Theorie vor, die sich Menschen jemals ausgedacht haben: die Quantentheorie.

Auf Formeln wird in diesem Buch verzichtet – mathematisches Vorwissen ist nicht nötig. Es geht darum, die wichtigsten Grundgedanken der Quantenphysik Schritt für Schritt kennenzulernen – auf einfache, leicht nachvollziehbare Weise, ohne Fachjargon und ohne philosophisches Brimborium.

Es ist ein Buch für Menschen, die von Quantentheorie noch keine Ahnung haben und sich in eine fantastische neue Welt einladen lassen wollen. Es ist aber auch ein Buch für Menschen, die vielleicht schon einiges über Quantentheorie gelesen haben und manches noch genauer verstehen möchten. Oder auch für all jene, die bereits recht viel über Quanten wissen, aber sich darüber freuen, manches aus einem neuen Blickwinkel präsentiert zu bekommen – vom Welle-Teilchen-Dualismus bis hin zu moderneren Themen wie der Bellschen Ungleichung oder der Quantendekohärenz.

→ Weil man nicht alle Anforderungen gleichzeitig erfüllen kann, gibt es im Buch immer wieder spezielle Einschübe, die anders formatiert sind – so wie dieser Absatz. Dabei handelt es sich um Zusatzinformation, um genauere, manchmal etwas technischere Erklärungen. Diese Zusatzabschnitte sind nicht nötig, um das zu verstehen, was danach kommt. Man kann sie also entweder mitlesen oder getrost überblättern. Oder zuerst ignorieren und dann ganz am Ende nachlesen. Oder am Ende bloß behaupten, sie gelesen zu haben. Es gibt keine Regeln.

Zusätzlich gibt es am Ende des Buchs auch noch ein Glossar, in dem man zu einigen wichtigen Begriffen noch ein paar erklärende Anmerkungen finden kann.

Auf jeden Fall werden wir auf unserer Reise durch die Welt der Quanten auf viele verrückte Geschichten stoßen: Es wird um den Unterschied zwischen Tomaten und Elektronen gehen, um das bestmögliche Versteck für einen Nobelpreis in Kopenhagen, um Quantenbomben, Raumschiffe und Teleportation.

Wir werden uns merkwürdige Fragen stellen: Warum können wir nicht durch Wände laufen, wenn die Materie doch eigentlich hauptsächlich aus Zwischenräumen besteht? Was bedeutet das Gedankenexperiment von Schrödingers Katze, die angeblich gleichzeitig tot und lebendig sein kann? Und wie ist es überhaupt möglich, dass wir eine eindeutige, klare Wirklichkeit erleben, wenn die Welt auf mikroskopischer Ebene ein wildes, unscharfes Quantengeflimmer ist?

Indem wir solche Fragen unter die Lupe nehmen, wird uns Schritt für Schritt vieles klarer – was Quantenüberlagerungen sind, wie die Welt der kleinen Teilchen mit unserer gewohnten Alltagswelt zusammenhängt oder warum Quantenverschränkung etwas völlig anderes ist als Sockensortieren.

Wer sich mit Quantentheorie beschäftigt, wird sich von Anfang an wundern – und wird sich am Ende noch immer wundern. Aber auf deutlich höherem Niveau und mit einem erweiterten Blick auf die Welt. Und das ist ein Fortschritt, den man sich nicht entgehen lassen sollte.

FLORIAN AIGNER

Wellen, Teilchen, Quantenschwubbel

Warum es uns nicht überraschen sollte, dass uns die Quantenphysik überrascht, warum Tomaten und Wasserwellen völlig unterschiedliche Dinge sind und wie man die wahre Natur des Lichts verstehen kann: Licht ist weder Welle noch Teilchen, sondern gewissermaßen beides gleichzeitig.

Das Universum ist gar nicht so kompliziert. Und das ist auch gut so. Über viele Grundregeln der Natur müssen wir im Alltag kaum nachdenken, weil sie uns völlig selbstverständlich vorkommen.

Wenn eine Katze nach links läuft, dann läuft sie in diesem Augenblick garantiert nicht nach rechts. Wenn mir ein Ei auf den Boden fällt, ist es danach entweder kaputt oder es ist heil geblieben. Wenn ich eine Tomate in hohem Bogen gegen eine Wand werfe, dann bewegt sie sich Punkt für Punkt auf einer ganz bestimmten Bahn, bis sie an die Wand klatscht und als roter Matschfleck kleben bleibt.

Nichts davon erscheint uns überraschend. So verhalten sich Objekte eben, so haben wir das unser ganzes Leben lang beobachtet. Wir haben ein ziemlich gutes Bauchgefühl dafür, welches Verhalten wir von der Natur erwarten können.

Doch wenn wir uns mit Quantenphysik beschäftigen, dann lässt uns dieses Bauchgefühl plötzlich im Stich. Atome, Moleküle und andere Quantenteilchen verhalten sich völlig anders als Katzen, Eier oder Tomaten.

Wenn sich ein Atom nach links bewegt, kann es sich gleichzeitig auch nach rechts bewegen. Ein Molekül, das mit einem Laserstrahl getroffen wird, kann gleichzeitig auseinanderbrechen und ganz bleiben. Ein Elektron, das sich um den Atomkern bewegt, folgt keiner bestimmten Bahn. Wenn es sich vor einem Augenblick links vom Atomkern befunden hat und jetzt rechts davon, dann muss es den Weg dazwischen nicht Punkt für Punkt zurückgelegt haben.

Aber was soll das nun bedeuten? Wie sollen wir uns das vorstellen? Auf welche Weise soll das jemals Sinn ergeben? Solche Phänomene passen einfach nicht zu unserem schönen, übersichtlichen Weltbild, das wir uns im Kopf zurechtgebastelt haben. Wenn es um Quantenteilchen geht, dann ist unsere Intuition überfordert, unser Bauchgefühl knickt ein, unser Alltagsverstand muss sich geschlagen geben.

Daraus wird dann leider oft der Schluss gezogen, die Quantentheorie sei etwas prinzipiell Unverständliches. Wenn man sich nicht die Mühe machen will, verwirrenden Dingen auf den Grund zu gehen, kann man natürlich auch einfach mit bedeutungsvoller Stimme verkünden: „Ein Teilchen, das sich gleichzeitig nach links und nach rechts bewegt, das widerspricht dem gesunden Menschenverstand! Die Quantentheorie ist also völlig verrückt und für unseren menschlichen Geist unbegreiflich! Niemand kann die Quantenphysik wirklich verstehen!"

Aber damit hat man nichts gewonnen, nichts erklärt und niemandem geholfen. Man hat bloß mystisches Bauchkribbeln produziert, keine nützliche Erkenntnis. Manche Leute driften dann überhaupt in magisches Denken ab und bringen Quantentheorie mit esoterischen Ideen in Verbindung – von übersinnlicher Gedankenübertragung bis hin zu Wunderheilungen. Nichts daran ist sinnvoll.

Im Universum gelten Regeln, auf die man sich verlassen kann. Egal ob man ein Mensch ist oder ein Atom, eine Katze oder ein Laserstrahl – an die Naturgesetze halten sich alle. Das gilt auch in der Welt der kleinen Teilchen. Wir müssen uns bloß darauf einlassen, dass die Regeln der Quantentheorie ein bisschen anders funktionieren als die Regeln unseres Alltags. Und genau das wollen wir nun versuchen: Wir wollen über unsere gewohnten Alltagserfahrungen hinausgehen und Schritt für Schritt immer besser verstehen, warum die merkwürdigen Regeln der Quantentheorie bei näherer Betrachtung gar nicht so merkwürdig sind.

Die Welt in Tausenderschritten

Dass die Quantentheorie nicht so recht zu unserer Alltagserfahrung passt, sollte niemanden verwundern: Schließlich sind die Objekte, mit denen wir Tag für Tag zu tun haben, nun mal gigantisch groß, verglichen mit Atomen oder anderen Teilchen, für die man die Quantentheorie entwickelt hat.

Wir Menschen haben eine Größe von ungefähr einem Meter. Oder vielleicht sind es auch zwei – für Größenordnungsabschätzungen spielt das keine Rolle. Kleine Insekten sind ungefähr tausendmal kleiner als wir, sie werden in Millimetern gemessen. Natürlich gelten für Ameisen oder Mücken dieselben Naturgesetze wie für uns, aber die Physik fühlt sich auf Millimeter-Skala bereits völlig anders an.

So ist zum Beispiel Wasser in unserer Alltagserfahrung etwas Fließendes. Wenn man ein Gefäß mit Wasser füllt, passt sich das Wasser genau an dessen Form an. Ameisen hingegen kennen Wassertropfen auch als große Kugeln, die nach dem Regen plötzlich auf Blättern herumliegen.

Gravitation ist die Kraft, die unseren menschlichen Alltag am stärksten bestimmt, zumindest wenn wir uns nicht gerade in einer Raumstation befinden. Sie sagt uns, wo oben und unten ist, sie bewirkt, dass wir erschöpft sind, wenn wir die

Einkaufstasche in den vierten Stock schleppen, und dass wir uns den Fuß verstauchen, wenn wir vom Apfelbaum herunterfallen.

Auch Ameisen spüren die Gravitation, aber im Ameisenalltag hat sie eine völlig andere Bedeutung. Man kann als Ameise problemlos auf der Unterseite eines Blattes herumkrabbeln, ohne den Halt zu verlieren, oder einen Baumstamm hochlaufen, ohne danach außer Atem zu sein. Und wenn eine Ameise abstürzt und Hunderte Ameisenkörperlängen weit zu Boden fällt, dann bricht sie sich dabei kein einziges Bein.

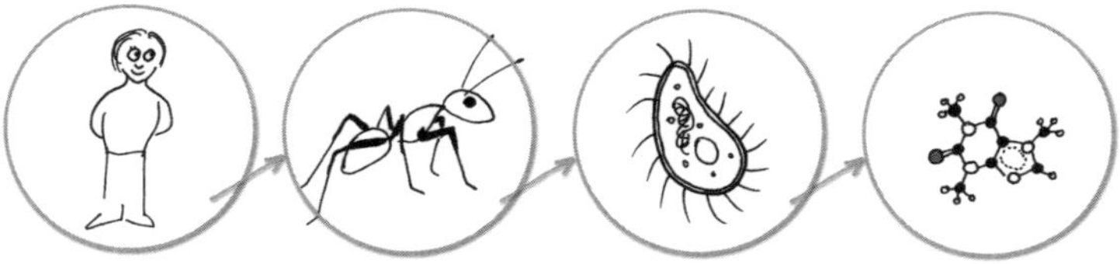

Schon in der Welt der Ameisen gelten also bereits völlig andere Alltagsregeln als bei uns. Aber es geht noch viel weiter. Wenn wir einen weiteren Tausenderschritt machen, bringt uns der von Millimetern zu Mikrometern – von Ameisen zu Bakterien. Wieder sind wir in einer völlig anderen Welt angekommen. Und wenn wir von den Bakterien noch einen Tausenderschritt wagen, dann sind wir bei Nanometern, der Größenordnung von Molekülen und Atomen. Noch zwei weitere Tausenderschritte brauchen wir, um bei der Größenordnung von Protonen und Neutronen anzukommen.

Es ist daher nicht überraschend, sondern sogar ziemlich erwartbar, dass sich die Regeln der Quantenwelt von unseren Alltagsregeln unterscheiden. Für jede Ebene braucht man eben andere Konzepte, Begriffe und Werkzeuge. Mit einem Presslufthammer kann man keine Atome spalten.

Tatsächlich überraschend ist hier etwas ganz anderes – nämlich, dass wir Menschen heute technisch in der Lage sind, solche winzigen Quantenteilchen zu manipulieren. Wir können mit einzelnen Atomen herumspielen oder ihnen gezielt ein Elektron wegnehmen. Und das, obwohl wir milliardenfach größer sind als sie. Das ist ähnlich verrückt, als würden Planeten einem Menschen eine neue Frisur verpassen.

Neue Ideen und alte Begriffe

Es gibt zwei ganz unterschiedliche Arten, etwas zu verstehen. Manchmal lernen wir etwas dazu, indem wir den Gedanken, die bereits in unserem Kopf sind, eine neue Ordnung geben. Wir entdecken eine neue Beziehung zwischen Dingen, die wir bereits kennen. Ich weiß, was Spinnen sind, und ich weiß, was Beine sind. Ich erfahre, dass Spinnen genau acht Beine haben, und habe etwas gelernt.

Manchmal genügt das aber nicht. Wenn wir auf etwas völlig Unbekanntes stoßen, dann müssen wir in unserem Kopf ein neues Konzept hinzufügen, eine neue Kategorie anlegen, einen neuen Gedanken wachsen lassen. Ein Kind, das bisher nur mit Menschen zu tun hatte und nun mit quietschender Begeisterung zum ersten Mal eine Katze sieht, lernt dabei etwas grundlegend Neues. Die Katze ist kein kleiner Fellmensch mit Krallen. Sie ist etwas fundamental anderes. Man muss im Kopf das neue Konzept „Katze“ anlegen, dann kann man mit der Katze spielen und sich an sie gewöhnen. Und irgendwann wird sie etwas Alltägliches.

Für Kinder ist das kein Problem. Dann sollte es aber auch für uns kein Problem sein, Quantenteilchen als etwas Neues zu akzeptieren. Ein Elektron ist keine winzige Tomate mit elektrischer Ladung. Es ist etwas fundamental anderes. Man muss im Kopf das neue Konzept „Quantenteilchen“ anlegen, dann kann man wissenschaftlich mit den Elektronen spielen und sich an sie gewöhnen. Und irgendwann wird auch das Quantenteilchen etwas Alltägliches.

Wenn wir krampfhaft versuchen, die Quantenphysik irgendwie mit unserer Alltagserfahrung zu erklären, machen wir uns das Leben unnötig schwer. Wir verwirren uns selbst, wenn wir für die Welt der Quanten Begriffe verwenden, die wir uns für Dinge aus unserer Alltagswelt ausgedacht haben. Das kann nicht wirklich gut gehen.

Wenn man Quantenphysik verstehen möchte, stößt man manchmal auf merkwürdige Sätze, wie etwa: „Quantenteilchen haben Wellen- und Teilcheneigenschaften." Das ist tatsächlich nicht falsch, aber es ist auch nicht besonders hilfreich. „Welle" und „Teilchen" sind Alltagsbegriffe, mit denen wir Alltagsregeln in Verbindung bringen, die auf Quantenobjekte einfach nicht zutreffen – und das führt zu Verwirrungen.

Vielleicht käme uns heute die Quantenphysik viel weniger merkwürdig und irritierend vor, wenn man von Anfang an für die neuen Konzepte der Quantenwelt auch neue Begriffe erfunden hätte. Vielleicht wäre es einfacher, wenn man niemals von einem „wellenartigen Quantenteilchen" oder „teilchenartigen Quantenwellen" gesprochen hätte, sondern von einem „Quantenschwubbel" oder einem „Materieflubber". Leider gibt es die Begriffe „Welle" und „Teilchen" aber nun einmal, wir müssen uns wohl oder übel damit abfinden.

Teilchen und Wellen

Woran denken wir, wenn wir von „Teilchen" reden? Vielleicht an so etwas wie Sandkörner. Wenn ich eine Handvoll Sand in die Luft werfe, dann ist es extrem schwierig, die Bahn eines einzelnen Sandkorns nachzuverfolgen. Aber prinzipiell ist es möglich. Für uns ist völlig klar: Jedes einzelne Sandkorn hat seine eigene Bahn, und zu jedem Zeitpunkt hat es einen ganz bestimmten Aufenthaltsort.

Der Abstand zwischen diesem Sandkorn und dem Fußboden gemessen in Metern, exakt zwei Sekunden, nachdem ich den Sand in die Luft geworfen habe, ist eine ganz bestimmte Zahl. Natürlich können wir diese Zahl nie mit unendlich hoher Genauigkeit ermitteln, aber wir gehen gedanklich davon aus, dass diese Zahl existiert. Oder etwas feierlich ausgedrückt: Wir kennen diese Zahl zwar nicht, aber die Natur selbst kennt sie ganz genau. Die Zahl, mit ihren unendlich vielen Nachkommastellen, ist Teil der Wirklichkeit. Wenn wir immer bessere Messgeräte verwenden, dann können wir die Flugbahn der Sandkörner immer genauer vermessen und so der perfekten, unendlich genau festgelegten Wirklichkeit im Prinzip immer näher kommen. Das ist das Teilchenbild der klassischen Physik. So stellte man sich das bis zur Entwicklung der Quantentheorie vor. Und für viele praktische Probleme ist das auch nach wie vor eine sehr nützliche Sichtweise.

Wenn wir hingegen von „Wellen" sprechen, dann denken wir an etwas ganz anderes. Eine Welle ist ein Ungleichgewicht, das sich ausbreiten kann. Eine spiegelglatte Wasseroberfläche eines Teichs kann aus dem Gleichgewicht gebracht werden, indem man einen Stein hineinfallen lässt – dann entsteht eine Wasserwelle. Die ruhige Luft im Konzertsaal kann aus dem Gleichgewicht gebracht werden, indem auf der Bühne jemand zu singen beginnt – dann entsteht eine Schallwelle.

Wellen bewegen sich auf völlig andere Weise als Sandkörner oder Steine. Die Welle befindet sich zu einem gegebenen Zeitpunkt nicht bloß an einem bestimmten Ort. Sie erfasst immer verschiedene Orte gleichzeitig – sonst wäre sie keine Welle. Wenn die Sängerin auf der Bühne Schallwellen produziert, dann breiten sie sich im Saal aus, sie erreichen mich genauso wie den Zuhörer sieben Sitzplätze links von mir. Der Stein, der in den Teich fällt, verursacht eine kreisrunde Wasserwelle, die sich in alle Richtungen gleichzeitig bewegt, den ganzen Teich erfüllt und an unterschiedlichen Punkten des Ufers gleichzeitig ankommt.

Wellen haben noch eine andere, sehr wichtige Eigenschaft, die sie grundlegend von Teilchen unterscheidet: Sie können sich mit anderen Wellen überlagern. Im Gegensatz zu Teilchen können sich zwei Wellen problemlos am selben Ort aufhalten. Sie können einander widerstandslos durchdringen und sich zu einer Gesamtwelle vereinen. Wenn wir zwei Steine in denselben Teich werfen, entstehen zwei kreisrunde Wellen, die ein kompliziertes Wellenmuster ergeben. Wenn zwei Sängerinnen auf der Bühne singen, vereinen sich ihre Schallwellen zu einem komplizierteren Klang.

Oft überlagern sich Wellen einfach mit sich selbst: Stellen wir uns ein Wasserbecken vor, in dem wir Wellen erzeugen – und zwar sehr gleichmäßig: eine Serie von Wellenbergen und Wellentälern, mit immer gleicher Wellenlänge. Dieses regelmäßige Wellenmuster breitet sich im Wasser aus, bis es den Beckenrand erreicht. Dort wird es wie ein Echo zurückgeworfen. Die Wellenberge und Wellentäler, die Richtung Beckenrand wandern, überlagern sich mit den Wellenbergen und Wellentälern, die vom Beckenrand reflektiert werden.

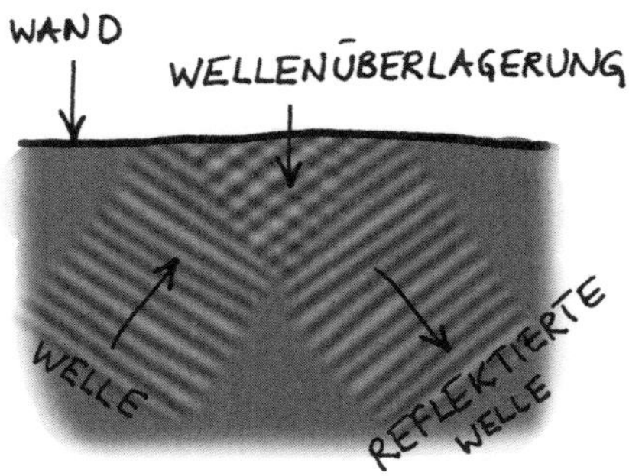

Dabei werden sie zu einem Gesamtwellenmuster addiert: Wo ein Wellenberg auf einen Wellenberg trifft, entsteht ein noch höherer Wellenberg. Wo ein Wellental auf ein Wellental trifft, entsteht ein noch tieferes Wellental. Und dort, wo sich ein Wellenberg mit einem Wellental addiert, gleicht beides einander aus. Das ist vielleicht das wichtigste Wellenphänomen überhaupt – das Phänomen der Interferenz: Wenn man Wellen überlagert, dann können sie sich an manchen Stellen verstärken und an anderen Stellen auslöschen. Welche Stellen das sind, hängt von der Form der Welle ab und von ihrer Wellenlänge. Auf diese Weise können komplizierte Wellenmuster entstehen.

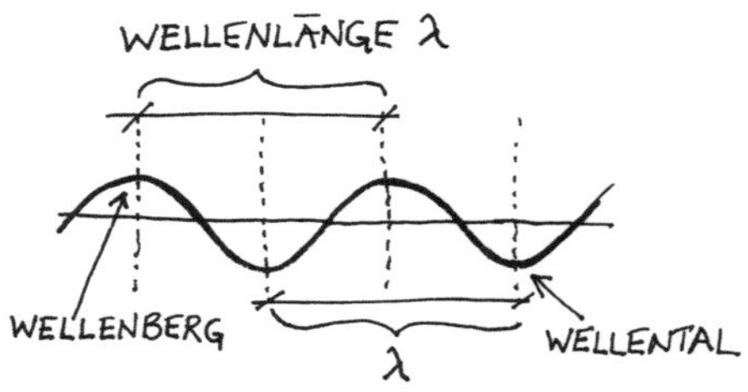

Die Welle besteht aus Wellenbergen und Wellentälern, der Abstand zwischen zwei Gipfeln oder zwischen zwei Tälern ist die Wellenlänge – oft mit dem Buchstaben λ (Lambda) abgekürzt.

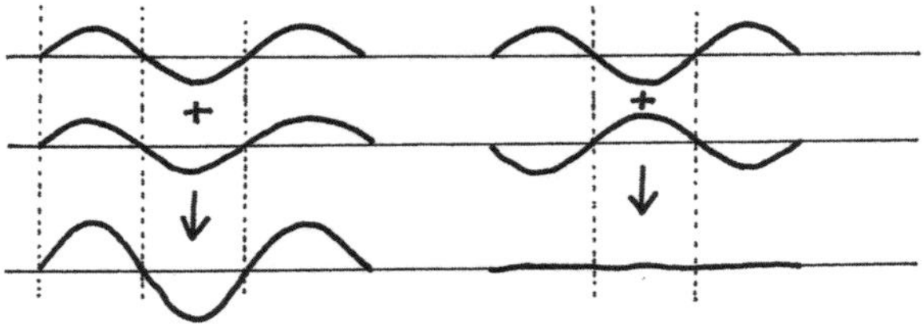

Wellen addieren sich: Wenn sich zwei Wellen überlagern, bei denen Wellenberge und Wellentäler genau zusammenpassen (links), dann verstärken sie einander – das ist „konstruktive Interferenz“. Trifft hingegen der Wellenberg der einen Welle genau auf ein Wellental der anderen Welle, dann löschen sie einander aus (rechts) – das ist „destruktive Interferenz“.

Entscheidend ist: Nur Wellen haben diese Eigenschaft. Wenn man keine Welle ist, kann man auch nicht interferieren. Ein Fußball, der von der Hauswand abprallt, wird sich niemals mit sich selbst zu einem interessanten Wellenmuster überlagern. Wenn man beim Ausparken versucht, das eigene Auto mit dem Nachbarauto zu überlagern, dann addieren sich die beiden nicht zu einem komplizierteren Auto, sondern beide sind kaputt. Interferenz ist ganz eindeutig ein Wellenphänomen.

Was ist Licht?

Meistens ist es also ziemlich einfach, zwischen Teilchen und Wellen zu unterscheiden. Schwieriger ist die Sache aber bei Licht. Hat Licht nun Wellen- oder Teilcheneigenschaften? Licht breitet sich in alle Richtungen aus, und Licht kann problemlos mit Licht überlagert werden, ohne dass es zu Kollisionen kommt. Deshalb kann man mit den Lichtstrahlen von zwei Taschenlampen keinen Schwertkampf durchführen. Das spricht eher für einen Wellencharakter des Lichts. Allerdings nehmen wir im Alltag normalerweise keine Lichtwellenmuster wahr. Es könnte sich bei Licht also auch einfach um einen Strom von winzig kleinen, sehr leichten Teilchen handeln.

Diese These vertrat Isaac Newton, einer der größten Physiker der Geschichte. Newton hatte als Erster eine präzise Theorie der Gravitation entwickelt, er hatte wichtige Prinzipien der Mechanik ergründet und die Bahnen der Planeten berechnet. Und nun wollte er auch noch die Rätsel der Optik lösen. „Opticks" hieß sein großes Werk, in dem er zu Beginn des achtzehnten Jahrhunderts versuchte, Phänomene wie Reflexion, Brechung und Ablenkung des Lichts zu erklären – und zwar, indem er das Licht als winzige, rasend schnelle Teilchen beschrieb.

Der niederländische Forscher Christiaan Huygens hingegen sah das anders. Er war Astronom und stellte präzise geschliffene Linsen für besonders leistungsfähige Teleskope her. Um das Verhalten seiner optischen Apparate zu verstehen, verwendete er eine Theorie, die Newtons Lichtteilchen-These radikal widersprach. Huygens betrachtete Licht als Überlagerung unzähliger Wellen. Das war offenbar ebenfalls eine nützliche Sichtweise, denn mithilfe dieser Lichtwellentheorie konnte Huygens seine Linsen weiter verbessern.

Doch sich mit dem großen Isaac Newton anzulegen, war damals keine besonders gute Idee. Mit Widerspruch konnte Newton nämlich nicht besonders gut umgehen. Wer an die Wellennatur des Lichts glaubte, war ihm verhasst – und dem großen Isaac Newton verhasst zu sein, war für niemanden angenehm, Newton war schließlich eine berühmte wissenschaftliche Autorität. Das mag ein wichtiger Grund dafür gewesen sein, dass sich die Wellentheorie des Lichts damals nicht richtig durchsetzen konnte.

Solche Streitereien wie die zwischen Huygens und Newton können den Lauf der Wissenschaft manchmal auf ärgerliche Weise bremsen – doch völlig aufhalten können sie ihn nicht. Es kam, wie es kommen musste: Irgendwann hat ein kluger Kopf eine gute Idee, mit der man einen entscheidenden Schritt weiterkommt. Und in diesem Fall gehörte dieser Kopf dem englischen Forscher Thomas Young.

In den ersten Jahren des neunzehnten Jahrhunderts, ungefähr hundert Jahre nach Newtons Teilchentheorie des Lichts, dachte sich Thomas Young verschiedene Experimente aus, um die Wellennatur des Lichts zu untersuchen – darunter auch das berühmte Doppelspaltexperiment.

Das Doppelspaltexperiment – mit Tomaten und Wasserwellen

Ein Doppelspalt ist etwas äußerst Einfaches: Eine Platte mit zwei Schlitzen – mehr braucht man nicht, um festzustellen, ob etwas eine Welle ist oder nicht. Man kann sich leicht überlegen, was passiert, wenn man verschiedene Dinge durch diesen Doppelspalt schickt.

Nehmen wir zuerst ganz gewöhnliche Objekte aus der klassischen Physik, die ganz bestimmt keine Wellen sind – zum Beispiel überreife Tomaten. Wir können eine Tomate nach der anderen mit Wucht an die Wand werfen. Dann entsteht dort ein großer, roter Tomatenfleck. Nun stellen wir uns vor, wir sägen eine Öffnung in eine große Platte, die wir dann vor dieser Wand aufstellen. Wenn wir jetzt wieder Tomaten werfen, dann treffen sie entweder die Platte, oder sie fliegen durch die Öffnung und klatschen dahinter an die Wand. Der Tomatenfleck kann sich nur direkt hinter der Öffnung befinden – alle Tomaten, die anderswo auf die Wand getroffen wären, wurden von der Platte aufgehalten.

Wenn wir nun noch eine zweite Öffnung in die Platte schneiden und wieder Tomaten werfen, werden wir diesmal an der Wand nicht einen, sondern zwei rote Tomatenflecke sehen: Der linke Fleck stammt von Tomaten, die durch die linke Öffnung geflogen sind, und der rechte Fleck stammt von Tomaten, die durch die rechte Öffnung geflogen sind. Es kann auch sein, dass sich die beiden Flecke in der Mitte überlappen.

Fest steht: Wenn wir den linken Schlitz verschließen, können die Tomaten nur durch den rechten Schlitz fliegen, dadurch entsteht ein ganz bestimmtes Tomatenmatschbild. Und wenn wir den rechten Schlitz verschließen, können die Tomaten nur durch den linken Schlitz fliegen, dadurch entsteht ein anderes Tomatenmatschbild. Wenn wir beide Schlitze offen halten, bekommen wir ein Tomatenmatschbild, das einfach der Summe der beiden Einzelmatschbilder entspricht. Nichts daran ist überraschend oder geheimnisvoll – so verhalten sich klassische Objekte nun einmal.

Nun führen wir genau dasselbe Experiment mit Wellen durch – zum Beispiel mit Wasserwellen. Wir teilen ein Wasserbecken mit einem Brett in zwei Hälften, und auch in dieses Brett schneiden wir wieder eine Öffnung. Auf der einen Seite erzeugen wir nun schöne, regelmäßige Wellen, die sich auf das Brett mit der Öffnung zubewegen.

Sobald die Welle das Brett erreicht, wird die Öffnung zum Ausgangspunkt einer neuen Welle, die sich halbkreisförmig in die andere Seite des Beckens ausbreitet. Jede Stelle im Becken wird manchmal von einem Wellenberg erreicht und dann wieder von einem Wellental, schön abwechselnd und regelmäßig.

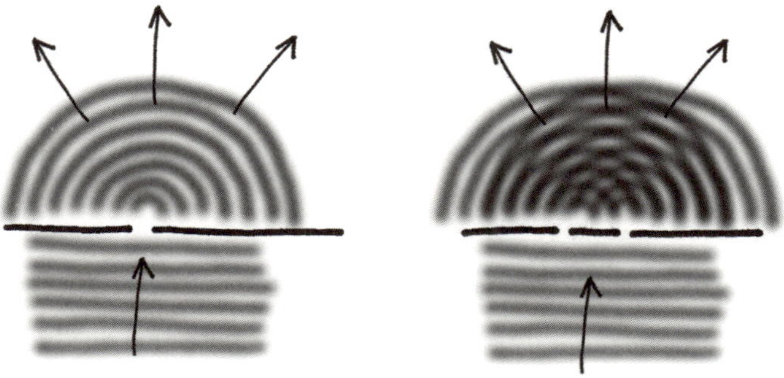

Links bewegt sich eine Welle auf ein Brett zu, das eine Öffnung hat. Diese Öffnung wird nun zum Ausgangspunkt einer neuen, halbkreisförmigen Welle. Rechts hat das Brett zwei Öffnungen – somit breiten sich nun zwei Wellen halbkreisförmig aus und überlagern einander.

Nun kommt der zweite Teil des Experiments: Wir schneiden eine zweite Öffnung ins Brett. Beide Öffnungen werden gleichzeitig von unserer Welle erreicht, beide Öffnungen werden zum Ausgangspunkt halbkreisförmiger Wellen. Das Brett mit seinen Öffnungen macht aus unserer Welle zwei verschiedene Teilwellen, die sich dann miteinander überlagern und dadurch ein Wellenmuster erzeugen: An manchen Punkten löschen sich Wellenberge und Wellentäler gegenseitig aus, an manchen Stellen verstärken sie einander.

→ Man kann sich leicht überlegen, wie dieses Wellenmuster genau aussehen muss: Jede Stelle im Wasserbecken wird nun von Wellenbergen und Wellentälern erreicht, die von der linken Öffnung stammen, und von Wellenbergen und Wellentälern, die von der rechten Öffnung stammen. Es gibt Stellen, die von beiden Öffnungen genau gleich weit entfernt sind. Das bedeutet: Wenn dort ein Wellenberg von der linken Öffnung ankommt, dann kommt genau zur selben Zeit dort auch ein Wellenberg von der rechten Öffnung an. Und wenn die Welle, die von der linken Öffnung kommt, gerade in der Wellental-Phase ist, dann ist in diesem Augenblick auch die Welle von der rechten Öffnung in der Wellental-Phase. Man sagt in diesem Fall: Es gibt dort keinen Phasenunterschied zwischen den beiden Wellen.

An solchen Punkten ist der Wellengang maximal: Mal addieren sich dort Wellenberg und Wellenberg zu noch höheren Wellenbergen, mal addiert sich Wellental mit Wellental zu einem noch tieferen Wellental. Die Teilwellen verstärken einander – das nennt man „konstruktive Interferenz".

Wir können uns aber auch eine andere Stelle ansehen, zum Beispiel eine, die genau drei Wellenlängen von der rechten Öffnung entfernt ist und dreieinhalb Wellenlängen von der linken Öffnung. Dort ist die Situation anders: Immer, wenn von der einen Öffnung ein Wellenberg herankommt, kommt gleichzeitig von der anderen Öffnung ein Wellental heran, und umgekehrt. Die beiden Teilwellen löschen einander immer aus – das nennt man „destruktive Interferenz". An solchen Stellen bewegt sich das Wasser überhaupt nicht.

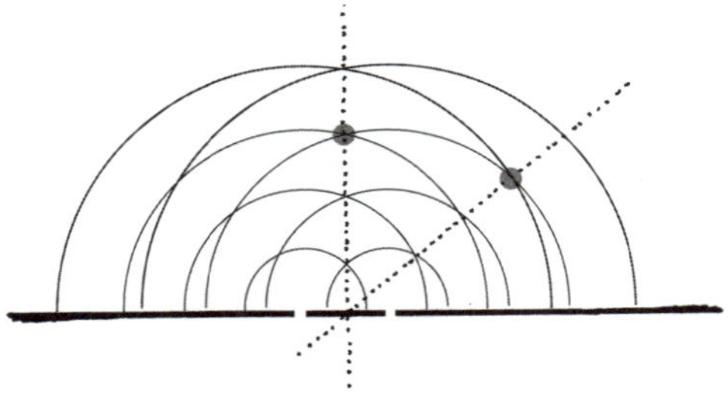

Der graue Punkt in der Mitte ist von beiden Öffnungen genau drei Wellenlängen weit entfernt. Der graue Punkt rechts hingegen ist drei Wellenlängen von der rechten und vier Wellenlängen von der linken Öffnung entfernt. In beiden Punkten kommen die beiden Teilwellen von den beiden Öffnungen in derselben Phase an. Irgendwo dazwischen gibt es auch einen Punkt, der drei Wellenlängen von der rechten und dreieinhalb Wellenlängen von der linken Öffnung entfernt ist.

Wenn wir noch ein bisschen weiter zur Seite gehen, dann kommen wir an einen Punkt, der drei Wellenlängen von der rechten Öffnung und vier Wellenlängen von der linken Öffnung entfernt ist. Der Unterschied beträgt also genau eine Wellenlänge – und somit kommt es wieder zu konstruktiver Interferenz. Auch dort kommen beide Teilwellen in perfekter Phasengleichheit an. Wenn wir den Beckenrand entlangspazieren, dann sehen wir dort abwechselnd Stellen, an denen sich die Wasseroberfläche heftig bewegt, und Stellen, an denen sie ziemlich ruhig bleibt – eine wechselnde Abfolge von konstruktiver und destruktiver Interferenz.

Dieses Wechselspiel aus Stellen mit hohem Wellengang und Stellen mit ruhigem Wasser lässt sich nur durch das Zusammenspiel der beiden Wellen erklären. Wenn wir abwechselnd eine der Öffnungen verschließen, ist der Wellengang immer überall ungefähr gleich hoch – der Wellengang beim Doppelspalt ist also nicht einfach die Summe der Einzel-Wellengänge.

Licht als Welle

Nun haben wir also geklärt, wie man mithilfe eines Doppelspalts erkennen kann, ob etwas eine Welle oder ein Teilchen ist: Teilchen verursachen hinter dem Doppelspalt einen Doppelfleck – wie die Tomaten. Wellen hingegen erzeugen eine wechselnde Abfolge von Wellenmaxima und Wellenminima – ein lang gestrecktes Interferenz-Wellenmuster.

Damit können wir nun zu Thomas Young zurückkehren: Genau mit diesen Überlegungen wollte Young ein für alle Mal klären, ob Licht nun eine Welle ist oder nicht. Man muss einfach nur ein Doppelspaltexperiment mit Licht durchführen. Ein Zimmer wird fast vollständig abgedunkelt, nur durch ein winziges Loch kann ein Sonnenstrahl hereinkommen, an der gegenüberliegenden Wand wird er als kleiner heller Fleck sichtbar. In diesen Lichtstrahl hält man nun eine Karte mit zwei eng nebeneinanderliegenden Schlitzen. Das Licht, das durch die Schlitze hindurchgeht, trifft dahinter auf die Wand.

Die beiden Schlitze teilen den Lichtstrahl in zwei getrennte Strahlen auf. Wenn Licht tatsächlich eine Welle ist, dann hat man es nun also mit zwei Wellen zu tun, die einander überlagern, wenn sie am anderen Ende des Zimmers beide auf dieselbe Stelle an der Wand treffen. Und tatsächlich konnte Thomas Young zeigen, dass auf diese Weise ein ausgedehntes Interferenz-Wellenmuster entsteht, ein regelmäßiges Streifenmuster aus hellen und dunklen Bereichen, genau wie man es von einer Welle erwarten würde.

Damit schien Isaac Newton mit seiner Teilchen-Theorie des Lichts widerlegt. So ein Interferenzmuster lässt sich mit der Lichtteilchen-These nicht erklären. Newton war damals schon lange tot – hätte er Youngs Experiment noch miterlebt, hätte er sich wohl mächtig geärgert.

Licht ist also eine Welle. Damit lässt sich vieles wunderbar verstehen – zum Beispiel, dass Licht unterschiedliche Farben haben kann. Die Farbe des Lichts ist nichts anderes als seine Wellenlänge. Rotes Licht hat eine etwas größere Wellenlänge, violettes Licht hat eine etwas kürzere Wellenlänge. Alle anderen sichtbaren Farben liegen dazwischen. Wellenlängen unterhalb von Rot und oberhalb von Violett gibt es auch, aber unsere Augen können sie nicht wahrnehmen.

→ Wir können das zum Beispiel an einem Ölfilm in einer Wasserpfütze erkennen, der manchmal in bunten Farben schillert. Ein Lichtstrahl trifft den Ölfilm, wird reflektiert und kommt schließlich in unserem Auge an. Dabei kann das Licht – ganz ähnlich wie beim Doppelspaltexperiment – zwei unterschiedliche Wege nehmen. Ein Teil des Lichts wird direkt an der Oberfläche des Ölfilms reflektiert. Ein anderer Teil des Lichts dringt aber ins Öl ein, wird unmittelbar danach an der Grenze zwischen Ölfilm und Wasser reflektiert und gelangt dann an unser Auge.

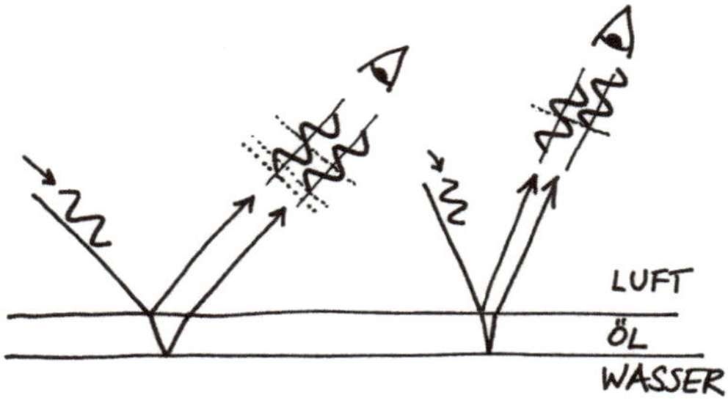

Der zweite Weg ist ein kleines bisschen länger - schließlich muss der Lichtstrahl in diesem Fall einen kleinen Umweg durch den Ölfilm nehmen. Wenn der Längenunterschied der beiden Wege genau ein Vielfaches der Wellenlänge ist, dann kommt es zu konstruktiver Interferenz, die beiden Strahlen verstärken einander. Wenn der Längenunterschied ein Vielfaches der Wellenlänge plus eine halbe Wellenlänge ist, dann löschen sie einander aus.

Wie lange dieser Umweg ist, hängt vom Einfallswinkel des Lichtstrahls ab: Wenn der Strahl den Ölfilm in flachem Winkel durchquert, ist der Weg länger, wenn der Winkel steiler ist, dann ist der Weg kürzer. Und ob die Strecke einem Vielfachen der Wellenlänge entspricht, hängt natürlich von der Wellenlänge ab. Für jede Wellenlänge, also für jede Farbe, gibt es bestimmte Einfallswinkel, bei denen genau diese Wellenlänge verstärkt wird. Das Licht der Sonne enthält alle Farben des Regenbogens gleichzeitig, so ergibt sich ein regenbogenbuntes Farbenspiel, wenn man den Ölfilm auf dem Wasser im richtigen Winkel zur Sonne betrachtet. Das bunte Schillern von Seifenblasen hat genau dieselbe Ursache.

Auch Thomas Young hatte in seinen Doppelspaltexperimenten Sonnenlicht verwendet. Er führte seine Versuche also nicht bloß mit einer einzigen Wellenlänge durch, so wie in unserem Beispiel mit dem Doppelspalt im Wasserbecken, sondern mit unterschiedlichen Wellenlängen gleichzeitig. Daher waren seine Ergebnisse auch nicht ganz so sauber, klar und einfach. Unterschiedliche Farben erreichen ihre Maxima und Minima an unterschiedlichen Punkten, daher ergaben sich bei Thomas Youngs Experimenten regenbogenartige Farbeffekte, ähnlich wie bei den Lichtreflexionen am Ölfilm.

Das ändert freilich nichts an Thomas Youngs entscheidender Erkenntnis: Ziemlich genau hundert Jahre nachdem Isaac Newton seine Theorie der Lichtteilchen veröffentlicht hatte, konnte Young zweifellos nachweisen, dass Licht eine Welle ist.

Man hätte meinen können, das sei das Ende der Geschichte. Die Lichtteilchen-Theorie ist widerlegt, die Lichtwellen-Theorie hat gewonnen. Doch ganz so einfach ist die Sache nicht. Wieder ziemlich genau hundert Jahre später, zu Beginn des zwanzigsten Jahrhunderts, hatte nämlich ein anderer junger Mann in der Schweiz ein paar äußerst seltsame Ideen, und plötzlich war wieder alles anders. Dieser Mann hieß Albert Einstein.

Einsteins Lichtteilchen

Damals wurde an einem neuen, merkwürdigen Phänomen geforscht – dem sogenannten „photoelektrischen Effekt": Man bestrahlt eine Metallplatte mit Licht, manchmal lösen sich dann plötzlich Elektronen aus der Platte und fliegen davon.

Man stellte fest, dass dieser Effekt von der Wellenlänge des Lichts abhängt. Licht mit großer Wellenlänge hat wenig Energie – wenn man solches Licht verwendet, dann passiert gar nichts. Wenn man aber immer kürzere Wellenlängen verwendet (im ultravioletten Bereich) und somit die Energie erhöht, dann erreicht man irgendwann eine Schwelle, an der sich die Elektronen aus der Platte zu lösen beginnen – der photoelektrische Effekt setzt ein.

Das klingt zunächst eigentlich alles recht logisch. Man braucht eben eine bestimmte Energie, damit etwas Spannendes passieren kann. Das Erstaunliche daran ist allerdings: Hier spielt nur die Wellenlänge des Lichts eine Rolle – die Intensität des Lichts hingegen ist völlig egal.

Wenn wir Licht mit zu großer Wellenlänge verwenden, dann können wir die Intensität so stark erhöhen, wie wir wollen – von einem photoelektrischen Effekt ist nichts zu bemerken. Wir können die hellsten Lampen der Welt verwenden und die Metallplatte bestrahlen – niemals werden wir damit Elektronen herauslösen.

Das ist seltsam. Schließlich hat ein intensiverer Lichtstrahl klarerweise auch mehr Energie. Im hellen Sonnenlicht bekommt man schneller einen Sonnenbrand als im Schatten. Und auch bei Wasserwellen hängt die Energie von der Höhe der Wellenberge ab. Das kann man leicht bei Meereswellen am Strand ausprobieren, die einen nur dann umwerfen, wenn sie sehr hoch sind.

Warum kann man den photoelektrischen Effekt dann nicht mit beliebigen Wellenlängen hervorrufen, solange das Licht ausreichend hell ist? Wenn rotes Licht weniger Energie hat als ultraviolettes Licht – sollte dann nicht extrem starkes Licht in Rot insgesamt trotzdem denselben Effekt haben wie schwaches Licht in Ultraviolett?

Nicht unbedingt. Man kann sich das so ähnlich vorstellen wie Regen, der aufs Glashaus fällt. Jeder einzelne Tropfen hat zu wenig Energie, um das Dach des Glashauses zu beschädigen. Daher ist es für das Glasdach egal, von wie vielen Regentropfen es getroffen wird. Auch der stärkste Regen der Welt wird es nicht zerstören. Ein Hagelkorn hingegen hat mehr Energie als ein Regentropfen – wenn es groß genug ist, kann es das Glasdach durchschlagen. Für das Glasdach ist also nicht die Gesamtintensität des Niederschlags entscheidend, sondern die Energie der einzelnen Teilchen. Das liegt daran, dass Regen oder Hagel eben Teilchencharakter hat: Man könnte Regentropfen und Hagelkörner als „Regen- und Hagelquanten" bezeichnen.

Albert Einstein erkannte, dass man das Rätsel des photoelektrischen Effekts genau auf dieselbe Weise lösen kann: Man muss dafür bloß annehmen, dass Licht in einzelnen Portionen auf die Metallplatte trifft – als Lichtteilchen. Man kann sie auch „Lichtquanten" oder „Photonen" nennen. Einstein hatte den Mut, nach zweihundert Jahren die Theorie von der Teilchennatur des Lichts wieder neu zu beleben.

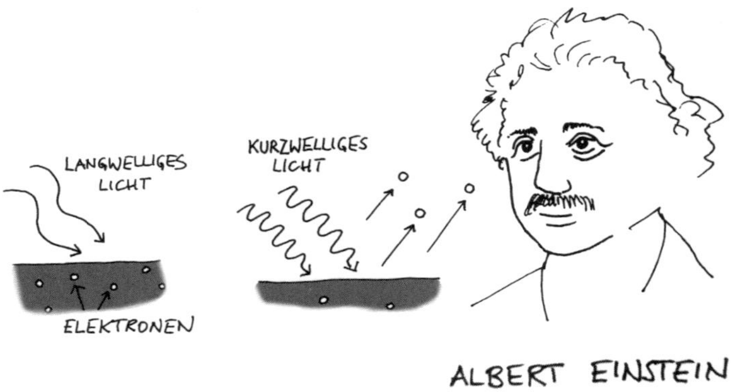

Die Energie jedes einzelnen Photons wird durch seine Wellenlänge bestimmt. Wenn das Photon in der Metallplatte von einem Elektron absorbiert wird, überträgt sich seine Energie auf das Elektron. Wenn die Lichtwellenlänge kurz genug ist, reicht die Energie des Photons aus, um dem Elektron ein Verlassen der Metallplatte zu ermöglichen.

→ Höhere Lichtintensität bedeutet mehr Photonen. Daher können von einem hellen Lichtstrahl mit passender Wellenlänge auch mehr Elektronen aus der Platte herausgeschlagen werden. Aber die Energie, die dadurch auf jedes einzelne Elektron übertragen werden kann, wird dadurch nicht größer, denn jedes Elektron wird immer nur von einem einzigen Photon aus der Platte geschlagen. Die Wahrscheinlichkeit, dass zwei Photonen exakt gleichzeitig dasselbe Elektron treffen, ist normalerweise verschwindend gering.

Nur wenn man eine Wellenlänge verwendet, bei der jedes einzelne Photon genug Energie hat, um ein Elektron aus der Metallplatte zu befreien, setzt der photoelektrische Effekt ein. Wenn man dann die Energie der Photonen weiter erhöht und noch kürzere Wellenlängen verwendet, können die Photonen noch mehr Energie auf die Elektronen übertragen – das bedeutet, dass die Elektronen noch schneller davonfliegen. Auch die Geschwindigkeit der davonfliegenden Elektronen hängt somit nur von der Wellenlänge des einfallenden Lichts ab, nicht aber von der Lichtintensität.

Albert Einstein zeigte mit seiner Interpretation des Photoeffekts, dass man Licht nur verstehen kann, wenn man Teilchen- und Wellenbild miteinander vereint. Licht hat etwas Teilchenhaftes – es kommt in Form einzelner Portionen vor. Aber diese einzelnen Lichtquanten oder Photonen haben Welleneigenschaften – etwa eine Wellenlänge. Man spricht vom „Welle-Teilchen-Dualismus".

Teilchenwelle und Wellenteilchen: Licht ist beides

Albert Einstein war erst sechsundzwanzig Jahre alt, als er seine Arbeit über den photoelektrischen Effekt veröffentlichte. Damit legte er einen der wichtigsten Grundsteine der Quantentheorie – und das, obwohl er eigentlich sein Leben lang mit der Quantentheorie nicht besonders glücklich war. Kurioserweise erhielt Albert Einstein seinen Nobelpreis im Jahr 1921 nicht für sein großes Hauptwerk, die Relativitätstheorie, sondern in erster Linie für seine Erklärung des photoelektrischen Effekts.

Weder das Alltagskonzept „Welle“ noch das Alltagskonzept „Teilchen“ reicht aus, um zu erklären, was Licht ist. Das macht auch nichts. Licht ist eben etwas anderes als Wasserwellen oder Sandkörner – auch wenn es vielleicht mit beidem gewisse Eigenschaften teilt. Katzen sind auch etwas anderes als Hunde oder Mausefallen – auch wenn sie vielleicht mit beiden gewisse Eigenschaften teilen.

Man sollte das nicht mystifizieren. Wenn man nun feierlich verkündet: „Es ist ein ewiges Rätsel! Woher weiß das Licht, ob es in diesem Experiment nun gerade seine Teilchen- oder seine Welleneigenschaften zeigen soll?“, dann hat man etwas Wichtiges nicht verstanden. Nein, Licht wechselt nicht sprunghaft zwischen einem Teilchen- und einem Wellenzustand hin und her. Es ist immer Licht, so wie eine Katze immer eine Katze ist.

Wenn man weiß, was ein Würfel ist, und die Form eines Zylinders kennt, dann kann man auch einen Kegel verstehen. Er hat eine runde Grundfläche, genau wie ein Zylinder. Oben hat er eine Spitze, die sich anfühlt wie die Ecken des Würfels. Niemand findet das mystisch, unfassbar oder verwirrend. Man muss keine philosophischen Abhandlungen darüber schreiben, wovon es abhängt, ob der Kegel seine Zylinder- oder seine Würfeleigenschaften offenbart. Wir lernen einfach eine neue geometrische Form kennen, wir untersuchen ihre Eigenschaften, wir können sogar Formeln finden, um ihr Volumen auszurechnen – und das genügt. Damit haben wir den Kegel verstanden.

Licht ist nicht einfach nur ein Teilchen. Licht ist nicht einfach nur eine Welle. Licht ist etwas anderes. Ein Quantenschwubbel eben. Wir müssen fragen: Wie verhalten sich diese

Quantenschwubbel? Wie können wir ausrechnen, was wir bei einem bestimmten Experiment beobachten werden? Können wir das Ergebnis irgendwie technisch nutzen?

Das ist eigentlich viel spannender: Wir legen in unserem Kopf neue Objekte an, die es vorher in unserer Gedankenwelt noch gar nicht gab. Und das ist vielleicht das Schönste, was Wissenschaft uns bieten kann: Sie lässt uns Dinge denken, von denen wir gedacht hätten, dass sie undenkbar seien. Sie pflanzt uns Neues in den Kopf, sie macht unser Denken größer, sie erweitert unsere Welt.

Kapitel 2

Nur wenn niemand misst

Was mit Teilchen im Doppelspaltexperiment passiert, warum das nur funktioniert, wenn sie unbeobachtet sind, und warum das deutlich weniger mysteriös ist, als viele Leute behaupten: Elektronen, Atome und sogar Moleküle haben Welleneigenschaften.

Es gibt wenige Situationen, in denen man einen Nobelpreis dringend loswerden möchte. Aber George de Hevesy, der zusammen mit dem berühmten Physiker Niels Bohr in Kopenhagen forschte, hielt gleich zwei Nobelpreise in seinen Händen und wusste: Sie müssen weg. Alle beide. Und zwar sofort.

Es war das Jahr 1940. Der Zweite Weltkrieg hatte begonnen, und das Naziregime hatte deutschen Forscherinnen und Forschern verboten, Nobelpreise anzunehmen. Zwei deutsche Nobelpreisträger, Max von Laue und James Franck, hatten ihre goldenen Nobelpreis-Medaillen daher ihrem dänischen Kollegen Niels Bohr anvertraut. Er sollte die Medaillen verwahren, damit sie nicht den Nazis in die Hände fielen.

Doch nun, im Frühling 1940, marschierten deutsche Truppen in Kopenhagen ein, und die Zeit drängte. Gold außer Landes zu schaffen war in Nazi-Deutschland damals streng verboten – und auf den Nobelpreis-Medaillen waren die Namen ihrer Besitzer eingraviert. Hätten die Nazis also die Medaillen in Kopenhagen gefunden, dann hätte das wohl dramatische Folgen gehabt. Der Chemiker George de Hevesy schlug zunächst vor, die Nobelpreise zu vergraben. Niels Bohr allerdings war dagegen: Was, wenn die Nazis sie trotzdem finden?

Und so kam George de Hevesy auf eine radikale Idee: Er nahm die goldenen Medaillen und löste sie in Königswasser auf, einer Mischung aus Salzsäure und Salpetersäure, die sogar Edelmetalle zersetzen kann. Während die Nazis das Institut sorgfältig durchsuchten, befanden sich die beiden Nobelpreise daher ganz unscheinbar auf dem Regal – in flüssiger Form.

Nach dem Krieg extrahierte George de Hevesy das Gold wieder aus dem Königswasser und übergab es der Königlichen Schwedischen Akademie der Wissenschaften, die daraus die Medaillen neu prägen ließ. So bekamen Max von Laue und James Franck ihre Nobelpreise wieder zurück – bestehend aus den originalen Goldatomen, die sie vor dem Krieg an ihre dänischen Kollegen übergeben hatten.

Diese beiden geretteten Nobelpreise sind ein schönes Sinnbild der Physik zu Beginn des zwanzigsten Jahrhunderts. Max von Laue beschäftigte sich mit Wellen, James Franck beschäftigte sich mit Teilchen. Max von Laue konnte zeigen, dass Röntgenstrahlung aus Wellen besteht, James Franck konnte zeigen, dass Atome Energie nur in ganz bestimmten Portionen aufnehmen können – in Energiequanten. Es war eine turbulente Zeit für die Physik. Vieles befand sich damals in Auflösung, und wichtige Ideen wurden neu geprägt.

Einstein verkehrt herum

Albert Einstein hatte gezeigt: Lichtwellen haben auch Teilcheneigenschaften. Damit bleibt aber noch die Frage offen: Haben Teilchen vielleicht auch Welleneigenschaften? Von vornherein ist keineswegs klar, dass das so sein sollte. Wenn ein Eisenbahnwaggon sehr weiche Sitzpolster hat, dann hat er in gewissem Sinn Sofaeigenschaften. Das heißt aber noch lange nicht, dass mein Sofa deshalb auch Eisenbahneigenschaften hat.

Aber man kann zumindest einmal darüber nachdenken – wenn man dafür genügend Fantasie hat. Und die hatte der junge französische Physiker Louis de Broglie. An der Sorbonne in Paris arbeitete er Anfang der 1920er-Jahre an seiner Doktorarbeit und überlegte, ob es nicht möglich sein könnte, einem Teilchen so etwas wie eine Wellenlänge zuzuordnen.

De Broglies Idee war zunächst eher eine wissenschaftliche Spielerei. Ziemlich unbekümmert bediente er sich an den Formeln, die andere Leute aufgestellt hatten, darunter Albert Einstein und Max Planck. Er stoppelte sie so zusammen, dass Frequenzen und Wellenlängen von Teilchen herauskamen. Mathematisch ist das nicht schwierig. Ob das aber physikalisch Sinn ergibt und irgendetwas mit der echten Welt zu tun hat, ist damit allerdings noch lange nicht gesagt.

Experimente, mit denen Teilchenwellenlängen gemessen worden wären, gab es damals noch nicht. Und so war Louis de Broglies Doktorvater Paul Langevin zunächst nicht ganz überzeugt von der Dissertation seines Studenten. Er bat de Broglie um ein zweites Exemplar der Arbeit und schickte es an Albert Einstein.

In kurzer Zeit verbreiteten sich de Broglies Ideen unter den berühmtesten Persönlichkeiten der damaligen Physik. Und die Kritik war zunächst gemischt: Max Planck erzählte später, dass er sehr skeptisch gewesen war: „Die Kühnheit dieser Idee war so groß – ich muss aufrichtig sagen, dass ich selber auch damals den Kopf schüttelte dazu.“ Auch der holländische Physiker Hendrik Antoon Lorentz soll sich, wie Planck berichtete, kritisch über „diese jungen Leute“ geäußert haben, die mit traditionsreichen physikalischen Begriffen allzu leichtfertig umgehen. Albert Einstein allerdings war von der wagemutigen Teilchenwellen-Idee von Anfang an fasziniert.

Nach de Broglies Theorie hat jedes Teilchen eine Wellenlänge – und zwar nicht nur Photonen, sondern auch Teilchen mit Masse, etwa Elektronen, Atome oder auch Moleküle. Im Prinzip kann man auch Tomaten, Katzen oder Dampfschiffen eine Wellenlänge zuordnen – nur wird die bei großen Objekten rechnerisch so verrückt klein, dass keine Hoffnung besteht, Welleneigenschaften solcher Objekte jemals irgendwie nachweisen zu können.

Die Wellenlänge, behauptete de Broglie, hängt vom Impuls des Teilchens ab: Je mehr Masse es hat und je schneller es sich bewegt, umso kürzer ist seine Wellenlänge. Elektronen sind zwar ziemlich leicht, bewegen sich für menschliche Maßstäbe aber meistens sehr schnell: Schon die elektrische Spannung, mit der wir ganz gewöhnliche Haushaltsgeräte betreiben, kann ein Elektron auf eine Geschwindigkeit in der Größenordnung von zehntausend Kilometern pro Sekunde beschleunigen. Mit den Formeln von Louis de Broglie kann man nun ausrechnen, dass die Wellenlänge eines solchen Elektrons winzig ist – viel kürzer als die Wellenlänge des sichtbaren Lichts.

Wenn das wirklich stimmt, wie kann man es dann beweisen? Prinzipiell kann man die Welleneigenschaften von Elektronen oder anderen Teilchen genauso untersuchen, wie Thomas Young die Welleneigenschaften von Licht untersucht hat: mit einem Doppelspaltexperiment.

Das Teilchen im Doppelspalt

Angenommen, wir haben einen winzig kleinen Doppelspalt und beschießen ihn mit Quantenteilchen. Wenn wir zunächst eine der beiden Öffnungen verschließen, dann können die Teilchen nur durch die andere Öffnung fliegen. Möglicherweise werden manche von ihnen direkt am Rand des Spalts ein bisschen abgelenkt, aber wir können annehmen, dass sich die meisten von ihnen auf ziemlich gerader Bahn durch den Spalt bewegen. Dahinter lassen wir sie auf eine Wand treffen, dort entsteht ganz unspektakulär ein Teilchenfleck. Niemand hätte etwas anderes erwartet.

Wir können abwechselnd den rechten oder den linken Spalt offenhalten, dementsprechend wird der Fleck mal etwas weiter rechts, mal etwas weiter links zu sehen sein. Wir nehmen an, diese beiden Flecke überlappen einander, in der Mitte gibt es einen Bereich, der in beiden Fällen von Teilchen getroffen wird. Aber egal, welchen Spalt wir schließen – von einem Wellenmuster ist hier noch nichts zu sehen.

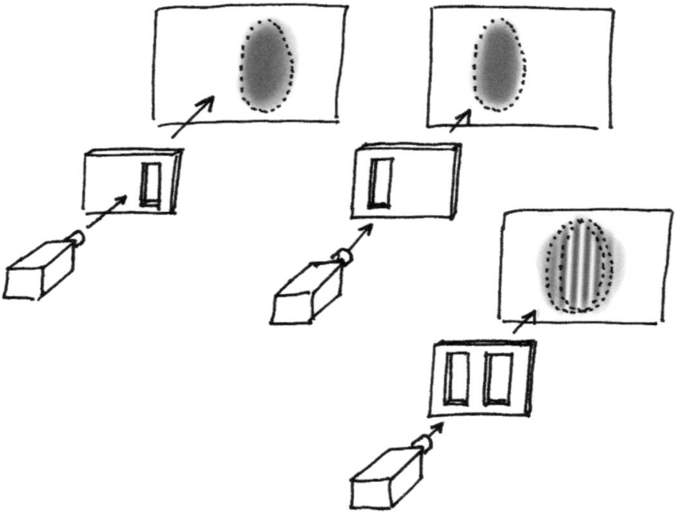

Entscheidend ist aber, was passiert, wenn wir beide Spalte gleichzeitig öffnen – ob dann jedes Teilchen auf einer eindeutigen Bahn bleibt wie eine an die Wand geworfene Tomate, oder ob jedes Teilchen beide möglichen Wege gleichzeitig nimmt wie eine Wasserwelle.

Wenn wir dieses Experiment durchführen, dann zeigt sich: Hinter dem Doppelspalt entsteht tatsächlich ein Interferenzmuster aus hellen und dunklen Streifen, wie man es aus klassischen Wellenexperimenten kennt. An manchen Stellen kommen viele Teilchen an, an anderen Stellen fast keine. De Broglies Vermutung ist also richtig: Teilchen haben Welleneigenschaften.

Das Entscheidende daran ist: Dieses Wellenmusterbild ist nicht einfach die Summe der beiden Einzelbilder, die wir vorhin bekommen haben, als wir jeweils einen Spalt geschlossen hielten. Man muss sich in Ruhe klar machen, wie merkwürdig das ist.

Wenn es durchs Dachfenster regnet, bekomme ich einen Wasserfleck auf dem Teppich. Wenn es gleich daneben durch ein anderes Dachfenster regnet, bekomme ich einen anderen Wasserfleck auf dem Teppich. Wenn ich während des Regens beide Dachfenster offen gelassen habe, dann entsteht logischerweise ein größerer Wasserfleck auf dem Teppich. Er ist die Summe der beiden Wasserflecke, die man bekommt, wenn jeweils nur ein Fenster geöffnet ist. Klar ist auch: Wenn eine Stelle auf dem Teppich in beiden Fällen nassgeregnet wird, egal ob ich nur das linke oder nur das rechte Dachfenster offen gelassen habe, dann wird diese Stelle auch garantiert nicht trocken bleiben, wenn der Regen durch beide Fenster gleichzeitig kommt.

Doch genau so etwas sehen wir, wenn sich die beiden Teilchenflecke beim Doppelspaltexperiment überlagern: Es gibt Stellen an der Wand, die immer von Teilchen getroffen werden, wenn nur ein Spalt geöffnet ist, egal ob links oder rechts, die aber plötzlich nicht mehr von Teilchen getroffen werden, sobald beide gleichzeitig offen sind. Das bedeutet: Ob ein zweiter Weg offen ist oder nicht, beeinflusst das Verhalten des Teilchens. Das Teilchen „weiß" gewissermaßen über beide Wege Bescheid.

Damit müssen wir uns von der gewohnten Vorstellung verabschieden, dass sich Teilchen auf ganz bestimmten Pfaden fortbewegen. Die hellen und dunklen Flecke im Interferenzmuster sagen uns, dass die beiden Möglichkeiten „Teilchen bewegt sich durch die linke Öffnung" und „Teilchen bewegt sich durch die rechte Öffnung“ nicht unabhängig voneinander existieren. Die Teilchenwelle oder das Wellenteilchen – wie auch immer wir unseren Quantenschwubbel nennen wollen – schwappt durch beide Öffnungen gleichzeitig hindurch. Die Welle überlagert sich mit sich selbst und löscht sich an manchen Stellen aus. Nur durch eine Überlagerung verschiedener Pfade lässt sich diese Auslöschung erklären.

→ Der Trick mit dem Kristall

Ein echtes Doppelspaltexperiment mit Teilchen konnte man zu Louis de Broglies Zeit noch nicht durchführen, denn derart winzige Doppelspalt-Strukturen herzustellen ist schwierig. Es gibt allerdings einen Trick, der die Sache viel einfacher macht – und diesen Trick kannte man bereits durch Max von Laue, dessen Nobelpreis sich in Kopenhagen in Säure aufgelöst hatte.

Max von Laue wollte die Wellennatur von Röntgenstrahlung nachweisen. Und dabei war er vor einem ganz ähnlichen Problem gestanden, denn genau wie ein Elektron hat auch Röntgenstrahlung eine sehr kurze Wellenlänge. Von Laue verwendete daher statt eines Doppelspalts einen Kristall.

Ein Kristall ist schließlich nichts anderes als ein sehr regelmäßiges Gitter aus Atomen, mit winzig kleinen Abständen dazwischen. Eine Welle kann auf verschiedenen Wegen gleichzeitig durch dieses Gitter schwappen. Genau wie eine Welle, die sich gleichzeitig durch zwei Öffnungen eines Doppelspalts bewegt, überlagert sich diese Welle mit sich selbst und erzeugt ein Interferenzmuster.

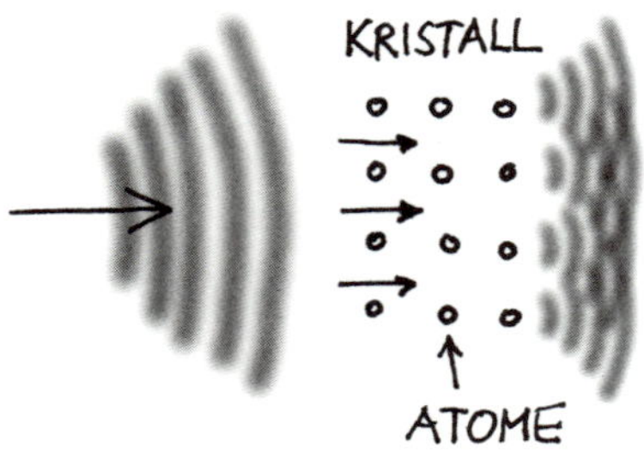

Damit war ziemlich klar: Auch die Wellennatur von Elektronen wird man wohl am einfachsten mithilfe von Kristallen zeigen können. Unabhängig voneinander wurden solche Experimente innerhalb kurzer Zeit gleich zweimal durchgeführt – einmal in den USA und einmal in Schottland. In beiden Fällen beschoss man Kristalle mit Elektronen, und in beiden Fällen zeigten sich tatsächlich klar erkennbare Interferenzmuster.

Für seine Theorie bekam Louis de Broglie im Jahr 1929 den Nobelpreis, und für die Bestätigung im Experiment ging der Nobelpreis im Jahr 1937 unter anderem an George Paget Thomson. Damit schloss sich ein kurioser Kreis: George Paget Thomsons Vater war nämlich J. J. Thomson, der 1906 ebenfalls einen Nobelpreis gewonnen hatte. Der Vater war für die Erkenntnis ausgezeichnet worden, dass Elektronen Teilchen sind. Der Sohn bekam den Nobelpreis für den Nachweis, dass Elektronen Wellen sind. Und beide hatten recht.

Nicht nur mit Elektronen kann man solche Welleneffekte beobachten, sondern auch mit größeren Teilchen. Im Jahr 1929 schoss Otto Stern in Hamburg Heliumatome auf einen Salzkristall – auch sie überlagerten sich zu einem Streifenmuster, auch sie sind Quantenwellen. Mit Wasserstoffmolekülen gelang das ebenfalls. Welleneigenschaften kann man also nicht nur bei Elementarteilchen beobachten, sondern auch bei größeren Dingen, die aus mehreren Elementarteilchen zusammengesetzt sind.

Viele Teilchen im Doppelspalt

Wenn man aber streng ist, dann muss man zugeben: So ganz zweifelsfrei bewiesen haben wir an dieser Stelle noch immer nicht, dass sich jedes einzelne Teilchen wie eine Welle verhält. Schließlich haben wir keine einzelnen Teilchen untersucht, sondern einen Strahl, der aus unzähligen Teilchen besteht.

Kann es vielleicht sein, dass zwar der Strahl durch beide Öffnungen gleichzeitig dringt, aber trotzdem jedes einzelne Teilchen nur durch eine der Öffnungen fliegt? Vielleicht entscheidet sich jedes Teilchen entweder für die rechte oder die linke Öffnung, wird dann aber von anderen Teilchen abgelenkt, die durch die andere Öffnung gekommen sind? Vielleicht hat das Streifenmuster mit Wellen überhaupt nichts zu tun, sondern ergibt sich bloß aus irgendeinem komplizierten Abstoßungseffekt zwischen den Teilchen?

Das wäre die allerletzte Möglichkeit, um ein klassisches Teilchenbild zu retten – aber sie ist falsch. Das konnte der japanische Physiker Akira Tonomura eindrucksvoll beweisen – im Jahr 1989, Jahrzehnte nach den ersten Teilchenwellenexperimenten. Tonomura schickte Elektronen durch einen Doppelspalt, verwendete dabei aber keinen kräftigen Strahl aus vielen Elektronen, sondern schickte die Elektronen einzeln los. Sein Elektronenstrahl war so schwach, dass sich zu jedem Zeitpunkt nur ein einziges Elektron in der Versuchsanlage befand. Damit war absolut ausgeschlossen, dass sich verschiedene Elektronen auf ihrem Weg gegenseitig beeinflussen können.

Jedes einzelne Elektron trifft ganz allein auf den Doppelspalt. Wenn es durch die Schlitze hindurchgelangt, dann fliegt es weiter zum Teilchendetektor, von dem es an einer ganz bestimmten Stelle registriert wird. Wenn man diese Elektronen-Detektionsstellen aufzeichnet, dann bekommt man nach kurzer Zeit ein Gewusel an Einzelpunkten, das ziemlich nichtssagend aussieht. Es scheint hier auf den ersten Blick keine Ordnung zu geben, keine Logik und keine Struktur.

Doch wenn man das Experiment weiterlaufen lässt und nach und nach immer mehr Elektronen misst, dann ändert sich das: Langsam erkennt man, dass nicht alle Bereiche des Detektors gleich oft getroffen werden. An manchen Stellen werden viele Elektronen registriert, an anderen Stellen fast keine.

Punkt für Punkt, Elektron für Elektron kann man beobachten, dass sich daraus allmählich ein Streifenmuster ergibt, wie man es vom gewöhnlichen Doppelspaltexperiment mit Lichtwellen kennt. Immer deutlicher erkennt man die hellen und dunklen Streifen auf dem Detektor – genau wie man das nach den Regeln der Welleninterferenz erwartet.

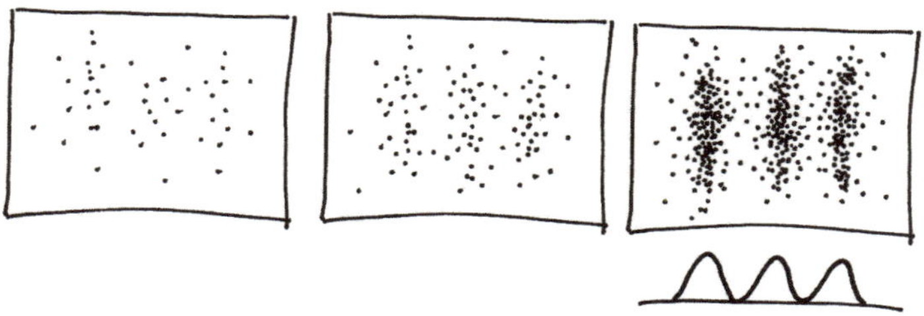

Wenn man Elektronen einzeln durch den Doppelspalt schickt, zeigt sich schön, wie Teilchen- und Welleneigenschaften miteinander verwoben sind: Dass jedes Elektron an einem ganz bestimmten Punkt gemessen wird, spricht für die Teilchennatur des Elektrons. Aber die Verteilung dieser Punkte folgt einem Wellenmuster, das man nur erklären kann, wenn man davon ausgeht, dass jedes einzelne Elektron beide Wege gleichzeitig genommen hat. Das spricht für die Wellennatur des Elektrons.

Und wenn man ganz genau misst?

Das Bild, das die einzelnen Elektronen am Teilchendetektor erzeugen, verrät uns also, dass sich jedes einzelne Elektron wellenartig durch beide Öffnungen bewegt. Aber was passiert, wenn wir trotzdem herausfinden wollen, durch welche Öffnung das Elektron nun *wirklich* gekommen ist? Niemand kann uns verbieten, in unser Doppelspaltexperiment noch weitere Messgeräte einzubauen und schon während des Fluges nachzusehen, was dieses Elektron so treibt.

Wir können zum Beispiel hinter der linken Öffnung einen Sensor installieren, mit dem wir messen, ob dort ein Teilchen vorbeikommt. Wenn der Sensor ein Teilchen registriert, dann leuchtet eine Lampe auf. Abgesehen davon führen wir das Experiment genau so durch wie vorher: Jedes Teilchen wird durch den Doppelspalt geschossen, danach wird es gemessen. Aber zusätzlich erfahren wir jetzt auch noch, welchen Weg es genommen hat: In fünfzig Prozent der Fälle leuchtet die Lampe auf, dann ist das Teilchen durch die linke Öffnung geflogen, und in fünfzig Prozent der Fälle leuchtet die Lampe nicht, dann muss das Teilchen durch die rechte Öffnung gekommen sein.

Man könnte vermuten, dass es dem Teilchen doch völlig egal sein muss, ob es unterwegs nun auch noch durch diesen Zusatz-Sensor gemessen wird oder nicht – aber das stimmt nicht: Sobald wir diesen Sensor verwenden, verschwindet das Interferenzmuster. Wir bekommen plötzlich kein Wellenmuster aus hellen und dunklen Streifen mehr zu sehen, sondern bloß die Summe der beiden Flecke, die wir vorher gesehen haben, als immer nur ein Spalt geöffnet war.

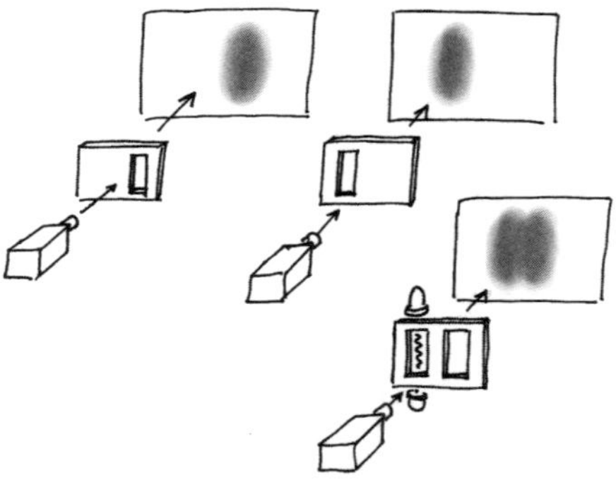

Das Doppelspaltexperiment mit Zusatz-Sensor: Sobald wir einen zusätzlichen Sensor einbauen, der uns verrät, welchen Weg das Teilchen genommen hat, ist es vorbei mit dem Wellenmuster: Nun kann das Teilchen nicht mehr beide Wege gleichzeitig zurücklegen.

Das ist auf den ersten Blick überraschend. Wir legen den Weg des Teilchens durch den Sensor schließlich nicht fest. Man könnte sagen: Die Natur hat immer noch freie Wahl, entweder den rechten oder den linken Weg zu benutzen. Aber dadurch, dass wir den Weg messen, hat die Teilchenwelle nun nicht mehr die Möglichkeit, beide Wege gleichzeitig zu nehmen. Entweder leuchtet die Lampe des Sensors oder sie leuchtet nicht. Beides gleichzeitig kann nicht sein. Somit muss sich das Teilchen für einen der Wege entscheiden, und damit ist es auch vorbei mit dem Wellenmuster.

Ob sich das Teilchen wellenartig durch beide Öffnungen gleichzeitig bewegt und somit ein Wellen-Interferenzmuster erzeugen kann, hängt also davon ab, ob wir diese zusätzliche Messung durchführen oder nicht. Das ist merkwürdig. Normalerweise gehen wir davon aus, dass es eine eindeutige Wirklichkeit gibt, ganz unabhängig davon, ob wir sie beobachten. Ob ich noch Käse im Kühlschrank habe, hängt nicht davon ab, ob ich die Kühlschranktür öffne und einen Blick hineinwerfe. Und der Mond ist ganz bestimmt immer da, auch wenn gerade niemand hinsieht.

Bei den Welleneigenschaften von Quantenteilchen ist die Sache aber anders: Die Messung beeinflusst zwangsläufig das gemessene Objekt. Wer das verwirrend findet, kann sich trösten: Albert Einstein wollte das auch nicht glauben. Ein Messergebnis, das davon abhängt, ob etwas beobachtet wird oder nicht – das erschien ihm unmöglich. Einstein war lange Zeit der Meinung, man müsse sich nur ein ausgeklügeltes Messsystem ausdenken, dann ließe sich schon eindeutig feststellen, was nun der echte, tatsächliche, wirkliche Weg des Teilchens im Doppelspalt war – ohne dadurch das Experiment zu beeinflussen. Aber da lag Einstein falsch.

Wie sich herausstellt, ist es völlig egal, welche Tricks man sich ausdenkt: Sobald man das Teilchen auf irgendeine Weise zwingt zu verraten, ob es durch die linke oder die rechte Öffnung geflogen ist, hört das Teilchen auf, beide Wege gleichzeitig zu nehmen – und das Wellenmuster verschwindet.

Esoterische Irrtümer

Aber was bedeutet das nun eigentlich? Wenn die Messung das Teilchen beeinflusst – woher weiß das Teilchen überhaupt, ob ich es gerade messe oder nicht? Was ist, wenn der Sensor zwar das Teilchen misst, aber die Lampe kaputt ist? Dann werde ich nie erfahren, welchen Weg das Teilchen genommen hat. Habe ich es dann gemessen oder nicht? Was ist, wenn ich ziemlich betrunken bin, oder wenn ich meine Brille vergessen habe und die Anzeige daher nur verschwommen sehe? Zählt das dann als Messung?

Genau bei solchen Fragen kommt es oft zu großen Missverständnissen. Leider wird der Einfluss der Messung auf das Ergebnis oft als etwas Mysteriöses, beinahe Magisches präsentiert. Man kann das in große, pathetische Formulierungen verpacken: „Der Beobachter entscheidet, ob er beobachtet oder nicht, und genau dadurch wird das Ergebnis festgelegt! Die physische Wirklichkeit entsteht somit durch einen bewussten Akt! Die Materie wird also durch unseren Geist beeinflusst! Unser Bewusstsein erzeugt die Wirklichkeit!"

Das ist Unsinn. Unser menschliches Bewusstsein ist dem Quantenteilchen völlig egal. Man muss sehr vorsichtig sein, dass man an dieser Stelle nicht versehentlich über die Grenze zwischen Wissenschaft und Esoterik stolpert. Korrekt ist: Ob eine Messung stattfindet oder nicht, beeinflusst tatsächlich das Ergebnis. Aber zu sagen, „Das Ergebnis hängt davon ab, ob ich es beobachte" oder „Das Experiment funktioniert nur, wenn niemand hinsieht", ist höchstens noch halbrichtig. Man muss genau erklären, was man mit „beobachten" und „hinsehen" meint.

Für das Wellenmuster macht es keinen Unterschied, ob die Messung von einem Menschen durchgeführt wird, von einem Roboter oder von einem Sibirischen Streifenhörnchen. Es ist völlig gleichgültig, ob ich während des Experiments sturzbetrunken bin, ob ich schlafe oder ob ich aufmerksam zusehe. Begriffe wie „Geist“, „Bewusstsein“ oder „bewusstes Beobachten“ spielen hier überhaupt keine Rolle.

Es kommt bloß darauf an, ob überhaupt eine Messung durchgeführt wird. Oder, präziser ausgedrückt: Ob das Teilchen in Kontakt mit dem Rest der Welt gerät. Denn genau das ist es, was Messen bedeutet: Wenn wir ein Quantenteilchen messen, dann bringen wir es in Kontakt mit etwas Großem, das aus sehr vielen Teilchen besteht – mit einem Messgerät, mit uns selbst, mit dem Labor rundherum. Und dadurch wird sein Zustand festgelegt.

Sobald die Information, ob das Teilchen den einen oder den anderen Weg genommen hat, auf irgendeine Weise ins Universum gelangt, ist der Weg des Teilchens festgelegt und die Wellenmuster verschwinden. Dabei reicht es, wenn diese Information prinzipiell existiert. Es ist egal, ob diese Information von einem Menschen wahrgenommen wird, von einem mechanischen Gerät oder bloß von den Luftmolekülen rundherum.

Mikrokosmos trifft Makrokosmos

Während das Teilchen auf den Teilchendetektor zufliegt, hat es mit dem Rest des Universums kaum etwas zu tun. Meist führt man solche Experimente in einer Vakuumkammer durch, damit das Teilchen unterwegs nicht mit anderen Teilchen zusammenstößt. Elektrische Felder von außen werden abgeschirmt. Das Teilchen bewegt sich, als wäre es völlig allein auf der Welt. Es ist ein eigenes kleines Quantensystem, das sich genau so verhält, wie die Gesetze der Quantentheorie es nun einmal vorschreiben.

Doch dann plötzlich donnert es mit Wucht in den Teilchendetektor – und gerät augenblicklich in Kontakt mit unzähligen anderen Teilchen. In Sekundenbruchteilen wird die Energie des Atoms auf Tausende andere Teilchen übertragen, und am Ende wird aus dem mikroskopischen Verhalten des Teilchens ein makroskopisches Signal: Vielleicht bewegt sich im Messgerät ein mechanischer Zeiger, der selbst aus Trilliarden Atomen besteht. Vielleicht entsteht ein elektrischer Impuls, übertragen von Millionen Elektronen.

Die Kollision eines Teilchens mit einem Messgerät ist also die Kollision zweier Welten: Der Welt des Mikrokosmos, in der die Regeln der Quantentheorie gelten, und der Welt des Makrokosmos, in der die Alltagsregeln gelten, die wir aus Erfahrung kennen. In der Welt des Kleinen ergeben Begriffe wie „Welle" und „Teilchen" wenig Sinn. In der Welt des Großen sind Wellen und Teilchen zwei klar definierte und völlig verschiedene Dinge.

Wir wissen, dass wir das Mikroskopische und das Makroskopische nicht mit denselben Begriffen, Regeln und Gesetzen beschreiben können. Das müssen wir akzeptieren. Dann ist aber auch klar, dass die Quantenphysik genau dort kompliziert, verwirrend und merkwürdig erscheinen muss, wo diese beiden Welten in Kontakt kommen – nämlich bei der Messung.

Man kann zwar heute schon ganz gut berechnen, was dabei passiert, aber in allen Details verstanden hat man den Messprozess bis heute nicht. Vielleicht wird er sich auch nie vollkommen klären lassen. (Später, im Kapitel über Schrödingers Katze, wird davon noch ausführlicher die Rede sein.) Genau an diesem Punkt entstehen die verwirrenden philosophischen Probleme rund um die Quantentheorie, die auch genialen Leuten wie Albert Einstein so schwer zu schaffen machten.

Kein Grund für Mystik

In den ersten Jahrzehnten des zwanzigsten Jahrhunderts war Quantenphysik tatsächlich noch verwirrend und geheimnisvoll. Auch die größten Physikerinnen und Physiker der Welt mussten damals ihre Gedanken erst langsam sortieren und sich ein sinnvolles Verständnis der neu entdeckten Quanten-Merkwürdigkeiten zurechtlegen.

Aus dieser Zeit stammen auch allerlei Zitate, die man heute vielleicht anders formulieren würde. „Wenn man nicht zunächst über die Quantentheorie entsetzt ist, kann man sie doch unmöglich verstanden haben“, soll Niels Bohr gesagt haben. Das klingt auf unterhaltsame Weise widersinnig, das ist eine hübsche Bereicherung jeder naturwissenschaftlichen Zitatensammlung. Aber bei einer Theorie, mit der man seit über hundert Jahren höchst präzise und erfolgreich die Natur beschreiben kann, gibt es für „Entsetzen“ nun wirklich keinen Grund mehr.

„Der Geist ist der Urgrund aller Materie“ – so wird Max Planck zitiert. Das klingt beinahe mystisch, als wäre der menschliche Geist dafür verantwortlich, wie sich die Teilchen verhalten. Oft werden solche Sprüche heute noch als Argument für esoterische Behauptungen missbraucht: Wenn sogar Max Planck sagt, dass Geist und Materie laut Quantentheorie miteinander verwoben sind, dann können wir doch sicher physische Objekte mit Geisteskraft beeinflussen! Und wenn das Bewusstsein das Ergebnis eines Experiments verändert, dann können wir doch sicher durch positives Denken Bestellungen beim Universum abgeben und durch pure Geisteskraft Glück und Gesundheit herbeizaubern!

Mit echter Quantenphysik hat das natürlich alles nichts zu tun. Dass in der Anfangsphase der Quantenforschung selbst die klügsten Leute unseres Planeten verwirrt waren und nicht recht wussten, wie man diese seltsame neue Theorie interpretieren muss, ist verständlich. Und verwirrend ist die Quantenphysik bis heute. Aber sie ist kein Mysterium. Die Quantentheorie ist für uns heute viel leichter zu durchschauen als zur Zeit ihrer Entdeckung – nicht, weil wir heute klüger wären als Einstein und seine Zeitgenossen, sondern weil sich seither einfach unvergleichlich viel mehr Wissen angesammelt hat.

Quantensprünge: Die Welt in kleinen Portionen

Wie Max Planck durch einen verzweifelten Trick die Quantenphysik erfand, warum Niels Bohrs Atommodell zwar wunderschön, aber ziemlich falsch ist, und was Werner Heisenbergs Unschärferelation mit einem Pistolenschuss zu tun hat: Auf kleinsten Skalen wird die Natur unscharf und sprunghaft.

Geboren wurde die Quantentheorie schon lange, bevor man auf die seltsame Idee kam, über Welleneigenschaften von Teilchen nachzudenken. Alles begann, als Max Planck eines Tages im Jahr 1900 den Buchstaben „h" auf ein Blatt Papier schrieb. Es hätte eigentlich nur ein kleiner, schmutziger Rechentrick werden sollen, doch beinahe versehentlich veränderte Max Planck damit die Welt. Mit diesem kleinen h begann das Zeitalter der Quanten.

Max Planck beschäftigte sich damals mit dem Phänomen der Wärmestrahlung. Wenn man ein Stück Metall erhitzt, beginnt es zu glühen. Es sendet dann ganz unterschiedliche Lichtwellen gleichzeitig aus – Infrarotstrahlung mit besonders großen Wellenlängen, sichtbares Licht und ultraviolettes Licht mit kürzeren Wellenlängen.

In welchem Wellenlängenbereich ein glühendes Metallstück am meisten Licht abstrahlt, hängt von seiner Temperatur ab. Zunächst glüht es rot, von den kurzwelligeren, energiereicheren Blau- und Violett-

Tönen ist am Anfang noch nicht viel zu sehen. Wenn man die Temperatur noch weiter erhöht, verändert sich das Farbspektrum, das Glühen wird gelb, und bei extrem heißen Temperaturen schließlich sieht man ein bläulich-weißes Leuchten.

Unterschiedliche Temperaturen führen zu unterschiedlichen Farben. Bei Sternen ist es genauso: Rote Riesen sind Sterne mit verhältnismäßig niedriger Temperatur. Unsere Sonne ist etwas heißer, sie hat eine Oberflächentemperatur von ungefähr 5.500 Grad Celsius – das entspricht einem gelblichen Farbton. Noch heißere Sterne erscheinen bläulich-weiß.

Man muss aber weder ein Metallstab noch ein Stern sein, um Wärmestrahlung zu produzieren. Alles sendet Wärmestrahlung aus – auch Menschen, Blumentöpfe oder Eiswürfel. Sie sind bloß deutlich kühler als ein Stern, und deswegen dominieren bei ihrer Wärmestrahlung Wellenlängen, die unser Auge nicht sehen kann.

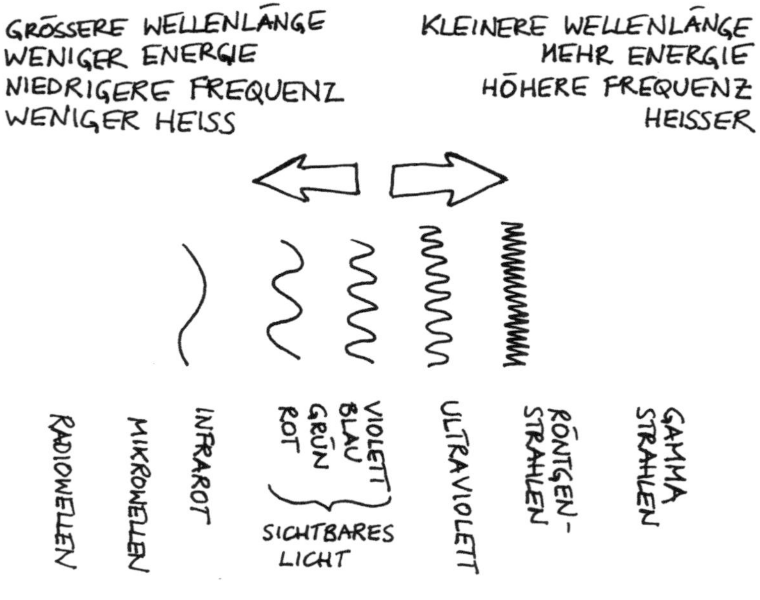

Interessanterweise stellte sich heraus, dass die Wärmestrahlung nur von der Temperatur abhängt und von sonst nichts. Größe, Form und Material sind ziemlich egal. Ein glühend heißer Metallstab leuchtet in derselben Farbe wie ein Stern, wenn beide dieselbe Temperatur haben. Und wenn eine Raumstation explodiert und ein Toilettendeckel beim Wiedereintritt in die Atmosphäre ebenfalls diese Temperatur erreicht, dann leuchtet er genauso.

Max Plancks „Akt der Verzweiflung"

Wenn das so einfach ist, dann muss es doch aber sicher auch ein schönes physikalisches Gesetz geben, mit dem man dieses Leuchten berechnen kann, dachte Max Planck. Dieses physikalische Gesetz schien in Reichweite zu sein: Es gab damals nämlich bereits Formeln, die im Bereich großer Wellenlängen sehr gut zu den Messergebnissen passten. Im Bereich kleiner Wellenlängen lieferten sie allerdings ein völlig unsinniges Ergebnis – nämlich eine unendlich intensive Strahlung.

Das kann natürlich nicht sein. Kein Objekt kann unendlich viel Wärmeenergie abstrahlen. Dann würde es nämlich auch auf alle anderen Objekte unendlich viel Energie übertragen, das gesamte Universum würde verbrutzeln, und das wäre auch wieder irgendwie schade.

Max Planck spielte mit diesen Formeln herum und entdeckte das, was wir heute „Plancksches Strahlungsgesetz" nennen – und zwar einfach durch glückliches Raten, wie er selbst zugab. Seine durch Herumprobieren gefundene Formel passte wunderbar zu den bekannten Messergebnissen, doch eine mathematische Formel allein ist nicht viel wert. Man muss sie auch physikalisch erklären können – und diese Erklärung fehlte noch. Max Planck versuchte angestrengt, eine schlüssige Herleitung für seine Formel zu finden.

Weil ihm das nicht und nicht gelingen wollte, griff er schließlich zu einem seltsamen Trick: Er nahm einfach mal probeweise an, dass die Energie bei der Wärmestrahlung nicht in beliebigen Mengen, sondern nur in ganz bestimmten Portionen abgegeben werden kann – in „Energiequanten". Ein heißes Objekt kann bei einer bestimmten Wellenlänge einen Energiequant abgeben oder zwei oder auch achttausendneunundsiebzig – aber nur ganze Zahlen sind erlaubt. Halbe Energiequanten sind verboten.

Die Größe dieser Energiequanten ist f mal h – dabei steht f für die Frequenz der Strahlung und h ist einfach eine „Hilfsgröße". Woher diese „Hilfsgröße" kommt, konnte Max Planck nicht sagen. Es war bloß eine Vermutung, ohne echten Grund. „Kurz zusammengefasst kann ich die ganze Tat als einen Akt der Verzweiflung bezeichnen", schrieb er später. Aber mit dieser Zusatzannahme, dass Energie nur in einzelnen Energiequanten abgegeben werden kann, ließ sich das Strahlungsgesetz plötzlich mathematisch herleiten.

Dieses h, das Max Planck im Jahr 1900 in seinen Formeln verwendete, nennt man seither „Plancksches Wirkungsquantum". Es wurde zu einer der bedeutendsten Naturkonstanten der modernen Physik. Oft ist es praktischer, statt h die Größe h dividiert durch 2π zu verwenden – deswegen hat man dafür einen eigenen Buchstaben erfunden: ħ (gesprochen: „h quer") – ein Symbol, auf das man in der Quantentheorie immer wieder stößt.

Max Plancks berühmtes „h quer“: Das Wirkungsquantum dividiert durch 2π nennt man oft auch „reduziertes Wirkungsquantum“. Die Wirkung ist eine etwas unintuitive physikalische Größe: Sie ist Energie mal Zeit, oder auch Impuls mal Länge. Darunter kann man sich wenig vorstellen – das muss man auch nicht. Es genügt zu wissen, dass „Wirkungsportionen“ von der Größe h oder ħ in der Quantentheorie eine wichtige Rolle spielen.

Wirklich erklären konnte man die Sache erst Jahre später, nachdem Albert Einstein gezeigt hatte, dass Licht aus Photonen besteht: Wenn etwas glüht, sendet es Photonen aus – aber es kann immer nur eine ganze Zahl von Photonen aussenden und somit Energie nur in ganz bestimmten Portionen abgeben.

Das Bohrsche Atommodell

Aber was passiert nun ganz genau, wenn Materie Licht aussendet oder Licht aufnimmt? Um die Sache im Detail zu verstehen, ist es besser, sich keine großen, komplizierten Dinge wie glühende Eisenstangen oder leuchtende Sterne anzusehen, sondern etwas möglichst Einfaches. Am besten ein einziges Atom. Und am allerbesten das einfachste Atom, das es gibt – das Wasserstoffatom.

Schon im neunzehnten Jahrhundert, als von Quantenphysik noch keine Rede war, hatte man festgestellt: Wasserstoffatome können Licht absorbieren - aber nur Licht mit ganz bestimmten Wellenlängen. Licht, das irgendeine andere Wellenlänge hat, ist den Wasserstoffatomen ziemlich egal.

Niels Bohr versuchte das zu erklären und entwickelte im Jahr 1913 sein berühmtes Atommodell. Man wusste damals schon einiges über Atome: Sie bestehen aus einem winzigen positiv geladenen Atomkern und negativ geladenen Elektronen, die sich um diesen Kern herum bewegen - aber wie? Davon hatte man noch keine Ahnung.

Klar war jedenfalls: Elektronen und Atomkerne ziehen einander an, genau wie Sterne und Planeten einander anziehen. Kann man sich dann vielleicht ein Atom so ähnlich vorstellen wie ein Sonnensystem im Miniaturformat? Kann es sein, dass sich das Elektron auf einer ungefähr kreisförmigen Bahn um den Atomkern bewegt, so wie ein Planet um seinen Stern?

Ganz so einfach ist es nicht. Denn man kannte damals schon die Gesetze der Elektrodynamik. Und die sagen uns: Wenn sich ein elektrisch geladenes Objekt im Kreis bewegt, dann muss es Energie abstrahlen. Wenn aber das Elektron auf seiner Bahn um den Atomkern permanent Energie abstrahlen würde, dann wäre die Energie des Elektrons nach kurzer Zeit aufgebraucht. Es müsste abstürzen wie ein Flugzeug, dem der Treibstoff ausgeht. Auf einer spiralförmigen Bahn würde sich das Elektron kontinuierlich nach innen schrauben, bis es dann nach Sekundenbruchteilen mit dem Atomkern zusammenstößt.

Offensichtlich ist das nicht der Fall - sonst wären wir nicht hier. Aber wie kann das sein? Niels Bohr meinte: Vielleicht erlaubt die Natur einfach nur ganz bestimmte Elektronenbahnen um den Atomkern - und alle anderen Bahnen sind physikalisch verboten.

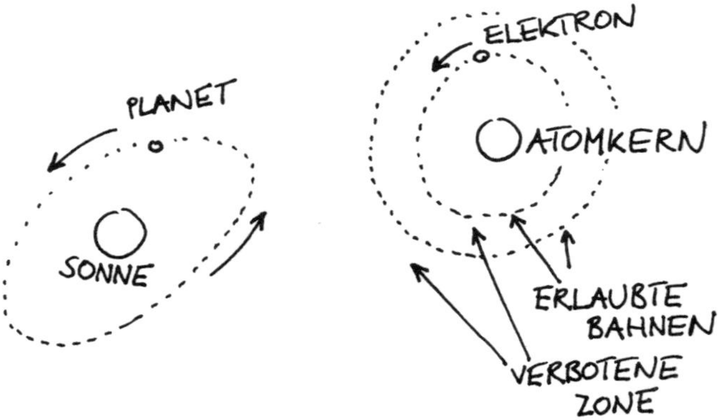

Diese Idee lässt sich begründen, wenn man weiß, dass Elektronen Welleneigenschaften haben: Wie kann man auf einer kreisrunden Elektronenbahn um den Atomkern eine Welle einzeichnen? Man sucht sich irgendwo einen Anfangspunkt aus und beginnt mit einer Wellenlinie – doch nach einer vollen Runde muss das Ende der Welle wieder nahtlos an den Anfang der Welle anschließen. Wenn man mit einem Wellenberggipfel angefangen hat, kann man nicht nach einer Runde gerade in der Wellental-Phase sein, denn sonst hätte die Elektronenwelle an dieser Stelle schließlich keinen eindeutigen Wert, sondern gleich zwei verschiedene.

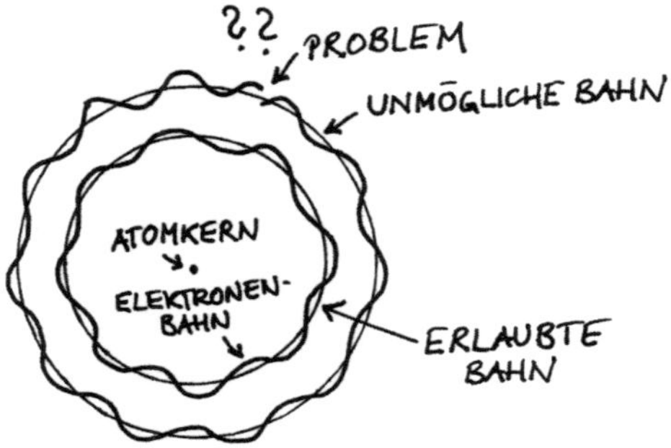

Das bedeutet: In diesen Kreis rund um den Atomkern muss exakt eine ganze Zahl von Wellenlängen passen. Die Kreisbahn kann eine Wellenlänge lang sein oder zwei oder siebenundzwanzig – aber sicher nicht zwei komma vier. Nur ganz bestimmte Kreise mit ganz bestimmten Längen sind erlaubt. Man kann sagen: Die Länge der Elektronenbahn ist quantisiert.

Bei Planeten, die um die Sonne kreisen, ist das anders. Hier müssen wir uns über Wellenlängen keine Gedanken machen. Theoretisch könnte man den Mars ein bisschen von der Sonne wegschieben, und er würde sich immer noch auf einer physikalisch erlaubten Bahn befinden. Aber bei Elektronen ist so eine leicht verschobene Bahn unmöglich, behauptete Niels Bohr: Direkt neben einer erlaubten Elektronenbahn befindet sich eine verbotene Zone, erst dann kommt irgendwann wieder die nächste erlaubte Elektronenbahn. Daher kann das Elektron nicht in einer kontinuierlich kleiner werdenden Spirale in den Atomkern stürzen. Es kann höchstens abrupt von einer erlaubten Bahn zu einer anderen erlaubten Bahn springen – das nennt man dann einen „Quantensprung".

Dieses Atommodell war damals revolutionär. Niels Bohr konnte damit wunderbar erklären, warum ein Atom nur Licht mit ganz bestimmten Wellenlängen abstrahlen oder aufnehmen kann. Wenn wir ein Atom mit einem Lichtstrahl treffen, der genau die richtige Wellenlänge hat, um ein Elektron von seiner erlaubten Bahn auf die nächsthöhere erlaubte Bahn zu befördern, dann wird ein Photon dieses Lichtstrahls absorbiert und das Elektron erhält dadurch die nötige Energie, um die Bahn zu wechseln. Wenn man das Atom hingegen mit einer anderen Wellenlänge beleuchtet, die nicht zu irgendwelchen Elektronenbahn-Übergängen passt, dann passiert nichts. Mit einem solchen Photon kann das Elektron nichts anfangen.

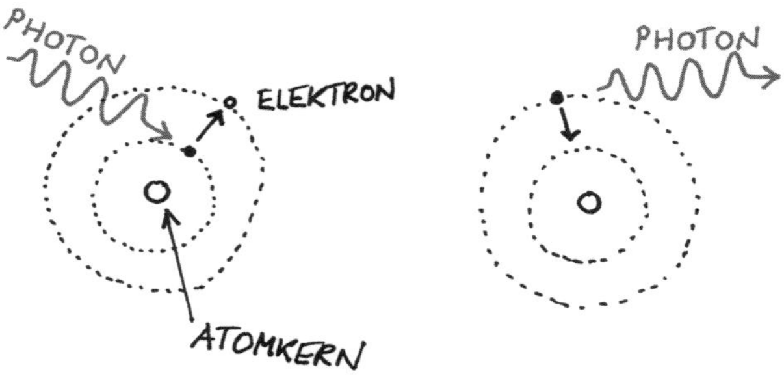

Umgekehrt kann das Atom nach diesem Modell auch Photonen abgeben: Wenn sich ein Elektron auf einer Bahn mit hoher Energie befindet und dann ganz spontan auf eine Bahn mit niedrigerer Energie hinunterwechselt, dann muss es die überschüssige Energie loswerden. Und das geschieht, indem es ein Photon aussendet.

Dieses simple Atommodell ist wunderschön und höchst lehrreich. Das Problem daran ist nur: Es stimmt nicht so wirklich. Das Bohrsche Atommodell ist sehr grob und unvollständig. Wenn man ehrlich ist, dann hat es mit der Wirklichkeit nicht besonders viel zu tun.

In Niels Bohrs Gedankenbild hat das Elektron zwar eine Wellenlänge, aber es ist keine echte Welle. Es verteilt sich nicht im Raum, wie wir das zum Beispiel von Schallwellen kennen, sondern es bleibt brav auf einem exakt definierten Kreis, genau wie ein Planet. Das ist nur eine grobe Annäherung an die Wirklichkeit. Es gibt viele wichtige Fragen, auf die das Bohrsche Atommodell nicht einmal ansatzweise eine Antwort liefert – zum Beispiel, was mit den Elektronen passiert, wenn zwei Atome eine chemische Bindung eingehen.

Sinnvolle Ergebnisse liefert das Bohrsche Atommodell ausschließlich dann, wenn ein Atom nur ein einziges Elektron hat. Das ist beim Wasserstoffatom der Fall. Sobald man aber mehrere Elektronen gleichzeitig berücksichtigen will, bricht das Bohrsche Atommodell zusammen.

Quanten: die Pixel der Wirklichkeit

Auch wenn das Bohrsche Atommodell nicht perfekt ist, eine bemerkenswerte Erkenntnis liefert es uns auf jeden Fall: Es zeigt uns, dass bestimmte physikalische Größen manchmal nur ganz bestimmte Werte annehmen können. Die Elektronenbahn in Bohrs Modell kann nur ganz bestimmte Längen annehmen, alle anderen sind verboten. Für die Energie, die ein Atom aufnehmen oder aussenden kann, gibt es nur ganz bestimmte erlaubte Beträge, alle anderen sind unmöglich.

Das ist ein seltsamer Gedanke. Normalerweise sind wir schließlich gewohnt, dass Größen in der Natur ganz kontinuierlich beliebige Werte annehmen dürfen. Ein Fußball kann mit sieben Metern pro Sekunde durch die Luft fliegen, oder mit siebeneinhalb, oder mit einem beliebigen Wert dazwischen. Eine Tomate wächst im Garten kontinuierlich heran. Wenn sie gestern 37 Gramm wog und heute 41, dann muss sie jeden Wert dazwischen auch irgendwann mal angenommen haben. Die Natur macht keine Sprünge – so dachte man. Aber Max Planck und Niels Bohr zeigten uns: So einfach ist es nicht. Manche physikalischen Größen sind quantisiert.

Auf dieses Phänomen der Quantisierung stößt man in der Welt der kleinen Teilchen immer wieder: Man kann zum Beispiel überlegen, was mit einem einzelnen Atom passiert, das man hin und her schwingen lässt wie das Pendel einer winzig kleinen Pendeluhr. Auch hier zeigt sich: Nur ganz bestimmte Schwingungen sind erlaubt, mit ganz bestimmten Schwingungsenergien. Oder man sperrt ein Teilchen in eine enge Box und rechnet aus, wie es sich in dieser Box bewegen kann. Dann stellt man fest: Für dieses Teilchen sind nur noch ganz bestimmte Geschwindigkeiten erlaubt, alle anderen sind mathematisch unmöglich.

Wenn eine physikalische Größe quantisiert ist, dann kann sie sich nicht kontinuierlich verändern, wie die Temperatur in einem Zimmer, das man langsam heizt, oder der Wasserspiegel im Swimmingpool, den man langsam füllt. Wenn der Pool vorher leer war und jetzt voll ist, dann muss es dazwischen einen Zeitpunkt gegeben haben, an dem er halb voll war. Eine quantisierte Größe hingegen verändert sich sprunghaft, von einem erlaubten Wert zu einem anderen erlaubten Wert, ohne die Werte dazwischen jemals annehmen zu müssen. Sie verändert sich in ganz bestimmten Portionen. In Quanten eben. Durch diese Idee bekam die Quantentheorie ihren Namen.

Auch elektrische Ladung ist quantisiert. Das ist leicht zu verstehen, denn sie kommt immer als Eigenschaft einzelner Teilchen vor: Ein Elektron ist negativ geladen, ein Proton ist positiv geladen. Ein Atom, dem man sieben Elektronen wegnimmt, ist siebenfach positiv geladen. Eine Schachtel, in die ich neunzehn Elektronen sperre, ist neunzehnfach negativ geladen. Aber nichts auf der Welt ist zwölf-komma-vier-fach elektrisch geladen oder Wurzel-aus-zwei-fach.

Aber das Konzept der „Quanten" muss nicht unbedingt etwas mit der Anzahl von Teilchen zu tun haben. Es ist eben allgemeiner. Wenn wir von „Quanten" reden, kann es sich auch um Energiequanten handeln, der Drehimpuls eines Teilchens kann quantisiert sein, oder eben auch die Länge einer Kreisbahn, die ein Teilchen dreht. Der Begriff „Quanten" beschreibt im allgemeinsten Sinn des Wortes einfach die Portioniertheit der Natur.

Die Illusion einer kontinuierlichen Welt

Aber wenn die Natur portioniert ist – warum kommt sie uns dann im Alltag so kontinuierlich und glatt vor? Wenn ein Elektron in einer Schachtel nur bestimmte Geschwindigkeiten annehmen kann, warum kann ich dann einen Tennisball in einem Schuhkarton herumrollen lassen und ihm dabei völlig beliebige Geschwindigkeiten verpassen? Wenn ein atomares Pendel nur ganz bestimmte Schwingungen ausführen kann, warum kann ich dann eine Eisenkugel an einem Faden von der Decke baumeln lassen und mit beliebiger Auslenkung in Schwingung versetzen?

Streng genommen ist das alles bloß eine Illusion. Wenn man die Pendelbewegung der Eisenkugel mit den Formeln der Quantenphysik nachrechnet, dann stellt man fest: Tatsächlich sind auch in diesem Fall nur ganz bestimmte Schwingungen erlaubt. Alle Energiewerte dazwischen sind physikalisch nicht möglich. Allerdings sind das so unermesslich viele Energiewerte, die extrem nah beieinanderliegen, dass wir sie gar nicht unterscheiden können. Wir können mit unseren normalen Methoden die Energie des Eisenpendels gar nicht so genau messen, dass uns ihre Quantisiertheit jemals auffallen würde.

Wir bemerken die Quanten nicht, weil sie einfach zu klein sind. Oder anders ausgedrückt: Wir Menschen sind einfach zu groß, um im Alltag zu sehen, dass bestimmte physikalische Größen nicht kontinuierlich sind, sondern nur in bestimmten Portionen vorkommen. Es ist wie der Blick auf einen Bildschirm: Wenn man sehr nah an den Bildschirm heranrückt und ganz genau hinsieht, dann erkennt man: Das Bild ist aus Pixeln aufgebaut, aus winzigen Bildpunkten. Ein Objekt auf dem Bildschirm kann zwei Pixel breit sein oder drei oder siebenhundertzwölf – aber nicht viereinhalb. Es ist völlig sinnlos, auf dem Bildschirm nach Details zu suchen, die kleiner sind als ein Pixel. Auf dem Bildschirm sind nur ganze Pixel möglich.

Wenn man aus einiger Distanz auf den Bildschirm blickt, merkt man davon aber nichts. Im Großen und Ganzen sieht das Bild vollkommen glatt und kontinuierlich aus. Die Pixel – man könnte sie „Bild-Quanten“ nennen – sind einfach zu klein, um für uns eine Rolle zu spielen. Aber sie sind da. Genau wie die Quanten in der Physik.

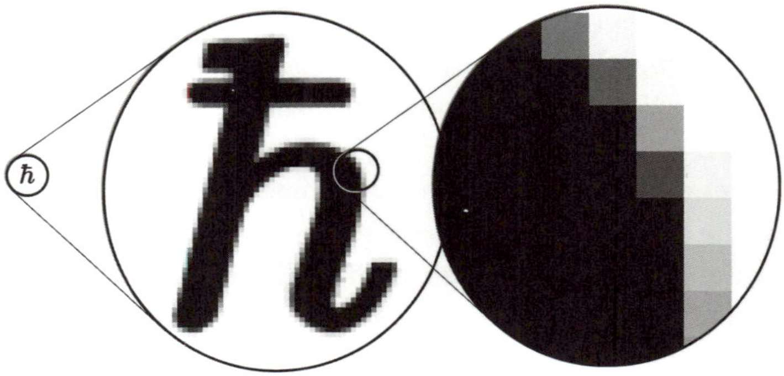

Heisenbergs Unschärferelation

Ein weiteres wichtiges Prinzip, das erst auf diesen winzigen Skalen deutlich sichtbar wird, ist die Heisenbergsche Unschärferelation. Sie sagt uns, dass es bestimmte physikalische Größen gibt, die man nicht gleichzeitig beliebig exakt messen kann.

So ist es zum Beispiel unmöglich, sowohl den Aufenthaltsort als auch den Impuls (oder die Geschwindigkeit) eines Teilchens genau zu kennen. Wir können exakt wissen, wo sich ein Teilchen befindet, oder wie schnell es sich bewegt – beides gleichzeitig geht nicht. Je genauer wir den Ort kennen, umso mehr Ungenauigkeit müssen wir bei unserer Kenntnis des Impulses in Kauf nehmen – und umgekehrt.

Leider wird die Unschärferelation oft missverstanden. Das liegt nicht zuletzt daran, dass Werner Heisenberg selbst seine Unschärferelation aus heutiger Sicht etwas verwirrend formulierte – vielleicht war ihm selbst damals die volle Tragweite seiner Entdeckung noch nicht bewusst.

Die Grundidee ist einfach: Stellen wir uns vor, wir haben ein winziges Teilchen und wollen möglichst exakt messen, wo es sich befindet. Dafür können wir zum Beispiel einen Lichtstrahl verwenden, den wir sehr präzise auf einen Punkt fokussieren. Wenn wir diesen Lichtstrahl bewegen, bis wir das Teilchen finden, dann wird das Teilchen ein bisschen Licht reflektieren, und wir wissen ziemlich genau, wo es ist. Wenn wir das zweimal kurz hintereinander machen, dann können wir auch messen, wie weit es sich dazwischen bewegt hat, und seine Geschwindigkeit ausrechnen. (Und damit auch seinen Impuls, das ist einfach die Geschwindigkeit mal Masse des Teilchens. Wir nehmen an, dass wir die Masse bereits kennen.)

Wie exakt haben wir nach so einer Messung den Aufenthaltsort des Teilchens bestimmt? Das hängt von unserem Lichtstrahl ab. Wenn wir unseren Lichtstrahl auf einen Bereich von einem Mikrometer gebündelt haben, wissen wir zum Zeitpunkt der Messung auf einen Mikrometer genau, wo das Teilchen ist. Wenn uns das nicht genügt, müssen wir unseren Strahl noch besser fokussieren.

Doch hier stoßen wir an eine Grenze: Wir können den Lichtstrahl nicht auf einen Punkt fokussieren, der deutlich kleiner ist als die Wellenlänge des Lichts, genauso wenig wie man eine metergroße Ozeanwelle in ein Wasserglas sperren kann. Wenn wir die Position des Teilchens noch exakter messen wollen, müssen wir Licht mit einer kürzeren Wellenlänge verwenden.

Wir können zum Beispiel sichtbares Licht durch kurzwellige Röntgenstrahlen ersetzen. Oder durch noch kurzwelligere Gammastrahlen. Je kleiner die Wellenlänge, umso besser können wir den Strahl bündeln und umso größer wird die Genauigkeit der Messung.

Aber kleinere Wellenlängen bedeuten höhere Energie. Wenn wir unser Teilchen mit Röntgen- oder Gammastrahlen beschießen, dann bombardieren wir es mit sehr energiereichen Photonen. Dadurch wird unweigerlich Energie auf das Teilchen übertragen, und seine Geschwindigkeit wird deutlich verändert.

Jetzt sind wir also in einem Dilemma: Wir können langwelliges Licht verwenden – dann stören wir den Impuls des Teilchens kaum, aber wir können seinen Aufenthaltsort nur ziemlich grob angeben. Oder wir verwenden kurzwelliges Licht, dann wissen wir genau, wo das Teilchen ist, aber seinen Impuls kennen wir nicht, weil wir ihn zwangsläufig bei der Messung völlig verändern.

Ganz exakt messen kann man nicht – zumindest nicht Ort und Impuls gleichzeitig. Wenn man Orts-Unschärfe und Impuls-Unschärfe mathematisch exakt beschreibt, kann man beweisen: Wenn man die beiden multipliziert, muss etwas Größeres als $\hbar/2$ herauskommen. Das ist die Heisenbergsche Unschärferelation. Je kleiner die eine Unschärfe wird, umso größer muss daher die andere sein. Wäre eine genau null, müsste die andere theoretisch unendlich groß sein.

Man muss sich also entscheiden, erklärte Werner Heisenberg, ob man den Ort oder den Impuls eines Teilchens exakt bestimmen möchte – oder ob man eine Kompromissvariante wählt, bei der man beides zumindest so einigermaßen genau kennt.

Ein Teilchen ist wie ein Pfeifton

Doch diese Überlegung ist verwirrend. Sie klingt nämlich so, als wäre die Unschärfe von Ort und Impuls bloß eine Konsequenz der Messung: Man kann das Teilchen nicht messen, ohne durch die Messung seinen Zustand zu verändern, und daher wird die

Messung verfälscht. Da keimt die Hoffnung auf: Vielleicht können wir uns einfach eine klügere, sanftere Messmethode ausdenken und schon ist das Problem gelöst!

So eine Messmethode ist aber unmöglich. Die Unschärferelation ergibt sich nämlich gar nicht daraus, dass bei der Messung Ort oder Impuls des Teilchens verändert werden, sondern daraus, dass das Teilchen diese Information selbst nicht hat. Ort und Impuls existieren einfach nicht unabhängig voneinander zur selben Zeit. Wenn man den Ort genau misst, ist der Impuls nicht genau festgelegt, und wenn man den Impuls misst, ist der Ort nicht genau festgelegt – nicht weil wir auf die falsche Weise messen, nicht weil wir irgendetwas übersehen haben, sondern weil die Natur selbst diese Information nicht enthält.

Das klingt etwas merkwürdig, folgt aber ganz einfach daraus, dass jedes Teilchen eine Welle ist. Wo befindet sich das Teilchen? Klar: Dort, wo es hohe Wellen schlägt. Und wie schnell ist das Teilchen? Nach Louis de Broglie hängt sein Impuls von der Wellenlänge ab – je kleiner die Wellenlänge, umso schneller bewegt es sich.

Wie muss die Welle aussehen, damit man den Ort eines Teilchens am genauesten bestimmen kann? Das funktioniert genau dann am besten, wenn die Welle nur aus einem einzigen, möglichst schmalen Wellenberg besteht und überall sonst null ist. Aber was ist die Wellenlänge einer solchen Welle? Sie lässt sich nicht definieren, man kann in diesem Fall nicht auf sinnvolle Weise von einer Wellenlänge sprechen. Mathematisch kann man zeigen, dass eine solche Welle sogar aus unendlich vielen Wellenlängen gleichzeitig besteht – von winzig klein bis riesengroß.

Und wie muss eine Welle aussehen, damit man den Impuls einer Welle am genauesten bestimmen kann? Auch das ist klar: Es muss sich um eine schöne, regelmäßige Welle handeln, mit vielen Wellenbergen und Wellentälern in exakt gleichem Abstand. Aber eine solche Welle erstreckt sich über den gesamten Raum, das Teilchen befindet sich somit überall gleichzeitig, man kann nicht auf sinnvolle Weise von einem Aufenthaltsort sprechen.

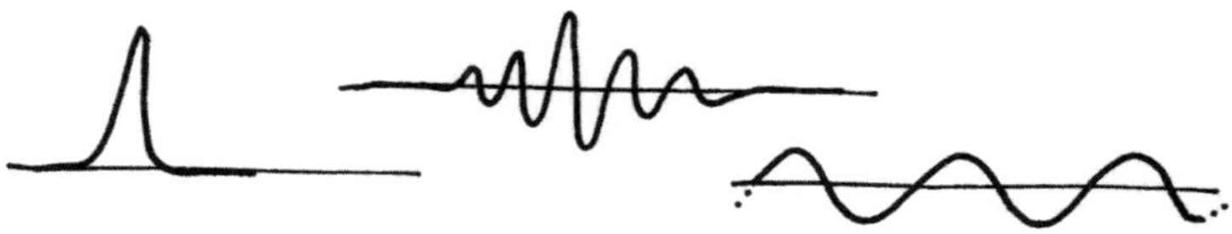

Verschiedene Wellen verraten uns unterschiedliche Dinge: Bei der Welle links ist recht klar, wo sie sich befindet. Dafür können wir hier nicht wirklich von einer „Wellenlänge" sprechen. Die regelmäßige Welle rechts hat eine eindeutig messbare Wellenlänge – dafür erstreckt sie sich über einen großen Bereich, man kann nicht genau sagen, wo sie sich befindet, sie befindet sich überall gleichzeitig. Die Welle dazwischen ist ein Kompromiss aus diesen beiden Extremen – mit einigermaßen unscharfem Ort und einigermaßen unscharfer Wellenlänge.

Ein ganz ähnliches Phänomen kennen wir aus der Akustik: Ein lang gezogener Pfeifton besteht aus vielen regelmäßigen Schwingungen. Die Tonhöhe – also die Frequenz der akustischen Welle – lässt sich dann sehr leicht bestimmen. Eine Melodie, die aus solchen Tönen besteht, können wir leicht nachsingen. Aber wie ist das mit einem Pistolenschuss? Der Knall ist extrem kurz, man kann seinen Zeitpunkt also sehr genau bestimmen, im Gegensatz zum lang gezogenen Pfeifton. Aber welche Tonhöhe hatte der Knall? Welcher Taste am Klavier entspricht er? Das lässt sich nicht sagen. Er besteht nicht aus regelmäßigen Schallwellen, er hat einfach keine definierte Wellenlänge. Man könnte das als „Tonhöhe-Zeitdauer-

Unschärfe" bezeichnen – im Prinzip ist das genau dasselbe wie Heisenbergs Orts-Impuls-Unschärfe.

In unserem gewöhnlichen Alltag spielt Heisenbergs Unschärferelation freilich keine Rolle. So präzise, dass uns die Unschärferelation in die Quere kommt, können wir normalerweise ohnehin nicht messen. Wenn ich im Wald nach Pilzen suche, muss ich keine Angst haben, versehentlich ihre Position so exakt zu bestimmen, dass ihr Impuls unscharf wird und sie davonflitzen. Und wenn ich mein Fahrrad absperre, lege ich seine Geschwindigkeit dadurch nicht so scharf auf null fest, dass seine Ortsunschärfe unendlich wird und ich es nie wieder finde.

Quantensprünge

Auch wenn Quanten in unserem Alltag meist keine Rolle spielen – die „Quantensprünge" haben interessanterweise einen festen Platz in unserer Alltagssprache erobert: „Es ist ein Quantensprung!" Das hören wir oft, wenn jemand etwas Großes vollbracht hat. Die neue Eisenbahnlinie ist ein Quantensprung für den Regionalverkehr, die neue Kläranlage ein Quantensprung für das lokale Abwassersystem und die Steuerreform ist ein Quantensprung für das ganze Land!

Und oft machen sich andere Leute dann darüber lustig: Wer das Wort „Quantensprung" so verwendet, hat doch keine Ahnung! Ein Quantensprung ist schließlich nichts Großes, Bedeutendes, sondern etwas Winziges! Oft ist ein Quantensprung sogar die kleinste Zustandsänderung, die überhaupt möglich ist. Also ist es doch auf jeden Fall völlig verkehrt, so etwas als Metapher für etwas Großes zu verwenden?

Nicht unbedingt. Natürlich stimmt es, dass die meisten Quantensprünge, die man im Labor beobachtet, winzig klein sind. Wenn ein Elektron von einer erlaubten Umlaufbahn auf eine andere wechselt, dann ändert sich sein Abstand zum Atomkern typischerweise um weniger als einen Nanometer. Aber das muss nicht so sein. Prinzipiell sind auch sehr große Quantensprünge denkbar. Weit draußen im interstellaren Vakuum gibt es manchmal einsame Atome, bei denen ein Elektron sehr weit vom Atomkern entfernt ist. Dementsprechend kann dort theoretisch auch ein Quantensprung viel größer ausfallen (auch wenn das nur selten passiert). Kleinheit gehört nicht zu den definierenden Eigenschaften eines Quantensprungs.

Das Wesentliche am Quantensprung ist: Es handelt sich um eine Veränderung, die nicht kontinuierlich abläuft, wie wir das von Alltagsphänomenen gewohnt sind – vom kontinuierlichen Abkühlen heißer Suppe, von der kontinuierlichen Beschleunigung einer Straßenbahn oder dem kontinuierlichen Wachstum einer Tomate. Das Wort „Quantensprung“ verwendet man, um anzudeuten, dass hier etwas Abruptes passiert: Ein Wechsel von einem Zustand in einen anderen, ohne dass je ein Zustand dazwischen angenommen werden muss.

Und so betrachtet ist der Quantensprung eigentlich gar keine schlechte Metapher für einen großen Durchbruch in Politik, Wirtschaft oder anderen Lebensbereichen. Wenn man in einem einzigen Schritt einen Zustand abrupt verändert, anstatt ihn über längere Zeit kontinuierlich in eine Richtung zu verschieben – warum sollte man dann nicht von einem „Quantensprung“ sprechen?

Eine neue Sorte Zufall

Warum ein Elektron keine Kirsche ist, warum Teilchenwellen kollabieren und warum die Quantentheorie eine völlig neue Art von Zufall mit sich bringt: Manchmal kann man nur Wahrscheinlichkeiten berechnen, das tatsächliche Ergebnis einer Messung bleibt unvorhersehbar.

Es waren keine neuen Experimente, sondern zwei Urlaubsreisen, die im Jahr 1925 die Quantentheorie völlig veränderten. Werner Heisenberg fuhr nach Helgoland, um dort über Atome nachzudenken, Erwin Schrödinger fuhr in die Schweizer Alpen und entwickelte dort seine berühmte Schrödingergleichung.

In gewissem Sinn war die Quantenmechanik damals immer noch keine ausgewachsene Theorie. Man hatte einiges über die merkwürdige Doppelnatur von Wellenteilchen und Teilchenwellen verstanden, man hatte einige nützliche Formeln entdeckt, aber all das ergab noch kein schlüssiges Gesamtbild. Was fehlte, war eine klare mathematische Beschreibung der Quantentheorie, eine Formel, mit der man das Ergebnis beliebiger Quantenexperimente zuverlässig ausrechnen konnte.

Werner Heisenberg war damals erst dreiundzwanzig Jahre alt, hatte aber bereits seine Doktorarbeit abgeschlossen und arbeitete als Assistent von Max Born an der Universität in Göttingen. Im Frühling 1925 bekam Heisenberg schrecklichen Heuschnupfen. Sein Gesicht schwoll an, er konnte kaum noch arbeiten. Daher schickte ihn Born nach Helgoland, eine Insel in der Nordsee mit besonders geringer Pollenbelastung, ein optimaler Erholungsort für einen Allergiker.

Tatsächlich ging es Heisenberg dort besser – und er machte sich auf die Suche nach einer mathematischen Theorie der Atome. Er beschloss, nur Dinge in seine Theorie einzubauen, die man auch wirklich beobachten kann. Wenn sich die exakte Bahn eines Teilchens nicht wirklich beobachten lässt, dann soll eine solche Bahn in der mathematischen Formulierung der Theorie gar nicht erst vorkommen, meinte Heisenberg.

Messen lässt sich allerdings, welche Energie ein Atom aufnehmen oder abgeben kann. Und so entwickelte Heisenberg für diese Energieübergänge ein ungewöhnliches, etwas umständliches Rechenschema: Die Zahlen werden dabei in Form unendlicher Matrizen aufgeschrieben – Zahlentabellen mit unendlich vielen Zeilen und unendlich vielen Spalten. Und mit diesen unendlich großen Zahlenungetümen muss man dann Rechnungen durchführen. Das war nicht einfach, aber es war möglich.

Eines Abends hatte Heisenberg diese Prozedur ausreichend gut verstanden, um sie einem entscheidenden Test zu unterziehen: Wenn seine Überlegungen richtig waren, meinte Heisenberg, dann müssten seine unendlichen Matrizen dem Energieerhaltungssatz gehorchen: Egal was mit einem Atom passiert, die Gesamtenergie sollte nicht mehr und nicht weniger werden können.

Mühsam rechnete er mit seinen unendlichen Zahlengebilden die Energieerhaltung nach – und nach den ersten Schritten sah die Sache bereits ziemlich vielversprechend aus. Heisenberg war aber so aufgeregt, dass er sich ständig verrechnete, und so wurde es fast drei Uhr nachts, bis er das Ergebnis vollständig vor sich sah: Die Energieerhaltung ergab sich tatsächlich ganz von selbst aus seinen unendlichen Zahlentabellen. „Ich hatte das Gefühl, durch die Oberfläche der atomaren Erscheinungen hindurch auf einen tiefen Grund von merkwürdiger Schönheit zu schauen", schrieb Heisenberg später.

Die Morgendämmerung kündigte sich bereits an, Heisenberg spazierte zum Meer, stieg dort auf einen Turm, sah der Sonne beim Aufgehen zu und freute sich.

Aber nicht alle freuten sich über Heisenbergs seltsames neues Rechenschema, das als „Matrizenmechanik" bekannt wurde. Erwin Schrödinger gehörte zu den Physikern, die damit höchst unzufrieden waren. Er hielt Heisenbergs Rechenmethode zwar nicht für falsch, aber für mühsam, unanschaulich und unpraktisch. „Mir schaudert vor dem bloßen Gedanken, den Matrizenkalkül einmal einem jungen Studenten als das wahre Wesen des Atoms vortragen zu müssen", schrieb Schrödinger.

Schrödingers Wellenfunktion

Schrödingers Wunsch war einfach: Wenn Quantenteilchen sich als Welle durch die Gegend bewegen, dann muss es eine Wellengleichung geben, mit der man diese Bewegung ausrechnen kann. Für andere Wellen kannte man solche Wellengleichungen längst – für Schallwellen etwa oder auch für Lichtwellen. Eine Wellengleichung, mit der sich die genaue Form der Teilchenwelle ausrechnen lässt, fehlte aber noch.

Erwin Schrödinger war mit seinen achtunddreißig Jahren deutlich älter als Heisenberg. Er stammte aus Wien und forschte damals an der Universität Zürich. In den Weihnachtsfeiertagen 1925 fuhr er nach Arosa, einen Skiort in den Schweizer Alpen. Doch mehr als das Skifahren interessierte ihn in diesen Tagen die Suche nach einer Wellengleichung für Quantenteilchen.

Schrödinger erkannte: Die Wellengleichung für Quantenteilchen muss eine ziemlich merkwürdige Gleichung sein. Sie führt zu mathematisch ungewöhnlichen Lösungen – zu Wellen, die man nur mit komplexen Zahlen beschreiben kann, mit der imaginären Einheit *i*, der Wurzel aus minus eins. In den meisten anderen Gebieten der Physik passiert so etwas eher selten. Die

Wurzel aus negativen Zahlen zu ziehen ist in der Physik meistens verboten. Wenn man die Geschwindigkeit einer Straßenbahn berechnet und dabei die Wurzel aus einer negativen Zahl ziehen muss, dann weiß man: Hier hat man sich irgendwo ganz gewaltig verrechnet.

Aber Schrödinger war überzeugt, auf dem richtigen Weg zu sein – auch wenn seine Rechnungen mathematisch äußerst ungewöhnlich aussahen. „Wenn ich nur mehr Mathematik könnte!", schrieb er an einen Freund. „Ich bin bei dieser Sache sehr optimistisch und hoffe, wenn ich es nur rechnerisch bewältigen kann, so wird es sehr schön."

Und es wurde tatsächlich sehr schön. Plötzlich war sie da, die Wellengleichung. Und Erwin Schrödinger gelang es, damit die Eigenschaften des Wasserstoffatoms korrekt auszurechnen – auf viel allgemeinere und detailliertere Weise, als das zuvor Niels Bohr mit seinem simplen Bohrschen Atommodell geschafft hatte.

Das war ein erster Beweis dafür, dass Erwin Schrödinger mit seiner Wellengleichung etwas Großes und Wahres über die Welt herausgefunden hatte. Nach seinem Durchbruch in Arosa veröffentlichte er im Laufe des Jahres 1926 in insgesamt vier Teilen sein wohl wichtigstes Werk mit dem Titel „Quantisierung als Eigenwertproblem". Seine Wellengleichung für Teilchen wurde weltberühmt, wir nennen sie heute „Schrödingergleichung".

Schrödinger und seine berühmte Schrödingergleichung: ψ ist das Symbol für die Wellenfunktion. Das „Hψ" auf der linken Seite beschreibt die Energie des Teilchens. Rechts steht i (die Wurzel aus minus eins), das Plancksche Wirkungsquantum ħ und danach ein Ausdruck für die zeitliche Veränderung der Wellenfunktion. Die Schrödingergleichung ist eine Differentialgleichung, die uns sagt, wie sich eine Teilchenwelle bewegt.

Heisenberg hatte mit seiner Matrizenmechanik zwar auch prinzipiell recht gehabt, aber sie wird in ihrer ursprünglichen Form heute nicht mehr verwendet. Man hat Methoden gefunden, Heisenbergs Ideen auf mathematisch übersichtlichere und einfachere Weise darzustellen. Die Schrödingergleichung hingegen verwendet man heute noch genauso wie damals. In der Quantenforschung ist sie das tägliche Standard-Werkzeug, ähnlich wie das Küchenmesser für einen Koch. Oder die peruanische Panflöte für einen peruanischen Panflötenspieler.

Für die Quantentheorie begann damit ein neues Zeitalter. Dass man sich Teilchen wellig vorstellen muss, hatte man schon vorher gewusst. Aber nun hatte man ein mathematisches

Werkzeug, um das Verhalten von Teilchenwellen exakt zu berechnen. Wenn man die Schrödingergleichung löst, dann erhält man als Ergebnis die sogenannte „Wellenfunktion". Schrödinger bezeichnete sie mit dem griechischen Buchstaben ψ (psi), das ist bis heute so üblich.

Aber was sagt uns das? Was schlägt hier überhaupt Wellen? Eine Schallwelle ist eine Schwingung der Luft, und eine Wasserwelle ist eine Schwingung der Wasseroberfläche. Was schwingt aber, wenn Schrödingers Teilchenwelle durch die Gegend schwappt? Nun – eigentlich überhaupt nichts. Eine Teilchenwelle ist nicht die Schwingung von irgendetwas. Sie selbst ist eine Schwingung. Sie ist nicht an ein Medium gebunden, sie ist einfach da.

Das klingt etwas seltsam. Wie kann man sich die Wellenfunktion vorstellen? Welche physikalische Interpretation gibt es nun für diese Welle?

Ein Elektron ist keine Kirsche

So ähnlich wie man die Temperaturverteilung in einem Raum beschreiben kann, indem man jedem Punkt des Raumes eine bestimmte Temperatur-Zahl zuordnet, kann man ein Elektron beschreiben, indem man jedem Punkt des Raumes eine bestimmte Elektronenwelligkeitszahl zuordnet. Die Schrödingergleichung verrät uns, welche Bereiche des Raums besonders wellig sind und in welchen Bereichen die Wellenfunktion nur ganz kleine Werte annimmt.

Wenn wir nun fragen „Wo befindet sich mein Elektron in diesem Augenblick?", dann kann man das nicht exakt beantworten. Man kann nur sagen: Es befindet sich überall dort, wo die Wellenfunktion heftige Wellen schlägt. Dort, wo die Elektronen-Wellenfunktion null ist, befindet sich das Elektron sicher nicht.

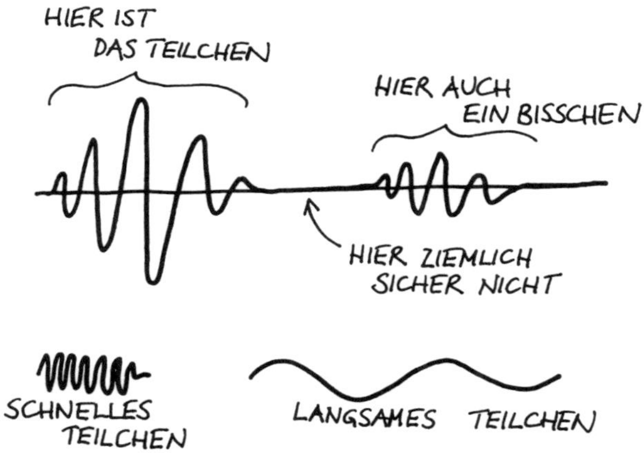

Eine Teilchen-Wellenfunktion: Dort, wo die Teilchenwellen heftig auf- und niederschwappen, ist die Wahrscheinlichkeit, das Teilchen zu messen, ziemlich groß. Dort, wo die Wellenfunktion ungefähr null ist, wird man das Teilchen ziemlich sicher nicht messen. Der Impuls des Teilchens ist durch die Wellenlänge gegeben – aus der Wellenfunktion kann man daher nicht nur ableiten, mit welcher Wahrscheinlichkeit das Teilchen welchen Aufenthaltsort hat, sondern auch, mit welcher Wahrscheinlichkeit es welchen Impuls hat.

Bei Alltagsobjekten ist das anders: Die Position einer Kirsche beispielsweise kann man sehr genau definieren. Es gibt einen bestimmten Ort im Raum, an dem sich die Kirsche befindet. Überall sonst im Universum befindet sie sich nicht. Man könnte sagen: Die Kirsche ist ein Bereich, in dem der Raum eine Kirschigkeit von hundert Prozent aufweist. Am Rand der Kirsche sinkt die Kirschigkeit abrupt auf null, ringsherum befindet sich kirschenloses Territorium. Das ganze Universum ist entweder Kirsche oder nicht Kirsche. Es gibt keinen sanften Übergang, keinen halbkirschigen Bereich dazwischen.

Aber ein Elektron ist ein verschwommener Zustand, eine verteilte Eigenschaft des Raums. An manchen Stellen ist der Raum ziemlich elektronig, an anderen weniger. Wenn das Elektron durch einen Doppelspalt fliegt, kann man nicht sagen, ob es sich in diesem Augenblick durch den linken oder durch den rechten Spalt bewegt, denn beide Bereiche sind in gleichem Maß elektronig. Die Elektronigkeit des Raums nimmt allerdings nach außen hin ab. Hundert Meter vom Doppelspalt entfernt ist sie ziemlich genau null. Dort befindet sich das Elektron also ganz sicher nicht.

In gewissem Sinn lässt sich das Elektron noch eher mit dem Duft einer Kirsche vergleichen als mit der Kirsche selbst. An manchen Stellen ist der Raum mit intensivem Kirschenduft erfüllt, an anderen Stellen ist der Kirschenduft weniger stark. Hundert Meter von jeder Kirsche entfernt riechen wir ziemlich sicher nichts Kirschiges mehr. Aber dieser Vergleich trifft die Sache nicht ganz – denn auch wenn der Kirschenduft sich wolkenartig im Raum verteilt, hat er eine eindeutige, klar lokalisierte Ursache – nämlich die Kirsche. Und die hat immer einen wahren Aufenthaltsort.

Beim Elektron ist es anders. Es gibt keinen Ursprung der räumlich verteilten Elektronigkeit. Es gibt bloß die räumlich verteilte Elektronigkeit selbst. Es gibt Orte, an denen sich das Elektron in etwas stärkerem Ausmaß befindet als an anderen. Und diese verteilte Elektronigkeit – die nennt man Elektron. Mehr kann man darüber nicht sagen. Die Frage „Wo befindet sich das Teilchen nun *wirklich*“ hat keine Antwort, genauso wenig wie die Frage „Welche Farbe hat die Zahl vier“ eine Antwort hat oder „Welches Gewicht hätte der Sonntag, wenn alle Zebras flüssig wären?“

Wahrscheinlichkeitswellen

Wenn wir das Elektron allerdings messen, dann ändert sich die Sache dramatisch. Wir können ein Elektron auf einen Detektor schießen, der genau registriert, an welcher Stelle er vom Elektron getroffen wird. Dieser Detektor wird aber niemals ein räumlich verteiltes Wellenbild des Elektrons liefern, niemals finden wir ein bisschen Elektron links und ein bisschen Elektron rechts. Wir messen ein Elektron an einem einzigen Punkt, überall sonst messen wir es nicht. Aber wie kann das sein, wenn unser Elektron doch gerade eben noch eine kirschenduftwolkig verteilte Welle war!

Wir wissen bereits: Die Messung selbst ist schuld daran. Sie greift unweigerlich in den Zustand des Elektrons ein. Mikrokosmos und Makrokosmos stoßen aufeinander, die Teilchenwelle gerät in Kontakt mit dem Rest der Welt, nämlich mit einem Messgerät. Und das verändert die Teilchenwelle radikal.

Vorher mag das Elektron einen breiten Bereich des Raumes mit welliger Elektronigkeit ausgefüllt haben, durch die Messung wird die Verteilung der Elektronigkeit schlagartig viel enger. Plötzlich wird die Wellenfunktion auf einen Punkt reduziert. An der Stelle, wo das Elektron gemessen wurde, hat die Wellenfunktion nun einen extrem hohen Wert, überall sonst ist sie praktisch null. Aus einer breiten Welle wird eine einzelne schmale Spitze. Bei der Messung erhält das Teilchen also einen eindeutigen Aufenthaltsort. Man spricht in diesem Fall vom „Kollaps der Wellenfunktion".

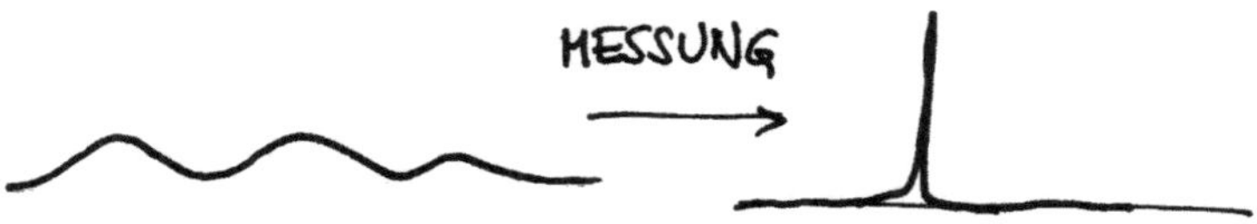

Das bedeutet, dass man die Wellenfunktion selbst nicht direkt messen kann, ohne sie völlig zu verändern. Sobald wir feststellen, wo sich das Teilchen befindet, kollabiert die Wellenfunktion, die wellenförmige Aufenthaltsverteilung verschwindet und wird auf einen ganz bestimmten Punkt reduziert.

Das klingt zunächst äußerst unbefriedigend. Es erinnert ein bisschen an einen Zauberer, der lebende Kaninchen aus dem Hut ziehen kann – aber leider nur, wenn niemand hinsieht. „Meine Damen und Herren, das müssen Sie mir jetzt einfach glauben! Als Sie alle die Augen geschlossen hatten, war das Kaninchen ganz wirklich da. Großes Ehrenwort! Aber wenn Sie es untersuchen wollen, dann kollabiert es leider auf einen einzigen unsichtbaren Punkt!"

Ein solcher Zauberer wird keine besonders enthusiastische Fangemeinde aufbauen können. Und auch bei der Wellenfunktion muss man die Frage stellen: Wenn man sie nicht messen kann, was nützt sie uns dann überhaupt? Ist sie dann nicht vielleicht bloß ein Hirngespinst? Nein, das ist sie nicht. Die Wellenfunktion gibt es wirklich, sie liefert uns klare Aussagen, die man im Experiment überprüfen kann.

Wie das funktioniert, erklärte Max Born, kurz nachdem Erwin Schrödinger seine Wellengleichung veröffentlicht hatte. Born schlug vor, Schrödingers Wellenfunktion einfach als Wahrscheinlichkeitswelle zu interpretieren: Wenn das Teilchen als Welle den Teilchendetektor trifft, dann weiß man nicht, an welcher Stelle der Detektor das Teilchen registrieren wird. Aber die Wellenfunktion legt an jedem Punkt fest, wie groß die Wahrscheinlichkeit ist, dass der Detektor das Teilchen genau an dieser Stelle misst. Mathematisch exakt gesprochen muss man an jeder Stelle das Quadrat der Wellenfunktion berechnen und davon den Betrag nehmen – dann kommt man auf die Verteilung der Wahrscheinlichkeiten.

Und diese Verteilung von Wahrscheinlichkeiten kann man im Experiment überprüfen – zumindest dann, wenn man es schafft, das Experiment nicht nur einmal, sondern viele Male durchzuführen. Man schickt viele Teilchen nacheinander exakt auf dieselbe Weise los, sodass sie jedes Mal dieselbe Wellenfunktion haben und mit derselben Wahrscheinlichkeitsverteilung an den unterschiedlichen Punkten des Teilchendetektors ankommen. Jedes Mal registriert der Teilchendetektor das Teilchen an einem ganz bestimmten Punkt, aber in den Gegenden, in denen die Wellenfunktion hohe Wellen schlägt, wird man viel häufiger ein Teilchen messen als in den Gegenden, in denen die Wellenfunktion ungefähr null ist.

Das bedeutet: Auch wenn die Wellenfunktion bei der Messung zwangsläufig kollabiert, kann man ihre Auswirkung untersuchen. Man kann sie ausrechnen und dann im Experiment nachsehen, ob die Rechnung richtig war – und darauf kommt es in der Wissenschaft an.

Das Superpositionsprinzip

All das gilt nicht nur für den Aufenthaltsort eines Teilchens, sondern genauso auch für all seine anderen Eigenschaften. Egal ob wir von der Energie eines Teilchens reden, von seiner Geschwindigkeit, seiner Drehung oder sonst etwas: Erst die Messung erzwingt ein eindeutiges Ergebnis. Vor der Messung kann sich das Teilchen in einem Zustand befunden haben, der mehreren unterschiedlichen möglichen Messergebnissen gleichzeitig entspricht.

Das ist eines der wichtigsten Grundprinzipien der Quantentheorie: Wenn es mehrere physikalisch erlaubte Zustände gibt, dann ist prinzipiell (solange noch nicht gemessen wird) auch jede Kombination dieser Zustände ein physikalisch erlaubter Zustand. Das ist das sogenannte „Superpositionsprinzip".

Ein Teilchen kann durch den rechten oder durch den linken Schlitz eines Doppelspalts fliegen? Dann kann es auch beides gleichzeitig tun. Ein Elektron im Atom kann ganz bestimmte Energiezustände annehmen? Dann kann es sich auch in einer beliebigen Mischung aus diesen Zuständen befinden. Ein Molekül kann sich im Uhrzeigersinn oder gegen den Uhrzeigersinn drehen? Dann kann es sich auch in beide Richtungen gleichzeitig drehen. Man spricht in solchen Fällen von einer „Quanten-Superposition“ oder einem „Überlagerungszustand“.

Doch sobald wir eine Messung durchführen, ist damit Schluss. Bei der Messung kommt es immer zum Kollaps des Überlagerungszustandes. Statt einer Quanten-Superposition bekommen wir ein klares Messergebnis: Das Molekül dreht sich dann entweder im Uhrzeigersinn oder gegen den Uhrzeigersinn. Das Elektron befindet sich dann entweder in diesem Energiezustand oder in einem anderen – aber sicher nicht in mehreren gleichzeitig.

Die Messung zwingt das Quantenobjekt dazu, sich für eines der möglichen Messergebnisse zu entscheiden. Die Messung liefert also nicht einfach nur Information über das Quantenobjekt, sondern die Messung legt diese Information überhaupt erst fest.

Man darf das nicht mit menschlicher Unwissenheit verwechseln: Wenn man sagt, dass ein Quantenteilchen bis zur Messung in mehreren Zuständen gleichzeitig sein kann, dann bedeutet das nicht bloß, dass wir einfach noch nicht wissen, in welchem Zustand sich das Teilchen befindet. Die Aussage hat eine viel größere Tragweite: Das Ergebnis ist nicht festgelegt. Die Natur hat sich nicht entschieden. Man könnte sagen, das Teilchen weiß selbst nicht, ob es nach links oder nach rechts fliegt, ob es sich im Uhrzeigersinn oder gegen den Uhrzeigersinn dreht, oder welchen Energiezustand es gerade hat. Das Universum hält diese Information einfach nicht bereit. Erst durch die Messung wird diese Information fixiert.

Mit der Schrödingergleichung kann man solche Überlagerungszustände wunderbar berechnen. Und dadurch weiß man dann genau, welches Messergebnis mit welcher Wahrscheinlichkeit eintreten wird. Aber welches dieser möglichen Messergebnisse dann bei einer ganz bestimmten Messung tatsächlich zur Wirklichkeit wird, das kann uns die Schrödingergleichung nicht sagen. Das ist purer Zufall.

Wir können also eine Schrödingergleichung aufschreiben, die das Verhalten einer Teilchenwelle perfekt vorhersagt – aber nur, solange keine Messung stattfindet. Über die Messung selbst kann uns die Schrödingergleichung prinzipiell nichts verraten, denn bei einer Messung sind zwangsläufig auch andere Teilchen beteiligt, die in unserer Schrödingergleichung gar nicht vorkommen – etwa die Teilchen des Messgeräts.

Wir können uns das Schicksal eines Teilchens als Serie von Messungen vorstellen, unterbrochen von Phasen ohne Messung. Bei jeder Messung wird der Zustand des Teilchens eindeutig festgelegt. Dann kommt eine Phase, in der keine Messung stattfindet. In dieser Phase sagt die Schrödingergleichung exakt, wie es mit dem Teilchen weitergeht: Vielleicht wechselt es vom eben gemessenen Zustand in einen anderen, vielleicht entsteht ein Überlagerungszustand aus mehreren Möglichkeiten, vielleicht wird eine dieser Möglichkeiten im Lauf der Zeit wahrscheinlicher und eine andere unwahrscheinlicher. Irgendwann kommt dann die nächste Messung, und der Zustand wird erneut festgelegt.

Wir sind in einer sehr merkwürdigen Situation, wenn wir ein solches Teilchen studieren: In den Phasen, in denen das Teilchen nicht gemessen wird, können wir sein Verhalten mithilfe der Schrödingergleichung wunderbar exakt ausrechnen – aber wir können das Teilchen nicht beobachten. Bei der Messung hingegen können wir den Zustand des Teilchens exakt beobachten – aber das Ergebnis können wir nicht ausrechnen. Der Augenblick der Messung ist jener Moment, an dem uns die besten Gleichungen der Welt nicht sagen können, was passiert: In diesem Augenblick sucht sich die Natur völlig willkürlich eine Möglichkeit aus. Wir können das weder beeinflussen noch vorhersagen.

Wir messen das Teilchen – es befindet sich an einem ganz bestimmten Ort. Dann breitet es sich wellenartig aus, in einem immer größeren Bereich des Raumes – bis dann die nächste Messung stattfindet und die Position des Teilchens wieder festlegt.

Die Katzenverteilungsfunktion

Manchmal müssen wir uns also mit Wahrscheinlichkeitsvorhersagen zufriedengeben. Das ist für uns nicht völlig neu. Auch im Alltag arbeiten wir mit Wahrscheinlichkeitsverteilungen – meist ganz intuitiv, ohne viel darüber nachzudenken. Angenommen, ich bin auf der Suche nach meiner Katze. Ich weiß: Irgendwo im Haus oder im Garten muss sie sein. An irgendeiner Stelle werde ich sie garantiert finden, aber solange ich sie nicht sehe, kann ich bloß über Vermutungen sprechen: Mit hoher Wahrscheinlichkeit werde ich sie auf dem Sofa finden, ich weiß, dort liegt sie gerne. Auch hinter dem Kachelofen ist die Katzenwahrscheinlichkeit ziemlich groß. Im Vorgarten hingegen wird sie höchstwahrscheinlich nicht sein – den meidet sie normalerweise, weil es dort sonst wieder Ärger mit der Nachbarskatze gibt.

In meinem Kopf entsteht auf diese Weise eine Katzenverteilungsfunktion. Jedem möglichen Ort kann ich eine Katzenaufenthaltswahrscheinlichkeit zuordnen. Ob dieses Modell in meinem Kopf richtig ist, kann ich durch eine einzelne Beobachtung nicht feststellen. Es ist gut möglich, dass ich diesmal die Katze ausnahmsweise im Brotkorb finde, wo die Wahrscheinlichkeit eigentlich sehr niedrig sein sollte, weil sie dort nicht sitzen darf.

Wenn ich die Katze aber nicht nur einmal, sondern ein paar Hundert Mal suche und mitnotiere, wie oft ich die Katze an welcher Stelle gefunden habe, dann kann ich sagen, ob meine ursprüngliche Vorstellung der Katzenwahrscheinlichkeitsverteilung richtig war oder nicht.

Das klingt fast exakt wie die Sache mit Schrödingers Wellenfunktion, die man als Aufenthaltswahrscheinlichkeit eines Teilchens interpretieren kann. Doch hier muss man vorsichtig sein: Das sind zwei grundverschiedene Dinge. Dass ich bei der Katze von Aufenthaltswahrscheinlichkeiten spreche, liegt bloß an meinem unvollständigen Wissen über die Welt. Die Katze befindet sich immer an einem ganz bestimmten Ort, und dieser Ort steht schon während der Suche fest – ich kenne ihn bloß nicht. Wenn jemand anderer meine Katze mit einem Peilsender ausgestattet hat, weiß er genau, wo sich die Katze versteckt, während ich noch suchend durch den Garten spaziere und über Wahrscheinlichkeiten nachdenke.

Wenn wir allerdings eine Quanten-Wahrscheinlichkeitsverteilung verwenden, um ein Teilchen zu beschreiben, kurz bevor es auf den Teilchendetektor trifft, ist das eine völlig andere Angelegenheit: Wir wissen nicht, wo wir das Teilchen finden werden – aber das ist in diesem Fall keine Wissenslücke, sondern diese Information existiert einfach noch nicht. Wenn ich die Wellenfunktion kenne, weiß ich alles, was es über das Teilchen zu wissen gibt, aber trotzdem kann ich das Ergebnis des Experiments nicht vorhersagen – weil sich die Natur ganz einfach noch nicht entschieden hat.

Klassischer Zufall und Quantenzufall

Das ist ein ziemlich großer und bedeutender Gedanke. Es ist eine völlig neue Sorte von Zufall, mit dem uns die Quantentheorie hier konfrontiert. Bis es die Quantentheorie gab, bedeutete „Zufall" einfach nur: Wir können es nicht genau sagen, weil wir die Welt nicht exakt genug kennen. Vielleicht haben wir nicht genau genug hingesehen, haben nicht exakt genug gemessen oder haben die Naturgesetze noch nicht gut genug verstanden.

Man könnte sogar sagen: Die Wissenschaft hat die Aufgabe, den Zufall nach und nach auszuschalten. Was uns heute als zufällig erscheint, wird morgen vielleicht durch noch mehr Wissenschaft immer erklärbarer. Wann ein Wirbelsturm vom Meer auf die Küste trifft, war früher Zufall - heute kann man das schon Tage vorher ziemlich genau sagen.

Wenn ich eine Münze werfe, kommt entweder Kopf oder Zahl - das erscheint mir völlig zufällig. Aber was ist, wenn ich die Bewegung der Münze mit Hochleistungskameras erfasse und einen Computer in Sekundenbruchteilen ausrechnen lasse, mit welcher Seite sie auf dem Boden aufkommen wird? Dann kann ich das Ergebnis des Münzwurfs vermutlich mit ziemlich guter Trefferquote vorhersagen.

Je genauer ich messe, umso häufiger werde ich richtigliegen. Je mehr Präzision ich erreiche, umso unbedeutender wird die Rolle des Zufalls. In gewissem Sinn steht das Ergebnis des Münzwurfs also schon fest, bevor die Münze den Boden erreicht. Wir kennen das Resultat vielleicht noch nicht, aber die Naturgesetze haben die Sache schon entschieden. Man könnte sagen: Die Natur weiß bereits, was das Ergebnis sein wird.

Wenn man das radikal zu Ende denkt, kommt man zu dem Schluss, dass immer mehr Wissenschaft, immer präzisere Messungen und immer bessere Rechenmethoden den Zufall irgendwann völlig ausschalten können. Vielleicht ist die Welt so etwas wie ein riesengroßes Uhrwerk, in dem ein Rädchen ins andere greift und jede kleinste Bewegung ihre eindeutige Ursache hat. In so einem Universum gibt es keinen echten Zufall. Nichts geschieht ohne zwingenden Grund, Zufall ist nur eine Illusion, die durch einen Mangel an Wissen entsteht.

Die Welt als Uhrwerk

Dieses Weltbild spielte im Zeitalter der Aufklärung eine wichtige Rolle. Die Wissenschaft machte damals gewaltige Fortschritte, magische Vorstellungen wurden durch rationales Denken ersetzt, man experimentierte erstmals mit Elektrizität und revolutionierte die Industrie mit Dampfmaschinen. Es schien, als würden diese Fortschritte grenzenlos weitergehen. Und ähnlich wie ein Kind, das zum ersten Mal einen Fußball mit unfreundlichen Tritten grob in die richtige Richtung befördert, dann sofort mit strahlendheller Zuversicht beschließt, zum unbestreitbar glorreichsten Fußballstar der Welt zu werden, träumte man auch in der Wissenschaft mit etwas voreiligem Selbstbewusstsein davon, den Zufall abschaffen zu können.

Gut zusammengefasst wird der Geist dieser Epoche durch das Gedankenspiel vom „Laplaceschen Dämon“, das der Physiker Pierre-Simon Laplace Ende des achtzehnten Jahrhunderts veröffentlichte: Stellen wir uns eine übermenschliche Intelligenz vor, die alle Gesetze der Natur kennt, mit unendlicher Geschwindigkeit beliebig komplizierte Berechnungen durchführen kann und den momentanen Zustand des Universums mit vollkommener Exaktheit kennt. Dieser Laplacesche Dämon weiß mit perfekter Genauigkeit den Aufenthaltsort und die Geschwindigkeit jedes einzelnen Teilchens im gesamten Kosmos.

Wenn die ganze Welt funktioniert wie ein riesengroßes Uhrwerk, in dem jede Wirkung eine eindeutige Ursache hat und jede Ursache unweigerlich zu einer bestimmten Wirkung führt, dann ist für diesen Dämon völlig offensichtlich, was die Zukunft bringen wird. Von Zukunft könnte man in diesem Fall eigentlich gar nicht mehr sprechen, denn ein solches Wesen, meinte Laplace, müsste dann den Zustand des Universums zu einem beliebigen zukünftigen Zeitpunkt völlig klar vor sich sehen.

Denn aus dem momentanen Zustand des Universums folgt zwingend das, was im nächsten Augenblick geschehen muss. Und daraus folgt wiederum, was sich im Augenblick danach ereignet. Für den Laplaceschen Dämon wäre jeder Zeitpunkt genauso gut wie jeder andere, die Zeit würde verschwinden, das ganze Universum wäre bloß eine logische Kette von Augenblicken. Für Unklarheit oder Zufall wäre kein Platz mehr.

Jede neue physikalische Theorie, mit der man wieder weitere Naturphänomene erklären konnte, schien diese Idee zu stärken – die Vorstellung von einem deterministischen Universum, in dem eigentlich alles vorherbestimmt ist und der Eindruck eines Zufalls bloß durch einen Mangel an Wissen entsteht. Doch die Quantentheorie war nun plötzlich eine große Ausnahme. Wenn man Erwin Schrödingers Wellenfunktion und Max Borns Wahrscheinlichkeitsinterpretation wirklich ernst nimmt, dann hat der Laplacesche Dämon verloren. Bei Quantenteilchen stößt auch er an die Grenzen seiner Möglichkeiten.

Wenn das Resultat einer Quantenmessung einfach nicht vom verfügbaren Wissen abhängt, dann nützt es dem Dämon auch nichts, alles verfügbare Wissen zu kennen. Wenn sich der Aufenthaltsort eines Teilchens bei der Messung nicht logisch aus dem vorangegangenen Zustand der Welt ergibt, sondern diese Information erst spontan bei der Messung durch puren Zufall entsteht, dann kann der Dämon mit seinen unendlich hoch entwickelten Rechenfähigkeiten nichts anfangen. An welcher Stelle der Teilchendetektor das nächste Elektron aufspürt, wird ihn genauso überraschen wie uns Menschen.

Die Kopenhagener Deutung

Das ist verwirrend, denn wir Menschen sind daran gewohnt, für jede Wirkung eine Ursache zu suchen. Das Glas zerbricht, weil es vom Tisch gefallen ist. Es ist vom Tisch gefallen, weil die Katze es umgestoßen hat. Die Katze hat es umgestoßen, weil sie von einem frechen Vogel am Fenster erschreckt worden ist. Wir können eine logische Kette von Ursachen zurückverfolgen, im Prinzip bis zum Beginn des Universums.

Doch jetzt sagt uns die Quantentheorie, dass Ergebnisse einer Quantenmessung purer Zufall sein können, ohne echten Grund. Das Teilchen ist hier, es hätte aber genauso gut auch dort sein können. Das Ergebnis, das wir beobachten, ist genauso logisch und physikalisch erlaubt wie ein anderes Ergebnis, das wir messen hätten können. Beide waren möglich. Doch nur eine Möglichkeit wurde zur gemessenen Wirklichkeit, und die andere nicht.

Albert Einstein konnte sich mit dieser Vorstellung eines absoluten Zufalls nicht anfreunden. Er war davon überzeugt, dass man hier einfach noch etwas Wichtiges übersehen hat: „Gott würfelt nicht!“, das war ein Grundsatz, an dem Einstein nicht rütteln wollte. Niels Bohr erwiderte: „Es kann doch nicht unsere Aufgabe sein, Gott vorzuschreiben, wie er die Welt regieren soll.“

Manche Dinge lernt man, indem man sie plötzlich versteht, und manche Dinge lernt man, indem man sich langsam an sie gewöhnt – der Quantenzufall gehört wohl in die zweite Kategorie. Nachdem in den 1920er-Jahren die größten Genies aus der Welt der Physik über die Natur der Quantentheorie stritten, setzte sich schließlich bei den meisten von ihnen die Überzeugung durch, dass man einfach lernen muss, mit dem Quantenzufall zu leben.

Niels Bohr forschte in Kopenhagen, eine Weile hatte auch Werner Heisenberg bei ihm als Assistent gearbeitet, der ebenfalls wichtige Beiträge zur Interpretation der Quantenphysik lieferte. Und so wurde die Interpretation der Quantentheorie, die sich damals herauskristallisierte, als „Kopenhagener Deutung“ bezeichnet.

Leider gibt es keine ganz klare Definition, was mit „Kopenhagener Deutung“ wirklich gemeint ist, es gibt unterschiedliche Versionen davon. Aber wesentlich ist: Man beschloss damals, den Zufall als festen Bestandteil der Quantentheorie anzuerkennen. Die Wellenfunktion ist nicht bloß eine Hilfsgröße, sondern die „echte“ Beschreibung eines Teilchens. Ein Überlagerungszustand ist nicht bloß eine mathematische Beschreibung unserer menschlichen Ahnungslosigkeit, sondern der wahre Zustand eines Teilchens, bevor man es misst – und bei der Messung kollabiert die Wellenfunktion, aus dem Überlagerungszustand wird genau eines von mehreren (oder sogar unendlich vielen) möglichen Messergebnissen.

Auch hier lauert wieder die Gefahr, die Quantentheorie fehlzudeuten – als eine tiefschürfende philosophische Erkenntnis, an die man sich nur durch spirituelle Erleuchtungserlebnisse annähert. Natürlich kann man die Wellenfunktion, wenn man unbedingt möchte, als eine „magische Welt der Wahrscheinlichkeit“ bezeichnen und mit innerer Ergriffenheit verkünden: „Das Teilchen besteht aus purer Möglichkeit, der noch kein realer Wirklichkeitswert zukommt. Materie ist nichts als transzendente Kontingenz, eine Nebelschwade des Hypothetischen, die sich erst in der Messung zum Faktum kristallisiert.“

Aber solche Formulierungen sind nutzlos. Man kann dann stolz darauf sein, Sätze mit möglichst vielen abstrakten Wörtern formuliert zu haben, aber niemandem ist dadurch geholfen, niemand versteht danach etwas besser als vorher.

Die wirkliche Wirklichkeit

Man kann sich wie Albert Einstein den Kopf darüber zermartern, ob die Wellenfunktion vielleicht doch nur eine Hilfsgröße ist, die nützliche Wahrscheinlichkeitsvorhersagen erlaubt, und ob es dahinter eventuell noch eine „wirklichere Wirklichkeit" gibt, in der jedes Teilchen doch einen eindeutigen Pfad und ein eindeutiges Schicksal hat. Aber einfacher ist es, diese alten Konzepte über Bord zu werfen und sich radikal damit anzufreunden, dass es hinter der Wellenfunktion keine tiefere Wirklichkeit geben muss.

Diese Wellenfunktion ist nicht bloß ein mathematisches Hilfsmittel, um das Elektron zu beschreiben. Sie ist nicht bloß eine Welle, die dem Elektron sagt, wie es sich bewegen soll. Sie ist nicht bloß eine Eigenschaft des Elektrons. Die Wellenfunktion ist das Elektron. Und das Elektron ist die Wellenfunktion. Die Wellenfunktion ist das wahre Wesen eines Teilchens. Sie ist alles, was die Natur über das Teilchen zu sagen hat. Wenn man sie kennt, weiß man alles über das Elektron, was es zu wissen gibt. Genau wie man alles über ein Dreieck weiß, wenn man seine drei Eckpunkte kennt.

Elektronen, Photonen oder Atome sind weder Wellen noch Teilchen, wie wir sie aus dem Alltag kennen, sondern etwas grundlegend anderes – nämlich Quantenwellen. Wie gewöhnliche Wellen können sie Überlagerungsmuster bilden, aber wie Teilchen interagieren sie mit dem Rest der Welt nur in bestimmten Portionen: Ein Teilchendetektor kann ein Elektron absorbieren oder zwei oder sieben, aber niemals viereinhalb oder null komma sechs.

Und bei bestimmten Interaktionen mit der Umwelt, die wir „Messung" nennen können, wird die Teilchenwelle drastisch verändert: Die Wellenfunktion, die vorher vielleicht einen breiten Bereich des Raumes erfüllte, kollabiert zu einer neuen Wellenfunktion, die viel enger lokalisiert ist, die sich auf einen engen Bereich des Raumes konzentriert. Das Teilchen ist aber immer noch eine Quantenwelle – bloß eine andere. Das ist das ganze Geheimnis. In dieser Sprache sind die Regeln der Quantenphysik geschrieben.

Ein Elektron ist kein Planet

Warum man sich Elektronen nicht wie rotierende Mini-Planeten vorstellen soll, warum es eigentlich bloß Ansichtssache ist, ob sich ein Teilchen in einem Überlagerungszustand befindet oder nicht, und wie 3D-Brillen im Kino funktionieren: über Drehungen, Spin und Polarisation.

Dass sich unsere Erde um die Sonne bewegt, ist nicht selbstverständlich. Es hätte auch ganz anders kommen können. Wenn mehrere Planeten um einen Stern kreisen, kann es nämlich passieren, dass sie einander durch ihre Anziehungskraft gegenseitig aus der Bahn werfen und einer von ihnen in die Weiten des Alls davongeschleudert wird. Als sogenannter „Rogue Planet", als Einzelgänger-Planet, bewegt er sich dann durch den Weltraum, auf ziemlich geradliniger Bahn. Mit Teleskopen sind solche Einzelgänger-Planeten schwer zu finden – aber vermutlich kommen sie in unserer Galaxie sehr häufig vor.

Der Erde ist das zum Glück nicht passiert. Unsere Nachbarplaneten sind weit genug entfernt und lassen uns in Ruhe. Mit beruhigender Stabilität umrundet die Erde Jahr für Jahr die Sonne auf einer ungefähr kreisförmigen Bahn. Gleichzeitig dreht sie sich einmal pro Tag auch noch um ihre eigene Achse. Beide dieser Kreisbewegungen sind sehr stabil und schwer zu stoppen. Wenn sich etwas dreht, dann hat es die Tendenz, diese Drehung beizubehalten – dafür sorgt das Gesetz der Drehimpulserhaltung. Wir kennen das vom Kinderspielplatz:

Je größer und schwerer ein Karussell ist, und je schneller es sich dreht, umso mehr Drehimpuls hat es, und umso mehr muss man sich anstrengen, um es zum Stillstand zu bringen.

Die Erde hat somit zwei verschiedene Sorten von Drehimpuls – einen Bahndrehimpuls, der zu ihrer Bahn um die Sonne gehört, und einen Eigendrehimpuls, der zur Rotation um die Erdachse gehört.

Bei Elektronen ist das so ähnlich. Ein Elektron kann einen Bahndrehimpuls haben, wenn es sich um den Atomkern bewegt, und zusätzlich kann es auch noch einen Eigendrehimpuls haben – den sogenannten „Spin".

Man könnte daher leicht auf die Idee kommen, sich das Elektron als Mini-Planet vorzustellen, als kleines Kügelchen, das um den Atomkern kreist und sich dabei um die eigene Achse dreht. Aber wir wissen schon vom Bohrschen Atommodell, dass man sehr vorsichtig sein muss, wenn man Atome mit Planetensystemen vergleicht. Streng genommen bewegt sich ein Elektron weder auf einer Kreisbahn um den Atomkern, noch rotiert es um seine eigene Achse. Das sind bloß vereinfachte Bilder, die man nicht allzu ernst nehmen sollte. Elektronen und Planeten sind zwei sehr verschiedene Dinge – auch wenn es hier und dort gewisse Ähnlichkeiten gibt.

Wie dreht sich ein Punkt?

Die Erde ist ein dreidimensionales Objekt, es ist daher völlig klar, was wir meinen, wenn wir von ihrer „Drehung um die eigene Achse" reden: Wir suchen uns einen beliebigen Punkt auf der Erdoberfläche aus (bloß nicht exakt den Nord- oder Südpol), und wenn der Punkt wieder dort ist, wo er am Anfang war, dann hat sich die Erde einmal um die eigene Achse gedreht. Aber wie ist das bei Elektronen?

Ein Elektron hat keine innere Struktur, keine Oberfläche, auf der wir Punkte einzeichnen können. Es hat keine echte Ausdehnung, wir können es als Welle betrachten oder als punktförmiges, unendlich kleines Teilchen – in beiden Fällen ist nicht klar, was bei einem Elektron mit einer „Drehung um die eigene Achse“ gemeint sein soll. Ein Punkt sieht ohnehin immer von allen Seiten gleich aus. Was passiert, wenn man einen Punkt dreht? Überhaupt nichts. Wie soll man sich dann den „Eigendrehimpuls“ eines solchen Punktes vorstellen? Man weiß es nicht.

Manchmal ist es am besten, sich gar nichts vorzustellen. Es ist zielführender, den Spin einfach als eine zusätzliche Eigenschaft zu akzeptieren, die Teilchen nun mal haben, so wie sie auch eine bestimmte Masse haben oder eine bestimmte elektrische Ladung. Spin ist einfach Spin.

Technologisch ist der Spin jedenfalls sehr wichtig: Den Elektronenspin braucht man, um Phänomene rund um den Magnetismus zu erklären. Den Spin von Atomkernen verwendet man in der Medizin, um mit Kernspintomographen Bilder vom Inneren des Körpers aufzunehmen (davon wird im letzten Kapitel noch die Rede sein). Der Spin von Photonen (bei ihnen spricht man von „Polarisation“) ermöglicht unzählige Experimente rund um Quantenverschränkung und Quantenkryptographie (die wir auch in späteren Kapiteln noch kennenlernen werden), und er ist die Basis für viele Erfindungen, vom LCD-Bildschirm bis zur 3D-Brille, die wir im Kino aufsetzen.

Der Spin und seine Richtung

Der Spin kommt nur in ganz bestimmten Portionen vor: In ganzzahligen oder halbzahligen Vielfachen das Planckschen Wirkungsquantums ħ. Das Photon hat immer einen Spin von einem ħ, das Elektron hat immer einen Spin von einem halben ħ. Um die Sache einfacher zu machen, lässt man das „ħ“

meistens weg und sagt: Das Photon ist ein Spin-1-Teilchen, das Elektron ein Spin-½-Teilchen.

Das Higgs-Boson, ein Teilchen, das erst im Jahr 2012 nachgewiesen wurde, hat einen Spin von 0, prinzipiell wären auch exotischere Teilchen mit Spin von beispielsweise 3/2 oder 2 erlaubt, entdeckt hat man sie bisher aber nicht. Wenn man mehrere Teilchen zu etwas Größerem zusammenfügt, zum Beispiel zu einem Atom, hat es einen Gesamtspin, der ebenfalls ganzzahlig oder halbzahlig sein kann.

→ Auf sehr merkwürdige Ergebnisse stößt man, wenn man die Symmetrie solcher Teilchen mathematisch untersucht: Ein Spin-1-Teilchen verhält sich bei Rotationen so, wie wir das gewohnt sind: Wenn man es um dreihundertsechzig Grad dreht, ist es wieder im selben Zustand wie zu Beginn. Ein Spin-2-Teilchen (ein Graviton, das hypothetische Teilchen, das für die Gravitation zuständig sein könnte, wäre ein solches) hat eine andere Symmetrie: Man muss es nur um hundertachtzig Grad drehen, damit es wieder aussieht wie am Anfang. Es ist dieselbe Symmetrie, die zum Beispiel auch der Buchstabe H hat: Wenn man ein H auf den Kopf stellt, ist es wieder ein H.

Bei Spin-½-Teilchen wird die Sache aber etwas verrückt: Ein solches Teilchen muss man zweimal im Kreis drehen, damit es wieder im selben Zustand ankommt wie zu Beginn. Erst nach einer Rotation von siebenhunderzwanzig Grad erreicht es wieder den Anfangszustand. Anschaulich vorstellen kann man sich das nicht. Aber es zeigt uns ganz eindeutig, dass der Spin eines Teilchens doch nicht genau dasselbe ist wie die klassische Drehung von Planeten oder Tennisbällen.

Drehimpulse haben eine Richtung. Wenn ich erklären will, wie sich die Erde dreht, dann ist die Angabe „einmal pro Tag um die eigene Achse“ nicht genug. Ich muss auch beschreiben, in welche Richtung sich die Erde dreht – beziehungsweise in welche Richtung ihre Drehachse zeigt.

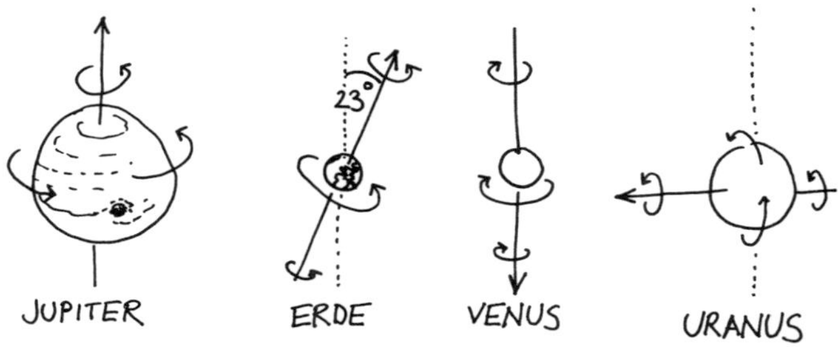

Planeten und ihr Spin: Die Rotationsachse eines Planeten kann in ganz unterschiedliche Richtungen zeigen. Wenn man die Rotationsachse um hundertachtzig Grad dreht, dann wird aus einem Planeten, der im Uhrzeigersinn rotiert (wie dem Jupiter), ein Planet, der gegen den Uhrzeigersinn rotiert (wie die Venus). Uranus ist ein besonders merkwürdiger Fall: Seine Drehachse zeigt weder nach oben noch nach unten, sie liegt quer.

Im Universum gibt es zwar kein Unten und Oben, aber die Planeten unseres Sonnensystems bewegen sich alle ziemlich genau in derselben Ebene um die Sonne, diese Ebene können wir als „waagrecht“ definieren. Dann stellen wir fest: Jupiter hat eine Rotationsachse, die ziemlich genau im rechten Winkel darauf steht. Nennen wir diese Richtung „oben“. Die Drehachse der Erde zeigt in eine ähnliche Richtung, allerdings ist sie ein bisschen geneigt – um rund dreiundzwanzig Grad.

Anders ist das bei der Venus: Ihre Rotationsachse ist verglichen mit Jupiter um ungefähr hundertachtzig Grad gekippt, sie zeigt also in die entgegengesetzte Richtung. Wenn Jupiters Drehachse nach oben zeigt, dann zeigt die Drehachse der Venus nach unten. Man kann auch sagen: Jupiter dreht sich im Uhrzeigersinn, die Venus dreht sich gegen den Uhrzeigersinn. („Die

Drehachse zeigt nach oben oder nach unten" heißt genau dasselbe wie „Der Planet dreht sich gegen den Uhrzeigersinn oder im Uhrzeigersinn". Das sind bloß zwei verschiedene Ausdrucksweisen für dieselbe Sache.)

Das Stern-Gerlach-Experiment

Aber wie ist das nun mit einem Teilchen? Auch der Spin eines Teilchens hat eine Richtung – und die lässt sich mit Magneten messen. Als man sich in den 1920er-Jahren erstmals Gedanken über die Spinrichtung von Teilchen machte, wusste man bereits: Wenn man ein Teilchen zwischen zwei speziell geformte Magneten hindurchschickt, dann sollte es nach den Gesetzen der Elektrodynamik je nach Spinrichtung ein kleines bisschen abgelenkt werden: Wenn sein Spin eher nach oben zeigt, dann wird es vom Magnetfeld eher nach oben abgelenkt, und wenn sein Spin eher nach unten zeigt, dann wird es vom Magnetfeld eher nach unten abgelenkt.

Als „Stern-Gerlach-Apparat" bezeichnet man ein solches Spinrichtungs-Messgerät, benannt nach Otto Stern, der die Idee dafür hatte, und Walther Gerlach, der das Experiment im Labor aufbaute. Die Idee war, Silberatome einzeln durch das Magnetfeld zu schießen. Danach sollten sie auf eine Glasplatte treffen, an der sie kleben bleiben. So kann man sehen, wie sehr die Teilchen vom Magnetfeld abgelenkt wurden.

Das Experiment war allerdings extrem schwierig durchzuführen, man benötigte allerhöchste Präzision, um überhaupt die Chance zu haben, ein sinnvolles Resultat zu bekommen. Walther Gerlach hatte mit dem Problem zu kämpfen, dass man die winzig kleinen Auftreffpunkte der Silberatome auf der Platte kaum sehen konnte.

Als Stern eines Tages zu Gerlach ins Labor kam, zeigte ihm Gerlach, wie kompliziert die Sache war. Aber als sich Stern die

Platte ansah, wurden die winzigen Silberpunkte wie durch ein Wunder tiefschwarz, plötzlich waren sie gut zu sehen. Wie sich später herausstellte, lag das an Otto Sterns Atem: Er rauchte nämlich Zigarren, konnte sich mit seinem bescheidenen Assistenzprofessorengehalt aber nur billige, schwefelhaltige Zigarren leisten. Somit atmete er beim Betrachten der Platte Schwefel aus, der mit dem Silber chemisch reagierte und zu tiefschwarzem Silbersulfid wurde. Zumindest dieses Problem war gelöst.

Aber was passiert nun, wenn man Silberatome durch den Apparat schießt? Wenn man sich die Teilchen wie kleine Miniatur-Planeten vorstellt, mit ganz unterschiedlichen Rotationsachsen, dann könnte man erwarten, dass sie alle ganz unterschiedlich abgelenkt werden: Manche der Teilchen haben wohl eine Rotationsachse, die zufällig genau nach oben zeigt, und deshalb werden sie maximal nach oben abgelenkt. Andere Teilchen zeigen zufällig genau nach unten und werden maximal nach unten abgelenkt. Aber die meisten Teilchen, so würde man glauben, müssten wohl irgendwo dazwischen liegen – mit einer leicht schrägen Rotationsachse, wie die Erde. Man würde dann eine breite Verteilung von Silberatomen auf der Glasplatte erwarten – vom maximal möglichen Punkt oben bis zum maximal möglichen Punkt unten.

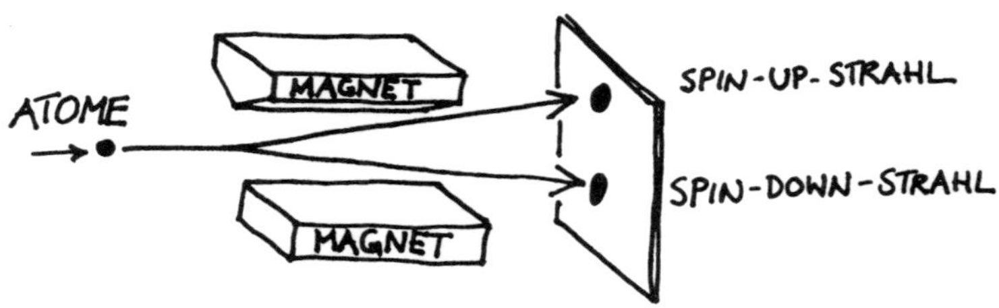

Ein Stern-Gerlach-Apparat, mit dem man 1922 die Spinrichtung von Spin-½-Teilchen untersuchte. Man verwendete dafür Silberatome. Genau wie ein Elektron hat auch ein Silberatom einen Spin von ½. Im Gegensatz zu einem Elektron sind Silberatome aber nicht elektrisch geladen, das macht das Experiment viel einfacher.

Aber das ist nicht, was Walther Gerlach beobachtete, als er das Experiment im Februar 1922 durchführte. Stattdessen sah er etwas Spektakuläres: Auf der Glasplatte war keine kontinuierliche Verteilung von Silberatomen zu sehen, sondern bloß zwei voneinander getrennte Silberflecken. Die Atome treffen alle nur an den Extrempositionen auf – die eine Hälfte wird maximal nach oben abgelenkt, die andere Hälfte maximal nach unten. Werte dazwischen kommen nicht vor.

Manche Leute, darunter Niels Bohr, hatten das bereits vermutet. „Bohr hat doch recht", telegrafierte Gerlach an Stern. Man hatte damit den Beweis: Die Spinrichtung ist quantisiert. Sie kann nicht beliebige Werte annehmen, wie die Rotationsrichtung von Planeten. Wenn man mit dem Stern-Gerlach-Apparat misst, in welche Richtung der Spin eines Spin-½-Teilchens zeigt, dann kann man nur zwei verschiedene Antworten bekommen: exakt nach oben oder exakt nach unten. Oft nennt man diese Zustände „Spin up" und „Spin down".

Zwei Spin-Messungen hintereinander

Der Stern-Gerlach-Apparat sortiert die Teilchen also gewissermaßen nach ihrem Spin: Wir schicken einen Strahl aus Teilchen hinein, die ganz verschiedene Spinrichtungen haben können, und zwei getrennte Strahlen kommen heraus – der obere Strahl besteht aus „Spin-up"-Teilchen, der untere Strahl besteht aus „Spin-down"-Teilchen.

Damit können wir nun interessante Dinge machen. Wir können zum Beispiel den oberen Strahl mit den „Spin-up"-Teilchen in einen zweiten Stern-Gerlach-Apparat schicken. Was passiert, wenn wir ihre Spinrichtung gleich noch einmal messen? Zunächst noch nichts besonders Überraschendes: Wir wissen ja bereits, dass es sich um „Spin-up"-Teilchen handelt. Auch der zweite Stern-Gerlach-Apparat wird daher zum selben Ergebnis kommen. „Spin up" bleibt „Spin up". Jedes Teilchen merkt sich seinen Spin.

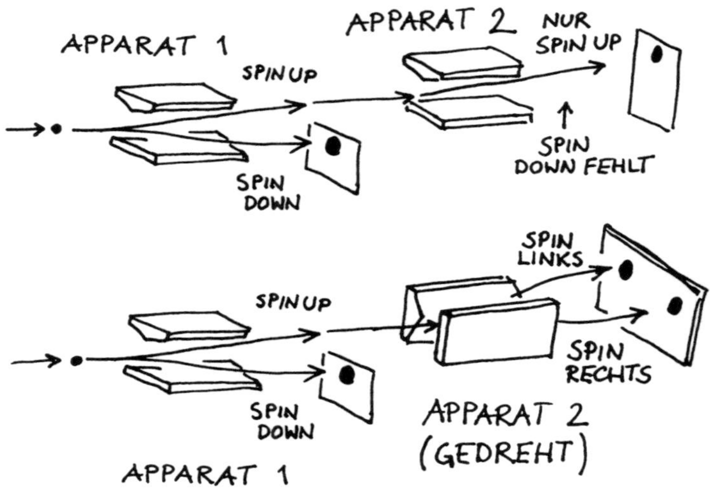

Zwei Stern-Gerlach-Experimente hintereinander: Wenn beide Stern-Gerlach-Apparate in dieselbe Richtung orientiert sind, passiert bei der zweiten Messung nichts Neues: Sie produziert genau dasselbe Resultat wie die erste Messung. Wenn aber der zweite Apparat gedreht wird, beobachten wir etwas ganz anderes: Man schießt Teilchen mit eindeutig festgelegter Richtung (nämlich „Spin up") in den Apparat und bekommt zwei verschiedene Strahlen – einen „Spin-links"-Strahl und einen „Spin-rechts"-Strahl.

Aber was passiert, wenn wir den zweiten Stern-Gerlach-Apparat nun drehen? Niemand schreibt uns vor, dass wir den Spin der Teilchen nur in senkrechter Richtung messen dürfen. Wir können sie genauso gut in waagrechter Richtung messen. Wieder nehmen wir den Strahl mit den „Spin-up"-Teilchen, der aus dem ersten Apparat herauskommt, und schicken ihn durch einen zweiten Apparat. Doch diesmal fragen wir nicht: „Spin up oder Spin down?", sondern „Spin links oder Spin rechts?"

Wieder spaltet sich der Teilchenstrahl in zwei Teile auf, diesmal wird eine Hälfte der Teilchen nach links abgelenkt, die andere Hälfte nach rechts. Die „Spin-up“-Teilchen, die wir hineingeschickt haben, wurden nun zu „Spin-links“-Teilchen und „Spin-rechts“-Teilchen.

Was ist hier passiert? Wenn wir uns die Teilchen wie rotierende Mini-Planeten vorstellen, ist das verwirrend. Aber wir kennen zum Glück bereits die wichtigsten Regeln der Quantenphysik: Solange ein Teilchen nicht gemessen wird, kann es sich in einer Kombination unterschiedlicher Zustände befinden, die Messung verändert den Zustand und zwingt das Teilchen, sich für eines der möglichen Messergebnisse zu entscheiden. Und mit diesen Grundgedanken lässt sich die Sache wunderbar erklären.

Die Teilchen, die wir ganz am Anfang in den ersten Apparat hineinschicken, können sich im „Spin up“-Zustand befinden, oder im „Spin down“-Zustand, oder in einer beliebigen Überlagerung aus beiden Zuständen gleichzeitig. Der Stern-Gerlach-Apparat legt nun den Spin jedes Teilchens fest: An einem ganz bestimmten Punkt trifft das Teilchen auf die Glasplatte – entweder oben, als „Spin-up“-Teilchen, oder unten, als „Spin-down“-Teilchen. Durch diese Messung wird jeder Überlagerungszustand in ein eindeutiges Ergebnis verwandelt.

Jetzt schicken wir die „Spin-up“-Teilchen, die aus dem ersten Apparat herauskommen, in den zweiten Stern-Gerlach-Apparat. Wenn wir dort dieselbe Frage wie vorher stellen – nämlich „Spin up oder Spin down?“, dann bekommen wir auch ganz eindeutig und zuverlässig dieselbe Antwort wie vorher. Wenn wir den zweiten Apparat aber drehen, und damit plötzlich eine andere Frage stellen – nicht mehr „Spin up oder Spin down?“, sondern „Spin links oder Spin rechts?“ –, dann steht die Antwort überhaupt nicht mehr eindeutig fest. Im Gegenteil: Sie ist maximal unbestimmt.

Der Zustand „Spin up“ ist nämlich ein Überlagerungszustand aus „Spin links“ und „Spin rechts“. In Bezug auf den ersten Apparat ist das ein eindeutig festgelegter Zustand. In Bezug auf den zweiten Apparat hingegen ist es ein völlig unbestimmter Überlagerungszustand. Genau wie ein Teilchen im Doppelspalt gleichzeitig durch den linken und den rechten Spalt geflogen ist, befindet sich ein solches „Spin-up“-Teilchen gleichzeitig im Zustand „Spin links“ und im Zustand „Spin rechts“.

→ Wenn wir möchten, können wir jetzt sogar noch eine dritte Messung durchführen und zum Beispiel den Strahl mit den „Spin-links“-Teilchen in einen weiteren Apparat schicken. Jedes einzelne Teilchen in diesem Strahl wurde nun bereits zweimal gemessen. Auf die Frage „Spin up oder down?“ hat es im ersten Apparat mit „Spin up“ geantwortet. Und auf die Frage „Spin links oder rechts?“ hat es im zweiten Apparat mit „Spin links“ geantwortet. Was ist, wenn wir jetzt noch einmal dieselbe Frage stellen wie bei der ersten Messung – nämlich wieder „Spin up oder Spin down“? Hat sich das Teilchen gemerkt, dass es bei der ersten Messung im Zustand „Spin up“ war?

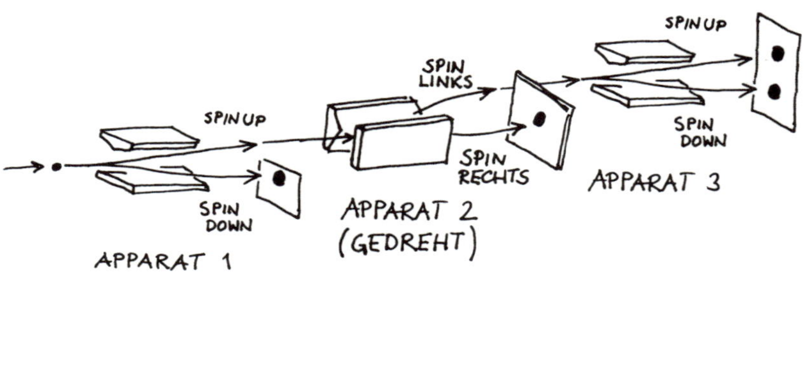

Nein, das hat es nicht. Auch aus dem dritten Stern-Gerlach-Apparat kommen wieder zwei Teilchenstrahlen heraus: Die eine Hälfte der Teilchen hat „Spin up“, die zweite Hälfte „Spin down“. Für beide Möglichkeiten ist die Wahrscheinlichkeit gleich groß – obwohl es sich ausschließlich um Teilchen handelt, die bei der ersten Messung „Spin up“-Teilchen waren.

Wenn der zweite Apparat jedes Teilchen dazu zwingt, sich für „Spin links“ oder „Spin rechts“ zu entscheiden, wird dadurch die Information darüber gelöscht, ob es sich um „Spin up“- oder „Spin down“-Teilchen gehandelt hat. Allgemein lässt sich sagen: Wenn wir den Spin bezüglich einer bestimmten Messrichtung exakt kennen, dann ist der Spin bezüglich einer anderen Messrichtung, die darauf im rechten Winkel steht, absolut unbestimmt.

Es stellt sich heraus, dass wir es hier mit einer Unschärferelation zu tun haben: So wie Heisenberg herausfand, dass man Ort und Impuls eines Teilchens nicht gleichzeitig exakt kennen kann, zeigt sich bei den Spin-Zuständen: Wir können den Spin in jeder beliebigen Richtung genau messen. Aber dann ist er bezüglich einer anderen Richtung, die im rechten Winkel darauf steht, völlig unbestimmt. Je genauer ich das eine kenne, umso ungenauer wird meine Information über das andere.

Überlagerung ist Ansichtssache

Ein Teilchen, das sich in verschiedenen Zuständen gleichzeitig befindet – das kennen wir bereits. Dass die Quantentheorie Überlagerungen verschiedener Zustände erlaubt, gehört zu ihren allerwichtigsten Grundsätzen: Wenn sich ein Teilchen durch den linken Spalt oder durch den rechten Spalt bewegen kann, dann kann es sich auch durch beide gleichzeitig bewegen. Wenn es sich im Zustand „Spin up“ oder im Zustand „Spin down“ befinden kann, dann kann es auch beide Zustände gleichzeitig annehmen.

Man könnte den Eindruck bekommen, dass wir es hier mit einer ganz speziellen, mysteriösen Sorte von Zuständen zu tun haben: Zusätzlich zu den klassischen, gewöhnlichen Zuständen, die man eindeutig messen kann, gibt es auch noch geisterhafte Überlagerungszustände, bei denen die Quantenphysik verrückterweise verschiedene Möglichkeiten miteinander kombiniert. Wenn sich ein Teilchen rechtsherum dreht, kommt uns das ganz normal vor. Wenn es sich linksherum dreht auch. Aber wenn es sich in einer Überlagerung aus „rechtsherum" und „linksherum" befindet, dann staunen wir und haben das Gefühl, auf einen fundamental andersartigen Zustand gestoßen zu sein.

Die Experimente mit dem Stern-Gerlach-Apparat zeigen uns aber, dass das nicht ganz stimmt. Es gibt überhaupt keinen prinzipiellen Unterschied zwischen Überlagerungszuständen und Zuständen mit eindeutigem Messergebnis. Ob wir es mit einem Überlagerungszustand zu tun haben oder nicht, ist Ansichtssache. Was für den einen Stern-Gerlach-Apparat ein Überlagerungszustand ist, kann für den anderen Apparat etwas hundertprozentig Festgelegtes sein – und umgekehrt.

Man kann sich das ungefähr so vorstellen wie die unterschiedlichen Himmelsrichtungen: Chicago ist eine Stadt mit hochpräzisem Straßengitter. Von Norden nach Süden und von Osten nach Westen verlaufen die Straßenzüge. In diesen Richtungen kann man sich durch das Zentrum von Chicago bewegen, in anderen nicht. Vor ein paar Jahrhunderten war das anders: Da gab es dort noch keine Straßen, man konnte in beliebiger Richtung durch dieses Gebiet laufen. Zum Beispiel Richtung Südwesten – das wäre sozusagen eine Überlagerungsrichtung aus Süd und West.

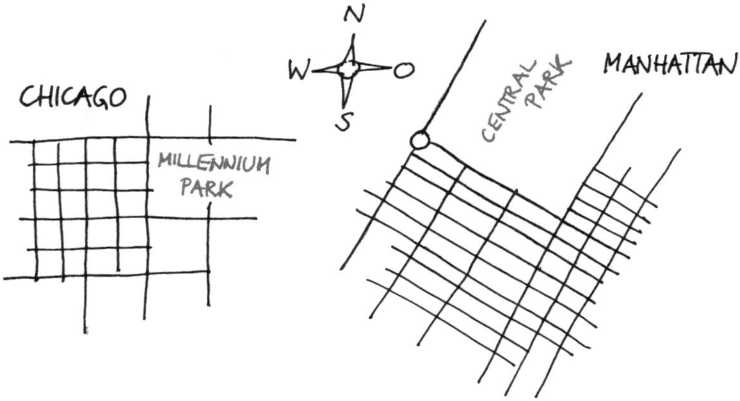

Es gibt keinen prinzipiellen Unterschied zwischen „Südwest" und „Nord". Beides sind völlig akzeptable Himmelsrichtungen. Erst das Errichten eines Straßengitters hat dazu geführt, dass die Überlagerungsrichtungen nicht mehr möglich sind, sondern wir uns entscheiden müssen, ob wir in Nord-Süd-Richtung oder in Ost-West-Richtung unterwegs sein wollen – genau wie sich die Teilchen bei der Messung im Stern-Gerlach-Apparat für „Spin up" oder „Spin down" entscheiden müssen.

Und so wie es Stern-Gerlach-Apparate gibt, die in unterschiedliche Richtungen gedreht sind, gibt es auch Städte mit unterschiedlich angelegtem Straßennetz. Manhattan zum Beispiel hat ebenfalls ein rechtwinkeliges Straßengitter, aber es verläuft nicht in Nord-Süd- und Ost-West-Richtung, sondern es ist um knapp dreißig Grad gedreht. Auch dort kann man sich nur entlang zweier verschiedener Achsen durch die Stadt bewegen – man könnte sagen: Auch in Manhattan ist die Fortbewegungsrichtung „quantisiert". Aber eben auf eine andere Weise als in Chicago.

Eine Richtung, die in Manhattan erlaubt ist, kann man in Chicago nicht wählen – und umgekehrt. Man könnte auch sagen: Eine Richtung, die zum Straßennetz von Chicago passt, ist in Bezug auf das Straßengitter von Manhattan eine „Überlagerungsrichtung“. So wie ein Spin-Zustand, der aus einem Stern-Gerlach-Apparat kommt, für den zweiten, gedrehten Stern-Gerlach-Apparat ein Überlagerungszustand ist.

Somit ist es ganz streng genommen etwas irreführend, wenn man davon spricht, dass ein Teilchen „zwei Zustände gleichzeitig“ einnehmen kann. Das ist nicht falsch – aber ganz richtig ist es auch nicht. Das Teilchen hat einen ganz bestimmten Zustand, nicht zwei gleichzeitig. Es kann nur sein, dass dieser Zustand nicht einem bestimmten Messergebnis entspricht, sondern zwei möglichen Messergebnissen gleichzeitig.

Die Schwingung des Lichts

Ganz ähnlich wie der Spin bei Elektronen verhält sich das, was man bei Lichtwellen als „Polarisation“ bezeichnet: Ein Lichtteilchen kann seine wellenartigen Schwingungen in unterschiedlichen Richtungen ausführen. Es kann nach oben und unten schwingen, oder nach links und rechts – oder beides gleichzeitig, in beliebiger Kombination.

→ Horizontale und vertikale Schwingungen können auf unterschiedliche Weise miteinander kombiniert werden. Die einfachste Variante ist: Sie ergeben zusammen eine diagonale Schwingung – zum Beispiel von links oben nach rechts unten und wieder zurück. Oder von links unten nach rechts oben und wieder zurück. Das passiert, wenn beide Wellen (die vertikale und die horizontale) genau in gleicher Phase schwingen, wenn also Wellenberge und Wellentäler genau zusammenpassen.

Wenn Wellenberge und Wellentäler allerdings gegeneinander phasenverschoben sind, dann kann auch eine Gesamtschwingung entstehen, die sich im Kreis dreht. Wie eine Schraube windet sich die Schwingungsrichtung vorwärts.

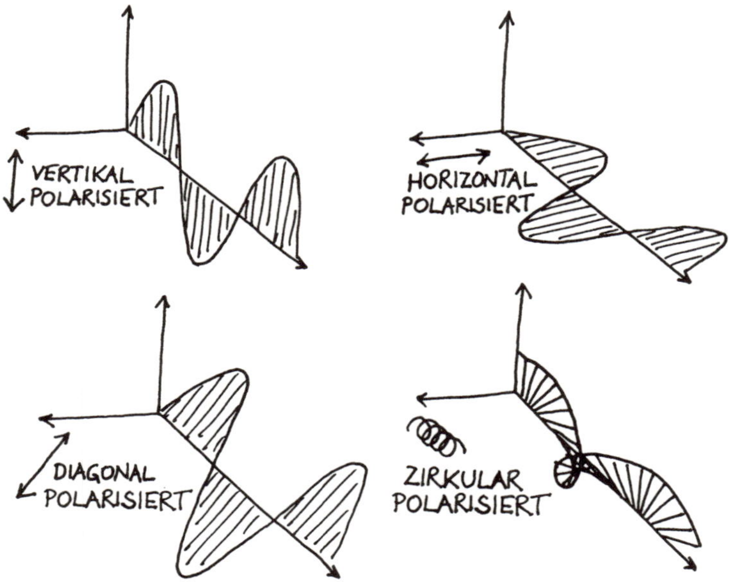

Diese Schraube kann sich entweder im Uhrzeigersinn oder gegen den Uhrzeigersinn drehen. Man nennt das auch „rechtszirkular oder linkszirkular polarisierte Wellen". Wellen, die sich nicht drehen, sondern die in einer bestimmten Richtung schwingen – egal ob oben-unten, links-rechts oder diagonal, nennt man „linear polarisiert".

Die Schwingungsrichtung eines Photons zu messen ist zum Glück deutlich einfacher als die Spinrichtungs-Messung bei Elektronen. Alles, was man dazu braucht, ist ein Polarisationsfilter: Aus bestimmten Kristallen oder Kunststoffen kann man Plättchen herstellen, die das Licht nur dann durchlassen, wenn es die passende Polarisationsrichtung hat. Licht mit entgegengesetzter Polarisationsrichtung wird absorbiert. Oft sind solche Polarisationsfilter (kurz: Polfilter) in Sonnenbrillen eingebaut.

Gewöhnliche Lichtquellen – etwa die Sonne oder eine Kerze – erzeugen unpolarisiertes Licht. Die Photonen schwingen in irgendeiner Richtung, in irgendeiner nicht näher bekannten Überlagerung von horizontal und vertikal. Wenn wir diese Photonen nun durch einen Polarisationsfilter schicken, der nur vertikal schwingende Photonen durchlässt, dann muss sich jedes einzelne Photon entscheiden: Entweder es schwingt in vertikaler Richtung, dann wird es durchgelassen, oder es schwingt in horizontaler Richtung, dann wird es absorbiert und ist verschwunden. Wenn wir unpolarisiertes Licht durch einen solchen Filter schicken, wird exakt die Hälfte des Lichts durchgelassen und die andere Hälfte verschluckt.

Wenn wir zwei Polfilter hintereinander verwenden und sie um neunzig Grad gegeneinander drehen, dann wird überhaupt kein Licht mehr durchgelassen. Der erste Filter lässt nur vertikal polarisiertes Licht durch, der zweite lässt genau diese Polarisationsrichtung sicher nicht durch. Ein horizontaler und ein vertikaler Polfilter hintereinander – das ist für jedes Photon eine undurchdringliche Barriere.

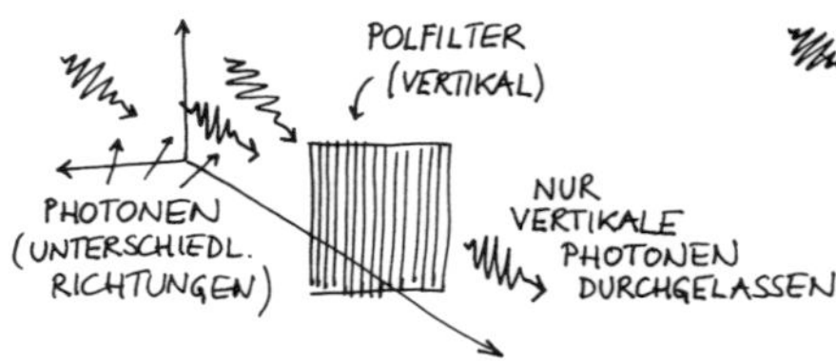

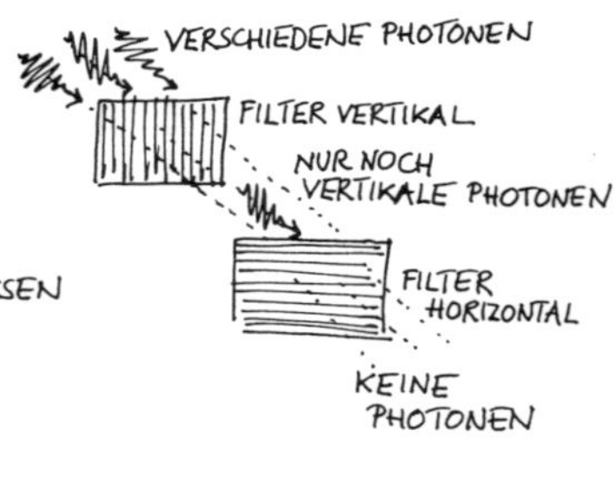

Wenn man zwei polarisierte Sonnenbrillen hat, kann man das leicht ausprobieren: Man setzt die eine auf und blickt gleichzeitig durch die andere, die man um neunzig Grad dreht – nun sieht man nur noch allertiefste Schwärze. Die beiden Polfilter passen genau zueinander, sodass der eine Filter exakt jene Photonen absorbiert, die der andere durchlässt.

Einen verblüffenden Effekt kann man nun allerdings erzielen, wenn man noch einen dritten Polfilter nimmt und zwischen die beiden anderen schiebt – in irgendeiner anderen Richtung, zum Beispiel in einem Winkel von fünfundvierzig Grad. Was passiert jetzt?

Nun passen diese Filter nicht mehr zueinander: Die Photonen, die durch den ersten Filter gelangen, sind für den zweiten Filter in einem Überlagerungszustand, und die Photonen, die durch den zweiten Filter gelangen, sind für den dritten Filter in einem Überlagerungszustand. Daher verschluckt nun jeder Filter nur noch einen Teil des Lichts, das der vorhergehende Filter durchlässt. Es kommt zu keiner völligen Auslöschung mehr.

→ Der erste Filter unterscheidet zwischen vertikal und horizontal polarisierten Photonen: Die horizontalen werden verschluckt, die vertikalen werden durchgelassen. Der zweite Filter lässt Photonen durch, die in diagonaler Richtung polarisiert sind, und verschluckt Photonen, die im rechten Winkel dazu schwingen, also in Richtung der Gegendiagonale. Was bedeutet das für die vertikal polarisierten Photonen? Sie befinden

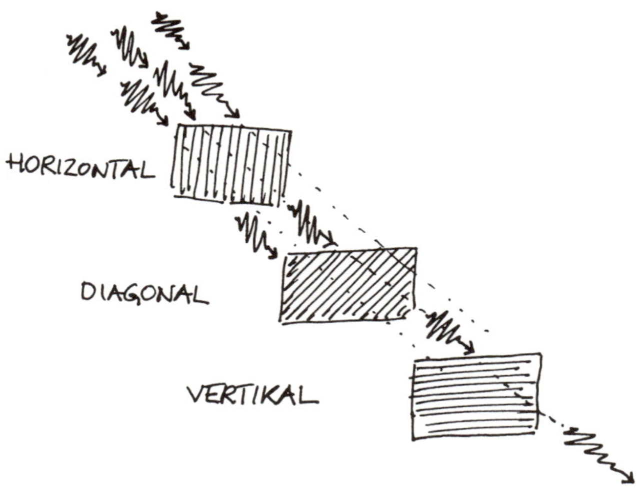

sich bezüglich des zweiten Filters in einem Überlagerungszustand aus „diagonal" und „gegendiagonal". Die Hälfte von ihnen wird verschluckt, die andere Hälfte kommt durch.

Genau dasselbe passiert am dritten Filter noch einmal: Der zweite Polfilter lässt Photonen durch, die in Diagonal-Richtung polarisiert sind und nun Filter Nummer drei erreichen, der in vertikaler Richtung ausgerichtet ist. Bezüglich dieses Filters sind die diagonal polarisierten Photonen nun wiederum in einem Überlagerungszustand aus vertikal und horizontal. Also kommt die Hälfte davon auch durch Filter Nummer drei.

Nun hat also jeder der drei Filter genau die Hälfte des Lichts durchgelassen – die Hälfte von der Hälfte der Hälfte ist ein Achtel. Ein Achtel des ursprünglichen Lichts gelangt also durch alle drei Filter.

Das erscheint auf den ersten Blick verrückt: Vorher hatten wir ein System aus zwei Polfiltern, das überhaupt kein Licht durchgelassen hat. Dann haben wir noch einen zusätzlichen Filter hinzugefügt, und es wurde plötzlich heller. Jeder Filter nimmt Licht weg, niemals kann ein Filter Licht hinzufügen. Und trotzdem ist es möglich, dass ein zusätzlicher Filter die Lichtausbeute insgesamt erhöht. Das liegt daran, dass jede Messung der Polarisationsrichtung in den Zustand des Photons eingreift.

Photonen im Kino

Auch 3D-Brillen nutzen das Konzept polarisierter Photonen. Wenn wir im Kino sitzen und einen 3D-Film sehen, dann erreichen uns von der Kinoleinwand zwei verschiedene Bilder gleichzeitig, mit unterschiedlicher Polarisierung. In den beiden Brillengläsern sind unterschiedliche Polfilter eingebaut, sodass eines der Bilder nur zum linken Auge und das andere Bild nur zum rechten Auge gelangt.

Man könnte das theoretisch mit horizontal und vertikal polarisiertem Licht machen – das hätte aber einen entscheidenden Nachteil: Man müsste dann den Kopf im Kino immer perfekt gerade halten. Würde man ihn etwas drehen, würde die Richtung der Polfilter nicht mehr exakt zur Richtung des Kinofilm-Bildes passen, beide Brillengläser würden jeweils einen Teil beider Bilder durchlassen und man würde seltsame Doppelbilder sehen.

Das lässt sich aber vermeiden, wenn man zirkular polarisiertes Licht verwendet. Das eine Bild wird von Photonen erzeugt, die sich rechtsherum drehen, das andere Bild von Photonen, die sich linksherum drehen.

Es lohnt sich jedenfalls, eine 3D-Brille im Kino auch mal verkehrt aufzusetzen, links mit rechts zu vertauschen oder die Vorderseite mit der Rückseite. Selbst wenn man gerade in einem ziemlich langweiligen Kinofilm sitzt – zumindest mit der Physik der Photonen kann man dabei trotzdem eine Menge Spaß haben.

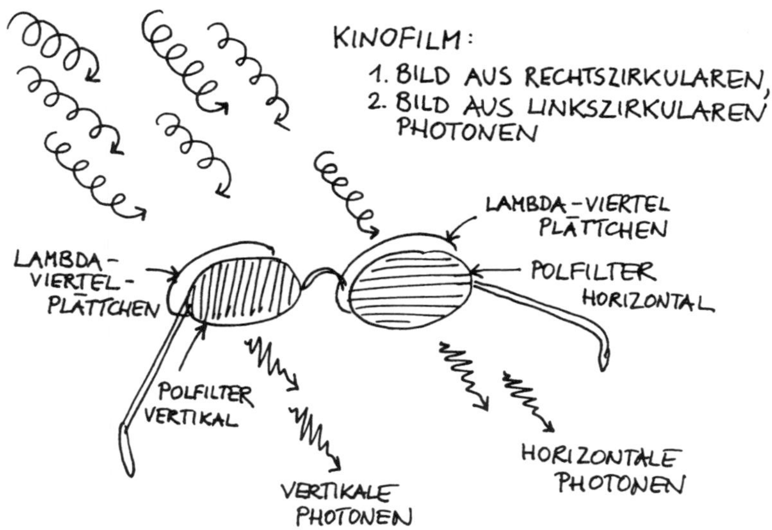

→ Leider sind zirkular polarisierte Photonen nicht ganz so einfach zu filtern wie linear polarisierte – aber es gibt einen Trick: Spezielle Schichten aus bestimmten Materialien, sogenannte „Lambda-Viertel-Plättchen", können nämlich zirkular polarisierte Photonen in ganz gewöhnliche linear polarisierte Photonen verwandeln – und umgekehrt.

Beide Kinofilm-Bilder – das rechtsdrehende und das linksdrehende – treffen auf die Lambda-Viertel-Plättchen, die erzeugen daraus ein vertikal polarisiertes Bild und ein horizontal polarisiertes Bild. Und nun kann man mit einem gewöhnlichen Polfilter eines davon auswählen – beim einen Auge das horizontale, beim anderen Auge das vertikale.

Nun kann man den Kopf drehen, wie man will – Lambda-Viertel-Plättchen und Polfilter sind fest aneinandergeklebt, das Lambda-Viertel-Plättchen liefert immer genau die lineare Polarisation, die zum dahinterliegenden Polfilter passt. So bekommt jedes Auge das gewünschte Bild – egal ob man gerade sitzt, den Kopf schräg hält oder auf dem Kinositz einen Handstand macht.

Interessant ist es auch, mit einer Polfilter-Sonnenbrille einen Blick auf verschiedene LCD-Displays zu werfen. Das Licht, das LCD-Displays aussenden, ist nämlich linear polarisiert. Wenn der Polfilter genau zur Polarisationsrichtung des Bildschirms passt, dann kann man die Anzeige problemlos sehen. Wenn man aber den Polfilter oder den Bildschirm um neunzig Grad dreht, dann erscheint die Anzeige plötzlich völlig schwarz.

Komplizierter ist es, wenn man eine 3D-Brille aus dem Kino vor einen LCD-Bildschirm hält – wahlweise richtig herum oder auch verkehrt herum, sodass die Brillenbügel Richtung Bildschirm zeigen. Es ist eine empfehlenswerte Denkaufgabe, sich genau zu überlegen, was man dann sieht – und weshalb.

Quantenradierer und Quantenbomben

Warum man mit Quantenphysik die Vergangenheit nicht verändern kann, wie ein Quantenradierer zerstörte Wellenmuster wiederherstellt und wie man mit Quantentricks Bomben entschärft. Man soll die Quantentheorie nicht mystifizieren – aber ein bisschen verrückt klingt sie manchmal schon.

Wolfgang Pauli war ein Genie. Er war fast genauso alt wie die Quantentheorie – in seinem Geburtsjahr 1900 hatte Max Planck erstmals seine Idee des Wirkungsquantums niedergeschrieben. Schon in seiner Schulzeit in Wien galt Wolfgang Pauli als Wunderkind, kurz nach dem Schulabschluss veröffentlichte er eine Arbeit über Einsteins Relativitätstheorie, und wenige Jahre später gehörte er bereits zur anerkannten Elite der theoretischen Physik.

Doch so großartig Wolfgang Pauli auch mit physikalischen Ideen umgehen konnte – mit Experimenten hatte er kein Glück. Man erzählte sich, dass physikalische Apparate eine merkwürdige Tendenz hatten, in Paulis Anwesenheit kaputtzugehen. Er musste sich nur in der Nähe eines Labors befinden, und schon funktionierte dort nichts mehr. In der Hamburger Sternwarte ging ein Teleskop kaputt, während Pauli dort ein Glas Wein trank, bei Paulis Besuch an der Universität Princeton geriet der Teilchenbeschleuniger in Brand.

Vielen Leuten in Paulis Umfeld war wohl klar, dass es sich dabei um bloßen Zufall handelte – andere wollten hingegen lieber kein Risiko eingehen: Otto Stern, der Erfinder des Stern-Gerlach-Experiments, erteilte seinem Freund Wolfgang Pauli sicherheitshalber Institutsverbot. Und auch Pauli selbst soll der Meinung gewesen sein, es handle sich bei dieser seltsamen Unvereinbarkeit zwischen seiner Anwesenheit und dem Gelingen eines Experiments tatsächlich um einen realen Effekt.

Der italienische Physiker Giuseppe Occhialini wollte Pauli spaßhalber in seinem Glauben bestärken: An einer Hängelampe wurde ein Mechanismus installiert, der die Lampe herunterfallen lassen sollte, sobald Pauli die Tür öffnete. Pauli kam herein – und nichts geschah. Der Mechanismus hatte versagt. Selbst das Experiment, mit dem man das Scheitern von Experimenten in Anwesenheit von Wolfgang Pauli beweisen wollte, scheiterte in Anwesenheit von Wolfgang Pauli.

Man kann das natürlich alles recht einfach erklären: Experimente gehen nun mal sehr oft schief. Wenn sich jemand wie Pauli ständig an irgendwelchen Universitätsinstituten herumtreibt, dann ist er ganz zwangsläufig oft in der Nähe von Experimenten, die misslingen. Den Rest erledigt unsere menschliche Angewohnheit, Geschichten gerne ein bisschen zurechtzubiegen. Was zu unserer Geschichte passt, das erzählen wir weiter. Was nicht so ganz zu unserer Geschichte passt, das lassen wir einfach weg.

Aber die bloße Existenz einer einfachen Erklärung hindert uns nicht daran, uns trotzdem völlig unnötig komplizierte Erklärungen auszudenken: Wenn nicht Wolfgang Pauli durch Occhialinis präparierte Tür gekommen wäre, sondern jemand anderer – hätte der Hängelampen-Absturzmechanismus dann funktioniert? Woher weiß der Mechanismus, ob Pauli oder jemand anderer durch die Tür kommt? Oder handelt es sich vielleicht gar um einen Bruch in der logischen Struktur von Raum und Zeit? Hat Paulis Entschluss, in diesem Moment durch die Tür zu kommen, ein Signal in die Vergangenheit gesendet, um in einer verrückten Umkehrung von Ursache und Wirkung Giuseppe Occhialini rückwirkend zu veranlassen, in den Mechanismus einen Fehler einzubauen?

Das ist natürlich völliger Unsinn. Keine dieser Mutmaßungen bringt uns weiter, sie alle lenken bloß vom eigentlichen Thema ab. Man lernt daraus nichts über die Gesetze unseres Universums, aber man kann anderen Leuten etwas Beeindruckendes erzählen, magisches Bauchkribbeln erzeugen und sich selbst als überlegen darstellen.

Leider lässt sich diese Taktik immer wieder auch bei der Erklärung von Quantenexperimenten beobachten: Oft ist die Sache gar nicht so kompliziert, aber man präsentiert sie auf eine Weise, die sich möglichst verrückt, möglichst magisch, möglichst überwältigend anfühlen soll. Und das ist schade – denn die Gesetze unseres Universums sind bereits faszinierend genug, auch ohne sie künstlich komplizierter zu machen, als sie sind.

Wheelers Gedankenexperiment: das Photon aus fernen Galaxien

Ein Beispiel für diese unnötige Mystifizierung der Quantenphysik sind die sogenannten „Delayed-Choice"-Experimente. Sie fühlen sich ein bisschen so an, als würden dabei Botschaften in die Vergangenheit geschickt werden – aber nur, wenn man sie falsch erklärt.

Berühmt wurde zum Beispiel ein Gedankenexperiment des Physikers John Archibald Wheeler: Er dachte darüber nach, was es bedeutet, dass Photonen gleichzeitig Welleneigenschaften und Teilcheneigenschaften haben.

Aus dem Doppelspaltexperiment wissen wir: Ein Photon kann zwei verschiedene Wege gleichzeitig nehmen und sich dann mit sich selbst überlagern. Dann entsteht ein Interferenzmuster – das ist ein Beweis für die Welleneigenschaften des Photons. Wir wissen aber auch: Wenn wir nachsehen, welchen Weg das Photon genommen hat, dann bekommen wir immer eine eindeutige Antwort. Niemals findet man hier ein halbes Photon und dort ein halbes Photon. Photonen gibt es nur im Ganzen – das ist ein Beweis für die Teilcheneigenschaften des Photons.

Was passiert aber nun, überlegte John Archibald Wheeler, wenn wir dieses Experiment in gewaltigem Größenmaßstab durchführen? Stellen wir uns ein Photon vor, das in einem Stern einer weit entfernten Galaxie entsteht und Richtung Erde losfliegt. Und nun stellen wir uns vor, dieses Photon kommt auf seinem Weg an einer anderen Galaxie vorbei. Die Galaxie kann durch ihre gewaltige Anziehungskraft die Bahn des Photons ein bisschen verbiegen. Seine Richtung wird ein kleines bisschen geändert, ähnlich wie sich die Richtung eines Lichtstrahls ändert, wenn man ihn durch eine Linse aus Glas schickt. Man spricht deshalb auch vom „Gravitationslinseneffekt".

Diese Krümmung von Lichtstrahlen folgt aus Einsteins Relativitätstheorie – Details müssen uns an dieser Stelle nicht kümmern, wichtig ist nur: Das Licht des weit entfernten Sterns kann in diesem Fall auf zwei ganz unterschiedlichen Wegen zur Erde gelangen.

So lässt sich im Prinzip ein Doppelspaltexperiment von intergalaktischem Ausmaß konstruieren: Wenn das Photon wellenartig auf zwei unterschiedlichen Wegen gleichzeitig durch das Weltall reist, dann sollte es möglich sein, diese beiden Teilwellen miteinander zu überlagern und ein Interferenzmuster zu erzeugen.

Ich kann aber auch zwei verschiedene Teleskope zum Himmel richten und mit einem den linken Rand der Galaxie anvisieren und mit dem anderen den rechten Rand. Abhängig davon, welchen Weg das Photon nimmt, werde ich es im einen oder im anderen Teleskop registrieren, ich werde es niemals in beiden messen.

Wir können uns also entscheiden: Je nachdem, ob wir ein Wellenüberlagerungsexperiment durchführen oder ein Richtungs-Mess-Experiment, machen wir entweder die Welleneigenschaften oder die Teilcheneigenschaften des Photons sichtbar.

Nichts davon ist besonders seltsam, verwirrend oder außergewöhnlich. Aber man kann die Sache künstlich mystifizieren, indem man fragt: Woher weiß denn das Photon, ob es sich nun teilchenhaft oder wellenhaft verhalten soll? Ich entscheide auf der Erde, welches Experiment ich durchführe – somit suche ich mir aus, ob die Welleneigenschaften oder die Teilcheneigenschaften des Photons sichtbar werden sollen. Aber das Photon, das ich messe, war doch schon Milliarden Jahre unterwegs! Als es sich auf den Weg machte, konnte es logischerweise nicht wissen, ob es am Ende in einem Wellen- oder einem Teilchenexperiment enden würde.

Bewegt es sich auf einer Seite an der Galaxie vorbei oder auf zwei verschiedenen Wegen gleichzeitig, Hunderttausende Lichtjahre voneinander entfernt? Diese Entscheidung musste das Photon doch längst getroffen haben, lange bevor es überhaupt Menschen gab! Habe ich durch meine Entscheidung, entweder das eine oder das andere Experiment durchzuführen, also nachträglich die Vergangenheit des Photons verändert?

Als „Retrokausalität“ wird diese Idee bezeichnet, dass eine Entscheidung in der Gegenwart eine Auswirkung auf die Vergangenheit haben könnte. Normalerweise kommt zuerst die Ursache und dann die Wirkung – da wäre es doch wirklich höchst interessant, wenn die Quantentheorie dieses Prinzip brechen würde! Legen wir durch ein Quantenexperiment die Vergangenheit fest? Stören wir damit das logische Gefüge der Kausalität? Sind historische Fakten dann überhaupt festgeschrieben oder für alle Ewigkeit weiterhin nachträglich formbar?

Da ist es wieder – das mystische Bauchkribbeln. Aber hier ist es völlig unangebracht. Es handelt sich bloß um ein Scheinproblem. Der Fehler liegt schon in der Unterstellung, ein Photon sei entweder eine Welle oder ein Teilchen und müsse sich irgendwie, eventuell bereits bei seiner Entstehung, für eine dieser zwei Möglichkeiten entscheiden. Das stimmt natürlich nicht: Ein Photon ist nun mal beides. Es ist ein Quantenschwubbel. Eine quantisierte Welle. Oder ein welliges Quantum. Von der Schwierigkeit, passende Worte dafür zu finden, dürfen wir uns nicht verwirren lassen.

Natürlich muss ein Photon zunächst noch nicht „wissen“, wie es später gemessen wird. Das Photon breitet sich wellenartig aus – auch dann, wenn wir am Ende seine Teilchenhaftigkeit nachweisen wollen. Und wenn es dann gemessen wird, dann endet es (ganz teilchenhaft) an einem ganz bestimmten Punkt. Es darf bis zum Moment der Messung problemlos als Welle an verschiedenen Orten gleichzeitig sein. Es kann als Welle in zwei verschiedene Teleskope fallen, die auf unterschiedliche Seiten einer Galaxie gerichtet sind. Und dann wird es in einem der Teleskope absorbiert (also gemessen), und augenblicklich ist es nicht mehr im anderen Teleskop. Das ist alles.

Man muss nicht versuchen, mit irgendwelchen philosophischen Verrenkungen „Retrokausalität“ zu begründen. Es gibt keine Ursache, deren Wirkung in die Vergangenheit reicht. Die kausale Struktur der Welt ist auch in der Quantenphysik nach wie vor in bester Ordnung.

Photonen markieren: der Trick mit der „Welcher-Weg-Information"

Ein anderes Experiment, das oft unnötig mysteriös interpretiert wird, ist die sogenannte „Welcher-Weg-Messung". Sehen wir uns das Doppelspaltexperiment mit Photonen noch einmal genauer an. Wir wissen schon, was da passiert: Zuerst schicken wir wie gewohnt Licht durch einen Doppelspalt, die Photonen nehmen beide Wege gleichzeitig, überlagern sich mit sich selbst und erzeugen ein Wellenmuster.

Allerdings wissen wir mittlerweile auch, dass Photonen noch eine weitere wichtige Eigenschaft aufweisen, die wir dabei bisher noch nicht berücksichtigt haben – nämlich eine Polarisationsrichtung. Und diese Eigenschaft versuchen wir jetzt auszunutzen: Wir platzieren hinter den beiden Öffnungen des Doppelspalts unterschiedliche Polfilter – einen horizontalen Polfilter hinter der linken Öffnung, einen vertikalen Polfilter hinter der rechten Öffnung.

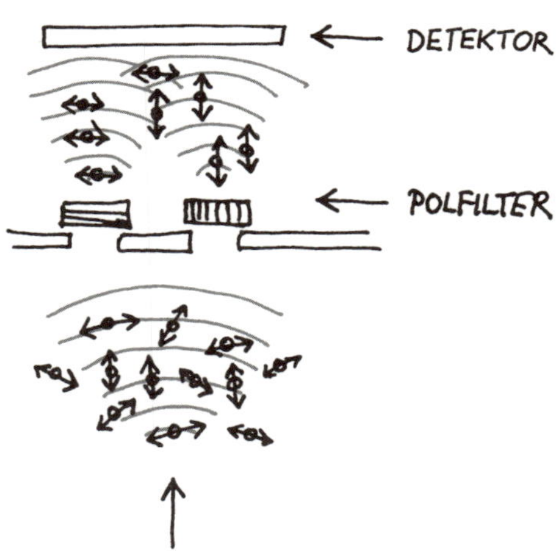

Doppelspaltexperiment mit „Markierung": Die Photonen kommen von unten, mit ganz unterschiedlichen Polarisationsrichtungen. Wenn sie durch den linken Spalt gehen, treffen sie auf einen horizontalen Polfilter, wenn sie durch den rechten Spalt gehen, auf einen vertikalen.

Nun geschieht etwas Spektakuläres: Sobald wir die Polfilter einbauen, ist das Wellenmuster verschwunden. Man sieht bloß einen langweiligen Lichtfleck – genau den Fleck, den man auch bekäme, würde man einmal die linke und einmal die rechte Öffnung verschließen und dann die beiden so entstehenden einander überlappenden Lichtflecke zusammenzählen.

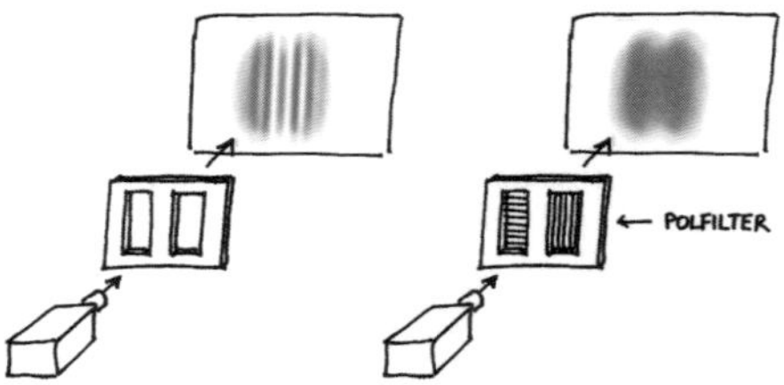

Ein Doppelspalt erzeugt ein Interferenzmuster. Schickt man die Photonen aber dabei durch zwei verschiedene Polfilter, ist das Interferenzmuster verschwunden.

Was ist hier genau passiert? Man muss schrecklich achtgeben, die Sache richtig zu formulieren. Streng genommen kann man das wohl gar nicht wirklich korrekt in Worten beschreiben, weil unsere Sprache auf Quantenphänomene einfach nicht ausgelegt ist. Aber es gibt richtigere und weniger richtige Formulierungen. Oft stößt man auf Erklärungen, die ungefähr so klingen:

„Durch die Polfilter wird jedes Photon markiert: Photonen, die den linken Weg nehmen, bekommen eine horizontale Polarisation aufgeprägt, Photonen, die den rechten Weg nehmen, bekommen eine vertikale Polarisation aufgeprägt. Somit lässt sich von jedem einzelnen Photon sagen, welchen Weg es genommen hat. Doch der Welleninterferenz-Effekt beruht darauf, dass jedes Photon beide Wege gleichzeitig nimmt – dass man also ganz grundsätzlich nicht sagen kann, welchen Weg das Photon gewählt hat. Daher muss die Wellen-Interferenz verschwinden, sobald die Photonen mit einer solchen Weg-Markierung versehen werden. Dabei spielt es keine Rolle, ob wir die Polarisationsrichtung der Photonen am Detektor tatsächlich messen oder nicht. Allein schon die Möglichkeit, dass

man theoretisch herausfinden könnte, welchen Weg ein einzelnes Photon genommen hat, reicht aus, um den Effekt der Welleninterferenz zu zerstören.“

Diese Erklärung ist nicht wirklich falsch, aber richtig ist sie auch nicht, wie wir gleich sehen werden. Ein wichtiger Teil davon ist korrekt: Wenn man – durch welche Methode auch immer – nachsieht, auf welchem Weg das Teilchen nun tatsächlich gekommen ist, dann verschwindet die Interferenz. Man spricht in diesem Fall von „Welcher-Weg-Information“: Egal welches Experiment man durchführt, egal wie man zwischen den beiden Pfaden unterscheidet, egal welche Tricks man sich einfallen lässt – sobald diese „Welcher-Weg-Information“ auf irgendeine Weise prinzipiell verfügbar ist, sobald diese Information irgendwo im Universum existiert, sind Wellenüberlagerungsphänomene nicht mehr zu sehen.

Aber denken wir uns das Experiment noch einmal etwas genauer durch: Wenn wir ein Photon dazu bringen, die beiden verschiedenen Wege gleichzeitig zu nehmen, dann befindet es sich in einem Überlagerungszustand aus „links“ und „rechts“. Daran ändert sich auch dann nichts, wenn wir auf diesen beiden Wegen zwei unterschiedliche Polfilter platzieren. Das Photon wird dadurch nicht auf einen der beiden Wege festgelegt – es ist immer noch in einem Überlagerungszustand. Nur eben in einem Überlagerungszustand, in dem jetzt auch die Polarisation eine Rolle spielt: in einem Überlagerungszustand aus „linker Weg und horizontal polarisiert“ und „rechter Weg und vertikal polarisiert“. Das sind nun die beiden Komponenten der Wellenfunktion unseres Photons.

Theoretisch möglich wären auch noch die Komponenten „linker Weg und vertikal“ beziehungsweise „rechter Weg und horizontal“ – aber die kommen in diesem Fall nicht vor, diese beiden Optionen wurden von den Polfiltern entfernt. Somit gibt es eine eindeutige Zuordnung der beiden Eigenschaften:

„Links“ gehört zwangsläufig zu „horizontal“, und „rechts“ gehört zwangsläufig zu „vertikal“.

Trotzdem ist es nicht ganz korrekt zu sagen: „Jene Photonen, die den linken Weg nehmen, sind horizontal polarisiert, und jene, die den rechten Weg nehmen, sind vertikal polarisiert.“ Denn es gibt hier keine Photonen, die nur den rechten oder nur den linken Weg wählen. Jedes einzelne Photon nimmt beide Wege gleichzeitig.

Ohne Polarisationsfilter haben sich Wellenanteile vom linken und vom rechten Spalt einfach am Detektor addiert – sie können sich dabei verstärken oder auslöschen. Nun treffen aber horizontal polarisierte Wellen vom linken Weg und vertikal polarisierte Wellen vom rechten Weg am Detektor ein – und das sind nun zwei unterschiedliche Dinge. Die kann man nicht mehr einfach addieren, genauso wenig wie man Äpfel und Birnen einfach addieren kann. Sie sind zwar beide da, aber sie können nicht mehr miteinander interferieren – ähnlich wie Lichtwellen und Schallwellen nicht interferieren können.

Wir haben mit den Polfiltern also streng genommen nicht jedem einzelnen Photon die Information aufgeprägt, ob es den rechten oder den linken Weg genommen hat – denn jedes Photon nimmt beide Wege –, sondern wir haben den beiden Wegen eine Polarisations-Information aufgeprägt. Das Photon besteht aus zwei verschiedenen Wellenkomponenten, und jede dieser Wellenkomponenten wird mit einer Polarisationsrichtung versehen. Und die Summe aus diesen Komponenten ist das Photon.

→ Dass sich Wellen nur dann miteinander überlagern können, wenn es sich um gleichartige Wellen handelt, sehen wir nicht nur in der Quantenphysik. Stellen wir uns vor, wir haben eine Metallkugel, die von mehreren Federn in Position gehalten wird.

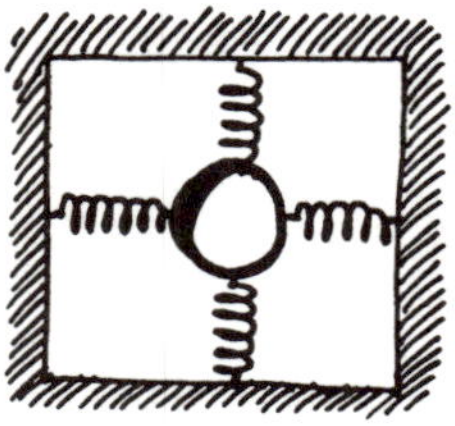

Wir können diese Kugel nun in Bewegung versetzen, etwa indem wir mit der Hand an der unteren Feder rütteln und eine Schwingung erzeugen. Mit der anderen Hand können wir gleichzeitig mit derselben Frequenz an der oberen Feder rütteln. Wie stark sich die Metallkugel bewegt, hängt nun von der Überlagerung der beiden Rüttelbewegungen ab: Wenn wir mit beiden Händen gleichzeitig eine Kraft nach oben ausüben und danach auf beiden Seiten gleichzeitig eine Kraft nach unten ausüben, wird die Metallkugel heftig schwingen. Die beiden Rüttelbewegungen sind in Phase, sie addieren sich. Wenn wir allerdings oben und unten genau entgegengesetzt rütteln – also entweder beide Federn stauchen oder an beiden Federn ziehen –, dann spürt die Metallkugel immer zwei entgegengesetzte Kräfte, die sich gegenseitig auslöschen, und die Metallkugel wird sich nicht bewegen.

Das funktioniert aber nur, weil wir hier Rüttelbewegungen in derselben Richtung überlagern. Wenn ich mit der einen Hand eine vertikale und mit der anderen Hand eine horizontale Schwingung erzeuge, dann können sie einander niemals auslöschen, und sie können sich auch nicht zu einer einzigen extrem großen Schwingung addieren. Wir haben nun einfach zwei verschiedene Schwingungen – eine horizontale, eine vertikale. Sie sind einfach beide da, aber sie interferieren nicht.

Der Quantenradierer

Wir wissen jetzt, dass Welleninterferenz zerstört wird, wenn wir die beiden Wege mit einer „Welcher-Weg-Markierung" versehen. Jetzt können wir noch einen Schritt weitergehen und fragen: Was passiert, wenn wir diese „Markierung" danach wieder zerstören? Das gelingt uns durch einen sogenannten „Quantenradierer".

Wir verwenden wieder unseren Doppelspalt mit den beiden Polfiltern – Photonen, die gleichzeitig ein bisschen horizontal und ein bisschen vertikal polarisiert sind, fliegen auf unseren Detektor zu. Aber bevor die Photonen den Detektor erreichen, bringen wir nun noch einen weiteren Polfilter ins Spiel – und diesen richten wir diagonal in einem Winkel von fünfundvierzig Grad aus.

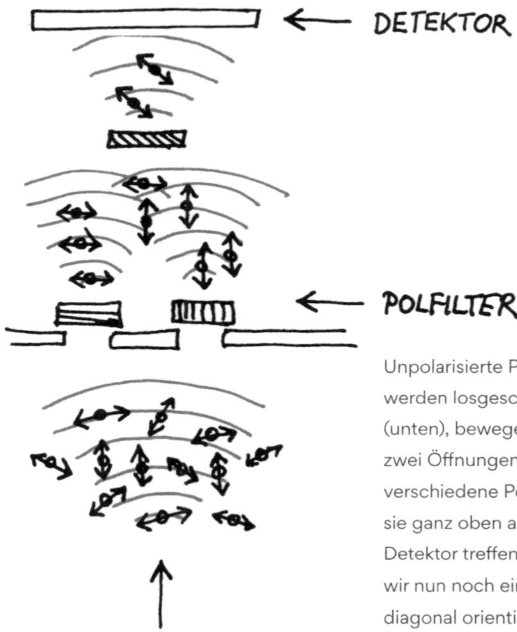

Unpolarisierte Photonen werden losgeschickt (unten), bewegen sich durch zwei Öffnungen und zwei verschiedene Polfilter. Bevor sie ganz oben auf einen Detektor treffen, schieben wir nun noch einen weiteren diagonal orientierten Polfilter dazwischen.

Sowohl horizontal als auch vertikal polarisierte Photonen haben jeweils eine Fünfzig-Prozent-Chance, durch diesen zusätzlichen diagonalen Polfilter hindurchzugelangen. Alle Photonen, die das schaffen und dann im Detektor landen, sind danach aber gleich polarisiert – nämlich diagonal. Im Detektor kommt somit überhaupt keine Information mehr an, die über den bisherigen Weg der Photonenwelle Auskunft geben könnte. Der zusätzliche Polfilter hat diese Information wegradiert. Damit sind die beiden Wege nun wieder ununterscheidbar – und damit entsteht auch wieder ein Wellenmuster. Der Quantenradierer bringt uns die Wellenüberlagerungen zurück, die wir vorher durch die „Welcher-Weg-Markierung“ verhindert hatten.

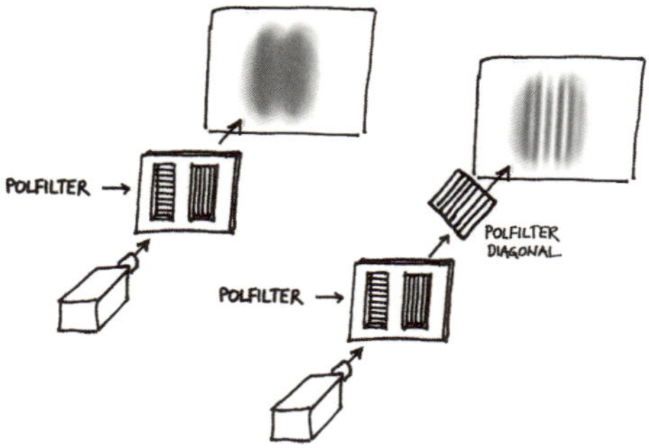

Auch das Quantenradierer-Experiment sollte man nicht magischer darstellen, als es eigentlich ist. Wenn man etwa sagt: „Die Photonen wurden durch die Polfilter hinter dem Doppelspalt dazu gezwungen, sich für einen Weg zu entscheiden, durch den zusätzlichen Filter wurden sie dann aber dazu gebracht, doch beide Wege gleichzeitig genommen zu haben“, dann klingt das zwar auf interessante Weise verrückt und ehrfurchtseinflößend, es ist aber leider falsch.

Beim Quantenradierer ist es genau wie bei den Delayed-Choice-Experimenten: Eine Messung legt den aktuellen Zustand eines Teilchens fest – das darf man nicht mit einer Festlegung seiner Vergangenheit verwechseln.

→ Was passiert also tatsächlich, wenn man die beiden Wellenanteile „horizontal polarisiert vom linken Spalt“ und „vertikal polarisiert vom rechten Spalt“ nun durch den diagonalen Polfilter schickt? Wir wissen schon von anderen Polfilter-Experimenten: „Diagonal“ ist eine Mischung aus „horizontal“

und „vertikal“ – oder umgekehrt betrachtet: „Horizontal“ und „vertikal“ sind zwei verschiedene Mischungen aus „diagonal“ und „gegendiagonal“.

Somit können wir „links-horizontal“ plus „rechts-vertikal“ in insgesamt vier verschiedene Komponenten zerlegen – nämlich „links-diagonal“, „links-gegendiagonal“, „rechts-diagonal“ und „rechts-gegendiagonal“. Der diagonale Polfilter verschluckt die beiden gegendiagonalen Komponenten – übrig bleibt somit: „links-diagonal“ und „rechts-diagonal“. Und diese beiden treffen nun auf den Detektor.

Aber damit ist nun die Polarisierung in beiden Fällen gleich. Wir addieren nicht mehr Äpfel und Birnen, sondern bloß noch Äpfel und Äpfel. Die Polarisierung ist keine „Welcher-Weg-Markierung“ mehr, und das macht Welleninterferenz wieder möglich.

Die Quantenbombe

Es gibt Experimente, die werden immer klarer und einfacher, je länger man über sie nachdenkt. Bei Doppelspaltexperimenten und Quantenradierern ist das der Fall: Man muss eigentlich nur mit dem Gedanken Frieden schließen, dass sich Teilchen in Überlagerungszuständen befinden können, dann ist der Rest kein großes Problem mehr. Es gibt aber auch Experimente, die bleiben verrückt und gehirnverbiegend – auch wenn man sie sich immer und immer wieder durchüberlegt. Auch das hat seinen Reiz. Ein solches Experiment wollen wir uns daher jetzt zum Abschluss noch ansehen: Die sogenannte „Quantenbombe“. Dabei handelt es sich wohl um einen der merkwürdigsten Gedanken der gesamten Quantenphysik.

Stellen wir uns vor, jemand stellt eine extrem empfindliche Bombe her: Wenn auch nur ein einziges Photon diese Bombe trifft, dann wird das Photon absorbiert und die Bombe explodiert. Es gibt aber auch noch eine Bombenattrappe. Die Attrappe lässt Photonen einfach durch und nichts passiert. Wie können wir herausfinden, ob wir es mit der echten Bombe oder mit der Attrappe zu tun haben?

Um uns diese verrückte Sache genauer anzusehen, verwenden wir ein Messinstrument, von dem bisher noch nicht die Rede war: ein sogenanntes „Mach-Zehnder-Interferometer". Wie beim Doppelspaltexperiment bewegen sich auch im Mach-Zehnder-Interferometer Photonen auf zwei verschiedenen Wegen gleichzeitig, und die beiden Wege werden dann wieder miteinander vereint.

Zunächst braucht man für ein Mach-Zehnder-Interferometer einen sogenannten Strahlteiler – einen halbdurchlässigen Spiegel, der die Hälfte des Lichts durchlässt und die andere Hälfte reflektiert. Ein Photon, das auf einen solchen Strahlteiler trifft, befindet sich danach in einem Überlagerungszustand aus „reflektiert" und „durchgelassen". Nachdem wir den Lichtstrahl auf diese Weise in zwei verschiedene Wege aufgeteilt haben, führen wir diese beiden Wege dann mithilfe ganz gewöhnlicher Spiegel wieder zusammen.

Dort, wo sich die Wege kreuzen, platzieren wir einen zweiten Strahlteiler. Beide Wege können diesen Strahlteiler nun wieder entweder auf geradem Weg durchqueren oder von ihm reflektiert werden. Danach enden die Wege in einem von zwei verschiedenen Detektoren – nennen wir sie „Detektor A" und „Detektor B".

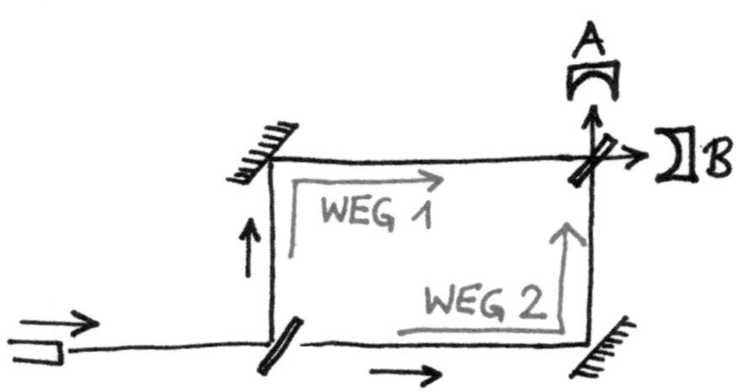

Wir können nun einen der beiden Wege blockieren – zum Beispiel den Weg, der am Anfang den ersten Strahlteiler geradlinig durchquert. Wenn wir das machen, kann ein Photon nur noch den anderen Weg nehmen – nennen wir ihn „Weg 1“. Das Photon trifft dann den zweiten Strahlteiler, es wird dort teilweise reflektiert und zum Detektor A geschickt, und gleichzeitig wird es auch teilweise durchgelassen und zum Detektor B geschickt. Einer der beiden Detektoren wird das Photon dann messen – welcher es sein wird, ist reiner Zufall. Die Chance für beide Fälle beträgt fünfzig Prozent.

Dasselbe gilt, wenn wir den Weg 1 blockieren und das Photon den Weg 2 nehmen muss. Auch hier gelangt das Photon an den zweiten Strahlteiler, wird gleichzeitig reflektiert und durchgelassen und dann mit jeweils fünfzig Prozent Wahrscheinlichkeit in Detektor A oder Detektor B gemessen.

Wenn wir aber keinen Weg blockieren, dann nimmt das Photon beide Wege gleichzeitig. Die beiden Wege treffen gleichzeitig auf den zweiten Strahlteiler und überlagern sich miteinander. Wenn man das Mach-Zehnder-Interferometer richtig justiert, dann kann man erreichen, dass die beiden möglichen Wege, die zu Detektor A gelangen, einander gegenseitig auslöschen und die beiden möglichen Wege, die zu Detektor B gelangen, einander gegenseitig verstärken. In diesem Fall wird man jedes einzelne Photon immer in Detektor B messen, in Detektor A wird niemals ein Photon ankommen – dort interferiert sich das Photon mit sich selbst weg.

→ Warum genau wird jedes Photon in Detektor B gemessen? Wenn man das ganz genau wissen möchte, ist das ein bisschen knifflig. Zum Detektor A führen zwei verschiedene Wege und zum Detektor B führen zwei verschiedene Wege. Wenn man das Mach-Zehnder-Interferometer perfekt ausrichtet, sind die beiden möglichen Wege, die zu einem bestimmten

Detektor führen, immer exakt gleich lang. Auf beiden Wegen absolviert das Photon genau dieselbe Zahl von Schwingungen. Somit sollten die Photonenwellen beider Wege auch immer in derselben Phase an den Detektoren ankommen – Wellenberg mit Wellenberg, Wellental mit Wellental.

Aber hier gibt es noch ein kleines Detail zu berücksichtigen: Wenn eine Welle vom Strahlteiler reflektiert wird, verschiebt sich die Welle um eine Viertelwellenlänge – man kann auch sagen: Ihre Phase verschiebt sich um neunzig Grad, verglichen mit der Welle, die einfach geradeaus durch den Strahlteiler geht. Für die beiden Wege, die zum Detektor B führen, ist das egal – denn beide werden jeweils von einem Strahlteiler durchgelassen und vom anderen Strahlteiler reflektiert, beide werden also um denselben Betrag verschoben – somit interferieren sie immer noch konstruktiv: Wellenberg auf Wellenberg, Wellental auf Wellental.

Bei den beiden Pfaden, die zum Detektor A führen, gibt es nun aber plötzlich einen Unterschied: Zum Detektor A kommt das Photon nämlich entweder, indem es von beiden Strahlteilern durchgelassen wird, oder indem es von beiden Strahlteilern reflektiert wird. Pro Strahlteiler sammelt ein Pfad verglichen mit dem anderen 90 Grad Phasenverschiebung auf – das macht insgesamt 180 Grad Phasendifferenz. Eine Phasenverschiebung um 180 Grad bedeutet, dass der Wellenberg dorthin geschoben würde, wo ohne Verschiebung ein Wellental wäre – und umgekehrt. Die beiden Pfade überlagern sich destruktiv – Wellenberg trifft auf Wellental, Wellental trifft auf Wellenberg. Die Photonenwelle wird ausgelöscht.

Das bedeutet: Kein einziges Photon kann in diesem Fall in Detektor A gemessen werden – jedes einzelne löscht sich dort in Überlagerung mit sich selbst vollständig aus. Alle Photonen gelangen in Detektor B. Schickt man ein Photon nur auf einem der beiden Wege los, hat es jeweils fünfzig Prozent Wahrscheinlichkeit, in Detektor A oder Detektor B gemessen zu werden – aber wenn beide Wege gleichzeitig offen stehen, dann landet jedes Photon garantiert in Detektor B. Dabei handelt es sich ganz klar um ein Wellenphänomen: Nur aufgrund der Welleneigenschaften des Photons ist das möglich.

Damit kehren wir nun zurück zu unserer Bombe, die sofort explodiert, wenn sie nur von einem einzigen Photon getroffen wird. Wie können wir sie von einer Bombenattrappe unterscheiden? Es klingt nach einem hoffnungslosen Fall. Offensichtlich können wir nicht einfach probeweise Photonen auf die Bombe schießen – aber was ist mit einem Überlagerungszustand von „Photon" und „kein Photon"?

Wir platzieren die Bombe in einem der beiden Wege eines Mach-Zehnder-Interferometers und schicken ein einzelnes Photon los. Es trifft auf den Strahlteiler und wird in einen Überlagerungszustand versetzt: Es nimmt den Weg, auf dem die Bombe liegt, und gleichzeitig nimmt es auch den anderen Weg, auf dem sich keine Bombe befindet. Was passiert nun?

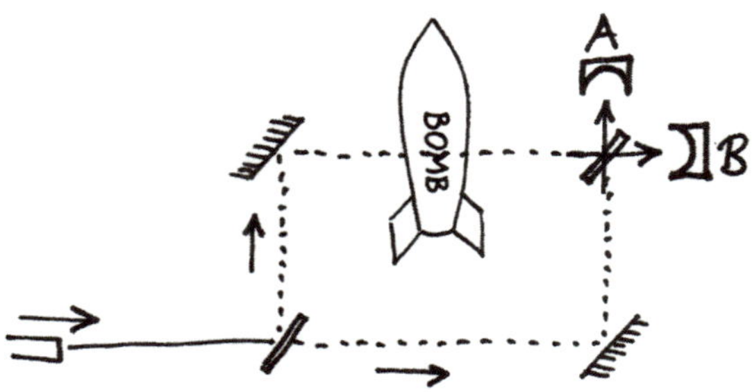

Falls wir nicht die echte Bombe, sondern bloß die Attrappe erwischt haben, ist die Sache klar: Die Attrappe lässt Photonen einfach durch, sie nimmt keinerlei Einfluss auf das Ergebnis. Wie wir vorher schon geklärt haben, messen wir das Photon in diesem Fall also mit Sicherheit in Detektor B.

Wenn wir aber die echte Bombe erwischt haben, ist die Situation etwas komplizierter: Die Bombe ist ein Photonen-

Detektor, also ein Messgerät, und eine Messung greift in den Zustand des Photons ein: Das Photon wird durch die Messung gezwungen, sich auf einen der möglichen Wege festzulegen. Die Wahrscheinlichkeit, dass unser Photon auf den Weg festgelegt wird, auf dem sich die Bombe befindet, beträgt fünfzig Prozent. In diesem Fall wird das Photon absorbiert, die Bombe explodiert und unser Versuchslabor liegt in Trümmern. Allerdings gibt es auch eine Wahrscheinlichkeit von fünfzig Prozent, dass unser Photon auf den anderen Weg festgelegt wird. Dann kommt es nicht in Kontakt mit der Bombe, sondern gelangt zum Strahlteiler.

In welchem Detektor wird dieses Photon nun gemessen? Das wissen wir nicht. Wir wussten vorher bloß: Wenn ein Photon beide Wege nimmt, dann überlagern sich die beiden Wege so, dass es garantiert in Detektor B und niemals in Detektor A gemessen wird. Doch wegen der Bombe ist jetzt nur noch ein Weg möglich – es kann zu keiner Überlagerung verschiedener Wege mehr kommen. Somit ist es purer Zufall, ob dieses Photon vom Strahlteiler durchgelassen oder reflektiert wird – es hat eine Fünfzig-Prozent-Chance, in Detektor A zu landen, und eine Fünfzig-Prozent-Chance, in Detektor B zu landen.

Wenn das Photon in Detektor B gemessen wird, dann hilft uns das wenig – das ist schließlich das Ergebnis, das wir auch bekommen, wenn es sich um eine Attrappe handelt. In diesem Fall können wir also nicht sagen, ob wir die echte Bombe oder die Attrappe erwischt haben.

Das wirklich Verrückte an diesem Experiment ist aber die Möglichkeit, dass unser Photon in Detektor A registriert werden kann. Dieser Fall kann nicht eintreten, wenn wir es mit der Attrappe zu tun haben. Eine Messung in Detektor A sagt uns also ganz klar: Es handelt sich diesmal um die echte Bombe. Aber diese Information haben wir nun erhalten, ohne die Bombe zur Explosion gebracht zu haben.

Je länger man über diese Tatsache nachdenkt, umso verrückter fühlt sie sich an: Wir haben die Bombe erkannt, obwohl es gar keine echte Wechselwirkung zwischen Photon und Bombe gab. Das Photon hat sich schließlich entschieden, den anderen Weg zu nehmen – nicht den Weg in die Bombe, sondern eben den anderen Weg, auf dem sich keine Bombe befindet. Der einzige Unterschied zwischen Bombe und Attrappe ist, dass die Bombe das Photon absorbieren und explodieren kann. Und trotzdem haben wir es geschafft, die Bombe zu identifizieren, ohne sie ein Photon absorbieren zu lassen.

Man bezeichnet das als „wechselwirkungsfreie Quantenmessung". Die Bombe führt eine Quantenmessung durch, auch wenn sie das Photon nicht absorbiert. Allein durch ihre Anwesenheit sorgt sie dafür, dass der Weg des Photons auf eine von zwei messbaren Möglichkeiten festgelegt wird. Sie stellt sicher, dass die Wellenfunktion des Photons kollabiert: Aus dem Überlagerungszustand „Weg 1 und Weg 2" wird einer der Zustände „Weg 1" oder „Weg 2". Und weil das Mach-Zehnder-Interferometer zwischen diesen beiden Varianten unterscheiden kann, lässt sich so die Bombe finden.

Zumindest lässt sie sich in bestimmten Fällen finden – garantieren kann man das bei diesem Versuchsaufbau leider nicht. Rekapitulieren wir alle Möglichkeiten, auf die wir gestoßen sind: In der Hälfte der Fälle ging das Experiment schlecht aus, die Bombe explodierte. In einem Viertel der Fälle fanden wir das Photon in Detektor B und wussten nicht, ob wir es mit der echten oder der falschen Bombe zu tun hatten. Nur im verbleibenden Viertel der Fälle haben wir das Glück, die echte Bombe unbeschadet als echte Bombe identifizieren zu können. Das klingt nicht nach einer grandiosen Erfolgsquote, aber es ist immerhin deutlich besser als alles, was man ohne Quantentricks zustande bringen könnte. Wir wollen mal nicht undankbar sein!

→ Außerdem lässt sich das Ergebnis noch verbessern, wenn man sich einen etwas komplizierteren Versuchsaufbau überlegt. Man kann etwa einen Strahlteiler verwenden, der nicht fünfzig Prozent des Lichts durchlässt, sondern nur einen winzig kleinen Teil davon. Und zum Ausgleich dafür schickt man den Lichtstrahl nicht nur einmal hindurch, sondern immer wieder – etwa indem man den Strahlteiler zwischen zwei Spiegeln platziert, sodass unser Photon viele Male zwischen den beiden Spiegeln hin und her geschickt wird.

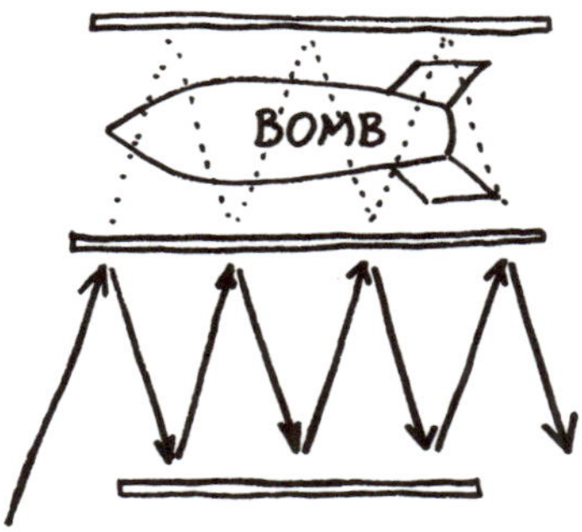

Bombenerkennung in der Spiegelkammer: Man schickt ein Photon auf einen Strahlteiler (die mittlere Linie), der nur einen winzigen Teil der Lichtwelle durchlässt, der Rest wird reflektiert. Darüber und darunter befindet sich jeweils ein Spiegel – somit wird sowohl der durchgelassene als auch der reflektierte Anteil des Lichts immer wieder zum Strahlteiler zurückgeschickt. Nachdem immer nur ein winziger Anteil der Photonenwelle auf die Quantenbombe trifft, ist die Wahrscheinlichkeit, dass es dort zur Explosion kommt, extrem gering. Je weniger Licht der Strahlteiler durchlässt, umso näher bei hundert Prozent ist die Erfolgswahrscheinlichkeit.

Ein österreichisch-amerikanisches Forschungsteam, mit Beteiligung des späteren Nobelpreisträgers Anton Zeilinger, konnte zeigen, dass die Wahrscheinlichkeit der korrekten Bombenerkennung ohne Explosion mit einem solchen gut durchdachten Versuchsaufbau beliebig nahe an hundert Prozent gebracht werden kann. Tatsächlich gelang es, wechselwirkungsfreie Quantenmessungen mit hoher Verlässlichkeit durchzuführen.

Von Wolfgang Pauli mit seiner berühmten Tendenz zu katastrophal gescheiterten Experimenten würden wir uns einen solchen Versuchsaufbau wohl lieber nicht konstruieren lassen – zumindest nicht, wenn tatsächlich lebensgefährliche Bomben im Spiel sind.

Aber in Wahrheit geht es bei all diesen Gedankenspielen natürlich um etwas ganz anderes als das Entschärfen von Bomben: Wenn man die Regeln der Quantentheorie versteht und sie auf kluge Weise ausnutzt, dann kann man manchmal Dinge herausfinden, die ohne Quantentheorie, mit rein klassischen Methoden, immer im Verborgenen geblieben wären. Quantentheorie eröffnet uns Möglichkeiten, die wir sonst ganz prinzipiell nicht hätten. Und auch heute noch, über hundert Jahre nach Geburt der Quantentheorie, lernen wir ständig dazu.

Warum wir nicht durch Wände gehen

Warum der Raum zwischen den Elektronen alles andere als leer ist, warum uns das Pauli-Prinzip beim Katzenstreicheln hilft und warum es Sterne gibt, die nur aus Neutronen bestehen: Die Quantentheorie erklärt die Eigenschaften der Materie.

Unsere Galaxie hat keine Chance. Sie befindet sich auf Kollisionskurs mit ihrer Nachbargalaxie. In ungefähr vier Milliarden Jahren werden die Milchstraße und die Andromedagalaxie ineinanderrasen, und keine Macht der Welt kann das verhindern.

Vier Milliarden Jahre klingt nach einer langen Zeit – aber in kosmischen Dimensionen gedacht steht dieser Galaxienzusammenstoß fast unmittelbar bevor. Unsere Erde wird es dann vermutlich noch geben, sie wird sich wohl gemeinsam mit der Sonne in einer völlig veränderten galaktischen Nachbarschaft wiederfinden, möglicherweise zwischen neuen Nachbarsternen, die heute noch Millionen Lichtjahre entfernt sind.

Doch ein solcher Galaxienzusammenstoß ist weniger dramatisch, als man denken könnte. Galaxien bestehen nämlich hauptsächlich aus leerem Raum. Die Sterne und Planeten einer Galaxie nehmen nur einen so winzigen Anteil ihres Volumens ein, dass zwei kollidierende Galaxien einander durchdringen können, ohne dass es dabei irgendwo zu einem Zusammenstoß von Sternen oder Planeten kommt. Die beiden Galaxien verformen einander durch ihre Gravitation, sie können auch zu einer gemeinsamen großen Galaxie verschmelzen, aber für die einzelnen Sterne und Planeten der beiden Galaxien besteht keine nennenswerte Gefahr.

Wie sieht das in kleinerem Maßstab aus? Bestehen nicht auch Atome hauptsächlich aus leerem Raum? Fast die gesamte Masse eines Atoms befindet sich im Atomkern, aber dieser Atomkern macht nur einen verschwindend kleinen Anteil des Volumens aus. Rundherum befindet sich das Territorium der Elektronen, und das ist billionenfach größer. Oft liest man beeindruckende Vergleiche zu diesem Größenverhältnis: Wäre der Atomkern so groß wie eine Kirsche, dann wäre das ganze Atom ungefähr so groß wie ein Fußballstadion und die Elektronen würden irgendwo weit draußen im Bereich der äußeren Zuschauerränge ihre Bahnen ziehen.

Aber wenn wir aus solchen ziemlich leeren Atomen bestehen – warum können wir uns dann nicht einfach durchdringen, wie zwei Galaxien? Warum tut es dann weh, wenn wir versuchen, durch die Wand ins Nachbarzimmer zu laufen? Und warum können wir uns in einem überfüllten Zug nicht einfach auf einen Platz setzen, auf dem schon jemand anderer sitzt?

Die Sache ist auf den ersten Blick tatsächlich ein bisschen verwirrend: Elektronen sind Elementarteilchen, sie lassen sich prinzipiell durch beliebig kleine Löcher schießen. Man kann daher sagen, dass Elektronen in gewissem Sinn unendlich klein sind – oft werden sie als „Punktteilchen“ bezeichnet. Der Atomkern hat zwar eine definierbare Größe, aber er besteht aus Protonen und Neutronen, und die wiederum bestehen jeweils aus drei Quarks. Diese Quarks sind

Elementarteilchen ohne definierbare Ausdehnung, genau wie das Elektron.

So betrachtet besteht also die gesamte Materie ausschließlich aus Objekten, die „unendlich klein“ sind. Auf fundamentaler Ebene betrachtet gibt es nur Punktteilchen. Also nehmen alle Teilchen des Universums so betrachtet genau null Prozent des verfügbaren Volumens ein? Der gesamte Rest von hundert Prozent ist materieteilchenloser Zwischenraum?

Das ist natürlich keine Sichtweise, die uns weiterhilft. Wenn man die Materie auf diese Weise betrachtet, dann begeht man wieder einmal den alten Fehler, Quantenphänomene mit unserer klassischen Alltagsintuition zu erklären. Das kann nicht funktionieren.

Quantenschwubbel und Kraftgeflimmer

Elektronen mögen zwar Punktteilchen sein, aber wir wissen natürlich inzwischen, dass man sie sich wellenartig verteilt vorstellen muss – und für alle anderen Elementarteilchen gilt dasselbe. Sie befinden sich nicht an einem bestimmten Punkt im Raum, sie sind eher eine Eigenschaft des Raumes, die an manchen Stellen stärker, an anderen Stellen schwächer ausgeprägt ist.

Wir kennen das bereits aus unseren Überlegungen über Schrödingers Wellenfunktion: Eine Kirsche hat einen bestimmten Aufenthaltsort – genau dort ist der Raum kirschig, gleich daneben ist er absolut unkirschig. Ein Elektron hingegen ist eine verteilte Eigenschaft des Raumes, die an unterschiedlichen Orten in unterschiedlichem Ausmaß auftritt. Die Gegend nah am Atomkern ist ziemlich elektronig, weiter draußen ist der Raum weniger elektronig, und irgendwo weit weg, wo sich mit großer Sicherheit kein Elektron befindet, beträgt die Elektronigkeit fast genau null. Man kann von einem „Elektronenfeld“ sprechen, das unser gesamtes Universum erfüllt.

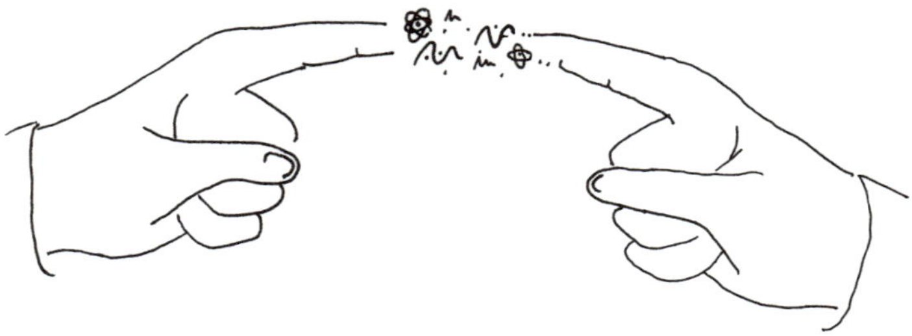

Das ist aber noch lange nicht alles: Diese im Raum verteilten welligen Elektronen stehen nämlich in ständiger Wechselwirkung zueinander. Sie sind negativ geladen und stoßen einander daher ab. Das tun sie, indem sie ein elektrisches Feld erzeugen, das aus Photonen besteht. Elektronen tauschen ununterbrochen Photonen miteinander aus, sie erfüllen den Raum mit einem energiereichen Gewusel aus wildflimmernden Teilchenwellen und Kraftwirkungen. Das bedeutet: Der Raum zwischen den Elementarteilchen in einem Atom ist alles andere als leer. Er unterscheidet sich sehr deutlich vom leeren Raum irgendwo draußen im Weltall, wo praktisch keine Kräfte wirken.

Die Materie, aus der wir bestehen, darf man sich nicht vorstellen wie eine Ansammlung von kleinen Kügelchen mit leerem Raum dazwischen. Materie ist eher so etwas wie der Zustand, der zwischen zwei Magneten herrscht – ein flirrendes, vibrierendes Feld aus Kräften und Energie.

Neutrinos spüren uns nicht

Es gibt aber auch Teilchen, für die sich feste Materie tatsächlich fast wie Leere anfühlt. Für Neutrinos zum Beispiel ist eine Wand überhaupt kein ernsthaftes Hindernis. Sie gelangen leichter durch einen Betonbunker als sichtbares Licht durch eine gut geputzte Fensterscheibe.

Neutrinos sind eine merkwürdige Sorte von Elementarteilchen: Sie sind extrem häufig, wir sind ständig von ihnen umgeben, aber wir bemerken sie nicht. Jeder Quadratzentimeter unseres Körpers wird jede Sekunde von vielen Milliarden Neutrinos getroffen, aber sie haben normalerweise überhaupt keine Auswirkung auf uns. Neutrinos, die in der Sonne entstehen und dann zur Erde geschossen werden, haben eine gute Chance, unseren ganzen Planeten zu durchdringen, ohne auch nur mit einem einzigen Atom zusammenzustoßen.

Das liegt daran, dass die Kräfte, die in Atomen die entscheidende Rolle spielen, auf Neutrinos keine Auswirkung haben. Auf elektromagnetische Felder reagieren sie nicht. Die elektrische Ladung der Elektronen kann ihnen völlig egal sein, genau wie einer Straßenbahnfahrerin die Regeln der Hochseeschifffahrt in internationalen Gewässern völlig egal sein können: Sie ist davon einfach nicht betroffen. Auch die starke Wechselwirkung, die im Atomkern die entscheidende Rolle spielt, spüren die Neutrinos nicht. Neutrinos und Atome können sich problemlos am selben Ort befinden.

Das ist ein seltsamer Gedanke. Dass sich zwei verschiedene Dinge am selben Ort aufhalten können, sind wir nicht gewohnt. Aber grundsätzlich spricht nichts dagegen. Ein bestimmter Punkt des Raumes kann gleichzeitig elektronig und atomkernig sein, oder gleichzeitig photonig und neutrinoerfüllt – genau wie zu einem bestimmten Zeitpunkt gleichzeitig Mittwoch und Oktober sein kann.

Nicht die Tatsache, dass sich Teilchen am selben Ort befinden können, braucht eine Erklärung, sondern die Tatsache, dass es manchmal eben nicht der Fall sein kann. Dass Materie Struktur hat, dass sich Objekte einander nicht durchdringen und überlagern können, hat mit dem wilden Kraftgeflimmer zu tun, das viele Teilchen permanent miteinander austauschen.

Ein bunter Zoo verschiedener Teilchen

Um vollständig erklären zu können, warum wir nicht durch Wände laufen können, müssen wir aber noch einen weiteren wichtigen Punkt berücksichtigen: das sogenannte „Pauli-Prinzip“. Dafür sehen wir uns den Spin der verschiedenen Teilchensorten noch einmal genauer an.

Alle Teilchen, die es gibt, kann man in zwei verschiedene Sorten einteilen: Teilchen mit halbzahligem Spin nennt man Fermionen. Aus ihnen ist die Materie aufgebaut. Elektronen gehören ebenso in diese Klasse wie die Quarks, aus denen Protonen und Neutronen bestehen. Sie alle haben einen Spin von ½.

Teilchen mit ganzzahligem Spin hingegen nennt man Bosonen. In diese Klasse gehören zum Beispiel die Photonen – mit Spin 1. Bosonen sind Kraftteilchen, die für die Wechselwirkungen zwischen den Materieteilchen zuständig sind.

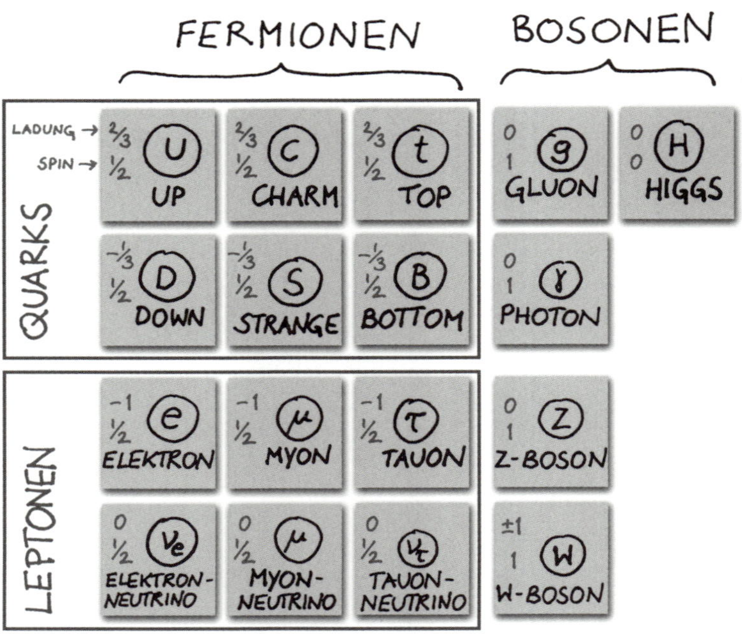

→ Wir kennen heute eine ganze Menge Elementarteilchen. Dieser Teilchenzoo sieht auf den ersten Blick vielleicht ein bisschen unübersichtlich aus, aber man kann die Teilchen nach Eigenschaften wie Spin und elektrischer Ladung sortieren, dann wird die Sache klarer. Die Theorie dieser Teilchen nennt man das „Standardmodell der Teilchenphysik".

Links befinden sich die Fermionen. Man kann sie in zwei Gruppen einteilen – in Quarks und Leptonen. Diese beiden Gruppen unterscheiden sich durch ihre elektrische Ladung. Die Leptonen haben eine ganzzahlige elektrische Ladung: Das Elektron hat eine Ladung von −1, genau wie das Myon und das Tauon. Zu jedem dieser Teilchen gehört ein Neutrino, die Neutrinos haben alle eine Ladung von 0.

Die Quarks hingegen haben drittelzahlige Ladungen – entweder $\frac{2}{3}$ oder $-\frac{1}{3}$. Von ihnen gibt es sechs verschiedene Sorten, angeordnet in drei Paaren: up-down, charm-strange und top-bottom. (Es handelt sich hier um bloße Fantasienamen, die Begriffe haben keine physikalische Bedeutung.) In jedem dieser Quark-Paare gibt es ein Quark mit Ladung $\frac{2}{3}$ und eines mit Ladung $-\frac{1}{3}$.

Das klingt zunächst etwas verrückt, denn normalerweise gibt es elektrische Ladungen nur in ganzzahligen Vielfachen der Elementarladung. Aber das lässt sich dadurch erklären, dass diese Quarks niemals allein vorkommen, sondern immer nur in Kombination: So besteht etwa ein Neutron aus zwei Down-Quarks (mit jeweils einer Ladung von $-\frac{1}{3}$) und einem Up-Quark (mit einer Ladung von $\frac{2}{3}$) – das gleicht sich aus, somit hat das Neutron insgesamt keine elektrische Ladung. Das Proton hingegen besteht aus zwei Up-Quarks und einem Down-Quark – das ergibt insgesamt eine Ladung von 1.

Die Bosonen sind für Wechselwirkungen verantwortlich – das Photon für die elektromagnetische Wechselwirkung, das Gluon für die starke Wechselwirkung, von der die Quarks in den Neutronen und Protonen zusammengehalten werden. Dann gibt es noch die sogenannte schwache Wechselwirkung, die in unserem Alltag keine besondere Rolle spielt, aber für bestimmte Atomkernzerfälle verantwortlich ist. Diese schwache Wechselwirkung entsteht durch den Austausch von Z-Bosonen und W-Bosonen. Im Gegensatz zu Photonen und Gluonen haben W- und Z-Bosonen eine Masse.

Zu guter Letzt gibt es noch das Higgs-Boson. Lange Zeit war es das einzige Teilchen des Standardmodells, das man nur theoretisch vorhergesagt, aber noch nicht gemessen hatte – bis man dann im Jahr 2012 am Forschungszentrum CERN schließlich auch das Higgs nachweisen konnte. Was im Standardmodell fehlt, ist das Wechselwirkungsteilchen der letzten verbleibenden Kraft, die wir kennen – nämlich der Gravitation. Bis heute ist es nicht gelungen, die Gravitation in das Standardmodell der Elementarteilchen einzubauen. Aber man weiß: Bei diesem Teilchen, dem „Graviton", müsste es sich um ein masseloses, elektrisch ungeladenes Boson mit Spin 2 handeln.

Alle diese Teilchen sind ununterscheidbar. Jedes Elektron im Universum gleicht jedem anderen Elektron im Universum. Sie gleichen einander nicht bloß wie ein Ei dem anderen, sondern sie sind ganz prinzipiell identisch.

Das ist ein wichtiger Unterschied: Zwei Eier, zwei gleichwertige Geldscheine oder zwei frisch gedruckte Ausgaben desselben Buchs sehen für uns vielleicht auch gleich aus, aber sie haben trotzdem jeweils eine individuelle Identität. Man kann immer winzige Unterschiede zwischen den beiden Geldscheinen finden. Man kann den Umschlag eines Buchs ein kleines bisschen zerknittern. Aber es gibt niemals eine Möglichkeit, ein Elektron zu markieren oder es auf irgendeine Weise von einem anderen zu unterscheiden. Elektron ist Elektron. Und für alle anderen Teilchensorten gilt das ganz genauso.

Das Pauli-Prinzip

Von Unterschieden zwischen Elektronen können wir nur dann sprechen, wenn sie sich in unterschiedlichen Zuständen befinden – wenn sie zum Beispiel unterschiedliche Geschwindigkeiten haben, oder unterschiedlichen Spin, oder an unterschiedliche Atomkerne gebunden sind. Aber was passiert, wenn sich zwei identische Teilchen am selben Ort befinden, in genau demselben Zustand? Ist das überhaupt möglich? Oder leiden sie dann unter einer quantenphysikalischen Identitätskrise?

Das hängt ganz davon ab, um welche Teilchen es sich handelt: Materieteilchen – also Fermionen mit halbzahligem Spin – verhalten sich in diesem Fall völlig anders als Kraftteilchen – also Bosonen mit ganzzahligem Spin. Kraftteilchen können sich problemlos im selben Zustand befinden. Wenn mehr Kraftteilchen da sind, dann haben wir es einfach mit einer stärkeren Kraft zu tun.

Bei Materieteilchen ist das anders. Für Fermionen gilt die Regel: Jeder mögliche Teilchenzustand kann nur von höchstens einem Teilchen eingenommen werden. Niemals können sich zwei Fermionen – etwa zwei Elektronen – in genau demselben Zustand befinden. Das ist das berühmte „Pauli-Prinzip", für dessen Entdeckung Wolfgang Pauli 1945 mit dem Nobelpreis für Physik ausgezeichnet wurde.

Für die Physik der Atome hat dieses Pauli-Prinzip eine ganz wichtige Bedeutung. Wir wissen bereits, dass es in einem Atom ganz bestimmte Elektronen-Zustände gibt – einen von ihnen muss das Elektron einnehmen, wenn es an den Atomkern gebunden sein soll. Diese Elektronenzustände im Atom kann man nun durchnummerieren wie die Sprossen einer Leiter – angefangen beim ersten Zustand mit der allerniedrigsten Energie bis hinauf zu Zuständen mit immer mehr Energie.

Wenn unser Atom nur ein einziges Elektron hat, dann wird dieses Elektron wahrscheinlich den Zustand mit der niedrigsten Energie einnehmen, ganz nah am Atomkern. Man kann sich das so ähnlich vorstellen wie eine Kugel, die man in eine Schüssel rollen lässt – auch sie wird im Zustand niedrigster Energie liegen bleiben, nämlich ganz unten.

Aber was passiert, wenn wir unserem Atom jetzt noch weitere Elektronen hinzufügen wollen? Das Pauli-Prinzip sagt: Sie dürfen sich niemals in einem Zustand befinden, in dem sich bereits ein anderes Elektron befindet. Jedes Elektron muss seinen eigenen Zustand bekommen. Beim zweiten Elektron ist das noch relativ einfach: Wir setzen es genau dorthin, wo bereits das erste Elektron sitzt, aber geben ihm einen anderen Spin: Ein Elektron „Spin up", das andere „Spin down", damit befinden sich die beiden Elektronen in unterschiedlichen Zuständen und das Pauli-Prinzip wird eingehalten. Aber ein drittes Elektron bringen wir dort nicht mehr unter – es muss also einen Zustand höherer Energie einnehmen.

Wir können auf diese Weise immer größere Atome erzeugen, mit einer immer größeren Zahl von Elektronen. Der Bereiche in der Mitte des Atoms, ganz nah am Atomkern, wird immer weiter aufgefüllt, die neuen Elektronen müssen Zustände in immer größerem Abstand vom Atomkern einnehmen. So entstehen die Elektronenschalen, die für die chemischen Eigenschaften der Atome verantwortlich sind: Wenn sich zwei Atome begegnen, dann geraten die äußeren Elektronen in Kontakt miteinander, und in bestimmten Fällen kann es dann passieren, dass sich die Atome ein solches Elektron teilen – eine chemische Bindung ist entstanden.

Ohne das Pauli-Prinzip wäre das alles völlig anders. Die allermeisten Elektronen würden sich ganz nah am Atomkern versammeln, der Zustand niedrigster Energie wäre meistens von vielen Elektronen gleichzeitig besetzt. Komplexe Chemie wäre unmöglich, es gäbe keine interessanten Moleküle, Leben hätte sich nie entwickelt. Im ganzen Universum gäbe es bloß unspektakuläre Mini-Atome und niemanden, der sich darüber Gedanken machen könnte, warum das so ist.

Genau dieses Pauli-Prinzip spielt auch eine wichtige Rolle, wenn wir gegen eine Wand laufen, jemandem die Hand schütteln oder eine Katze streicheln: Wenn wir etwas berühren, dann kommen Elektronen in Kontakt miteinander. Das Pauli-Prinzip sagt aber, dass sie nicht denselben Zustand einnehmen können, und deshalb leisten sie Widerstand, wenn man versucht, sie an denselben Ort zu drängen. Dieser Effekt – in Kombination mit der elektrischen Abstoßung geladener Teilchen – macht Materie undurchdringlich. Die Kräfte zwischen den Teilchen und das Pauli-Prinzip sind der Grund, warum wir nicht durch Wände gehen können.

Chandrasekhar und der Tod der Sterne

Ganz besonders interessante Konsequenzen hat das Pauli-Prinzip in Sternen, die das Ende ihrer Lebenszeit erreicht haben. In einem gewöhnlichen Stern wie unserer Sonne herrschen zwei entgegengesetzte Kräfte, die sich im Gleichgewicht befinden: Einerseits die Schwerkraft, die alle Atome des Sterns nach innen zieht, und andererseits die Kraft nach außen, die durch den gewaltigen Druck im heißen Inneren des Sterns entsteht.

Über solche Effekte dachte der indische Physiker Subrahmanyan Chandrasekhar im Jahr 1930 nach, als er neunzehn Jahre alt war. Er hatte gut zwei Wochen Zeit – so lange dauerte damals eine Schiffsreise von Madras in Indien nach England, wo der junge Wissenschaftler sein Studium an der Universität Cambridge fortsetzen wollte. Chandrasekhar wusste: Wenn ein Stern seinen Brennstoff verbraucht hat und auskühlt, dann sinkt auch der Druck, die Schwerkraft setzt sich durch und der Stern kollabiert unter seinem eigenen Gewicht.

Aber das Pauli-Prinzip stemmt sich in diesem Fall der Gravitation entgegen. Die Schwerkraft kann den Stern nicht beliebig stark zusammenziehen, denn jedes Elektron muss seinen eigenen Zustand haben. Wenn im Zentrum des Sterns alle Elektronenplätze besetzt sind, müssen sich die anderen Elektronen ein bisschen weiter draußen ansiedeln, auch wenn sie von der Schwerkraft extrem stark Richtung Mitte gezogen werden. Durch das Pauli-Prinzip ergibt sich eine neue Art von Druck, der sogenannte „Entartungsdruck“ – die Kraft, mit der sich Elektronen aufgrund des Pauli-Prinzips dagegen sträuben, in denselben Zustand gepresst zu werden.

Subrahmanyan Chandrasekhar erkannte allerdings: Wenn die Masse des Sterns eine gewisse Grenze überschreitet, dann reicht auch dieser Entartungsdruck der Elektronen nicht mehr aus, um den Gravitationskollaps abzuwenden. Irgendwann wird die Gravitation so stark, dass es zu einer Umwandlung der Teilchen kommt: Elektronen und Protonen werden ineinandergedrückt und in Neutronen umgewandelt – übrig bleibt ein Neutronenstern. Während seiner Schiffsreise konnte Chandrasekhar diese Obergrenze für den Entartungsdruck der Elektronen berechnen. Er wurde später durch seine astrophysikalischen Forschungen weltberühmt und erhielt 1983 den Nobelpreis für Physik.

Neutronensterne sprengen jede menschliche Vorstellungskraft. Sie haben kaum etwas mit der Materie zu tun, wie wir sie kennen. Ein Neutronenstern hat mehr Masse als unsere Sonne, aber nur einen Radius von einigen Kilometern. Ein Stück Neutronenstern-Materie in der Größe eines Stecknadelkopfes hat eine Masse in der Größenordnung von einer halben Million Tonnen – das entspricht mehreren tausend Eisenbahnlokomotiven. Die Oberfläche eines solchen Neutronensterns ist extrem glatt. Selbst ein Hügel von nur einigen Millimetern Höhe würde von der extremen Schwerkraft des Neutronensterns sofort eingeebnet werden.

Der Tunneleffekt

Wir wissen jetzt, warum uns eine Wand aufhält, wenn wir dagegenlaufen – aber eine kleine Hintertür lässt uns die Quantenphysik trotzdem noch offen: Die Welleneigenschaften der Materie lassen es nämlich zu, dass bestimmte Barrieren prinzipiell durchdrungen werden können, auch wenn es auf den ersten Blick nicht so aussieht – das ist der sogenannte Tunneleffekt.

Um den Tunneleffekt zu verstehen, stellen wir uns zunächst eine ganz klassische Kugelbahn vor, mit Hügeln und Tälern. Wir lassen die Kugel los, sie rollt den Hügel hinunter und wird dabei immer schneller. Ganz unten ist ihre Bewegungsenergie am größten, danach rollt sie bergauf und wird dabei wieder langsamer. Angenommen, es handelt sich um eine perfekte Kugelbahn ohne jede Reibung – dann wird die Kugel mit ihrem Schwung so weit hinaufrollen, dass sie am Ende exakt dieselbe Höhe erreicht, die sie auch am Anfang hatte.

Wenn der Hügel höher ist als der Ausgangspunkt der Kugel, dann kann sie diesen Hügel niemals überwinden. Um den Gipfel zu erreichen, müsste die Kugel mehr Energie haben, als ihr zur Verfügung steht. Dieser Gipfel ist für die Kugel verbotenes Gebiet, dort kann sie sich nicht aufhalten.

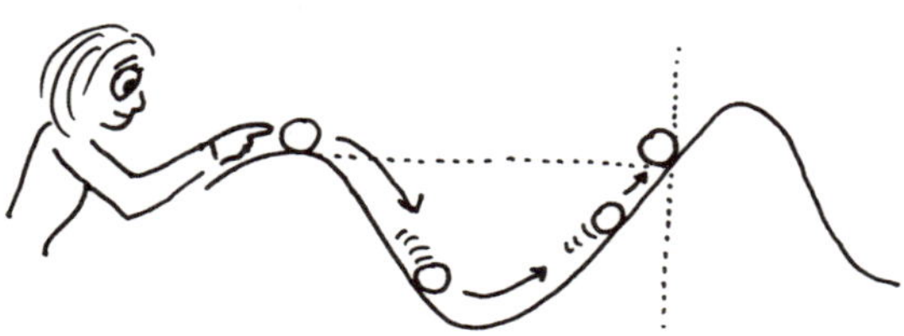

Wenn die Kugel zuerst unbewegt am linken Gipfel liegt und dann vorsichtig angestupst wird, kann sie auf der anderen Seite des Tals nach oben rollen – aber nur bis zu der Höhe, die sie am Anfang hatte. Der Gipfel rechts ist für die Kugel unerreichbar.

Aber wie wäre das, wenn die Kugel eine Quantenwelle wäre? Wellen können im Gegensatz zu Teilchen eine Barriere durchdringen – zumindest in abgeschwächter Form. Ein Gummiball ist etwas Teilchenhaftes – wenn ich ihn gegen die Tür werfe, prallt er einfach ab. Seine Energie reicht einfach nicht aus, um die Kräfte der Tür zu überwinden – außer ich bin ein erstaunlich kräftiger Gummiballwerfer mit der Bereitschaft, meine Tür zu zerstören. Wenn ich aber laut singe und somit eine Schallwelle an die Tür werfe, dann kann diese Schallwelle in die Tür eindringen und kommt auf der anderen Seite etwas gedämpft wieder heraus.

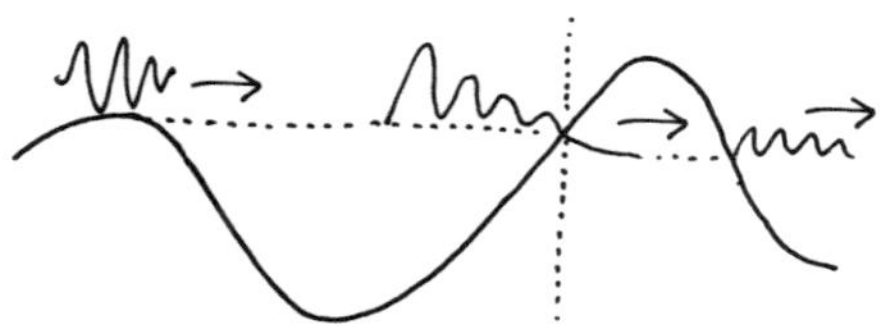

Die quantenphysikalische Variante der Kugelbahn: Von links schicken wir eine Welle los, sie erreicht dann den rechten Hügel, dringt ein bisschen in den Hügel ein und kommt (etwas abgeschwächt) am anderen Ende wieder heraus.

Würden wir eine quantenphysikalische Welle auf eine Reise durch eine mikroskopisch kleine Kugelbahn schicken, würde etwas ganz Ähnliches passieren: Die Welle würde auch in den Bereich des Gipfels hineinschwappen, in dem sich die klassische Kugelbahn-Kugel nicht aufhalten kann. Und wenn der Hügel schmal genug ist, dann kann ihn die Quantenwelle durchdringen und auf der anderen Seite wieder hervorschwappen.

Es ist, als gäbe es eine Art „Tunnel“, der von einer Seite des Hügels zur anderen Seite führt. Die Teilchenwelle durchdringt den Hügel, ohne den verbotenen Gipfel bezwingen zu müssen.

Wenn eine Teilchenwelle auf diese Weise auf eine Barriere trifft, wird sie in zwei Teile aufgeteilt, ähnlich wie beim Doppelspaltexperiment: Ein Teil der Welle wird reflektiert, ein anderer Teil durchdringt die Barriere und schwappt auf der anderen Seite wieder hervor. Wie groß diese beiden Teile sind, hängt von der Form und von der Größe der Barriere ab.

Wenn wir danach messen, auf welcher Seite der Barriere sich das Teilchen nun befindet, lässt sich das Ergebnis nicht vorhersagen – es ist purer Zufall. Die Welle befindet sich sowohl auf der einen als auch auf der anderen Seite der Barriere. Erst die Messung des Teilchens legt fest, ob es die Barriere durchdrungen hat oder nicht.

Marie Curie und der radioaktive Zerfall

Dieser Tunneleffekt spielt beim radioaktiven Alpha-Zerfall eine entscheidende Rolle. Im Kern eines Uran-Atoms befinden 92 Protonen. Sie sind positiv geladen und stoßen einander daher ab. Gäbe es im Atomkern nur diese Abstoßungskräfte, dann würden die Protonen augenblicklich in alle Richtungen davonfliegen, der Atomkern würde explodieren. Aber es gibt zusätzlich auch noch die starke Kernkraft, die (auf etwas komplizierte Weise, die hier nicht entscheidend ist) für eine Anziehung zwischen den Teilchen im Atomkern sorgt – allerdings nur auf kurze Distanzen.

Daraus ergibt sich insgesamt eine Art „Wand“ rund um den Atomkern – ein „Energie-Hügel“, den die Kernteilchen nicht so leicht überwinden können. Deshalb bleiben sie dort, wo sie sind. Doch aufgrund des Tunneleffekts kann es passieren, dass ein sogenanntes Alphateilchen – ein Verbund aus zwei Protonen und zwei Neutronen – diese Barriere durchdringt und den Atomkern verlässt.

Klassisch gesehen hat das Alphateilchen eigentlich nicht genug Energie, um dem Atomkern zu entkommen – genau wie unsere Kugel nicht genug Energie hatte, um den Kugelbahnhügel zu überwinden. Aber weil das Alphateilchen quantenphysikalisch als Welle betrachtet werden muss, schwappt es immer ein bisschen in diesen Energiehügel hinein. Und irgendwann kann es durch puren Zufall passieren, dass dieses Teilchen den Energiehügel durchdringt und davonfliegt. Nun ist der Atomkern radioaktiv zerfallen – man spricht in diesem Fall von einem „Alpha-Zerfall".

Wenn das geschieht, hat sich ein Element in ein anderes umgewandelt – aus Uran zum Beispiel wird Thorium. Dieser Vorgang ereignet sich völlig zufällig. Niemand kann wissen, ob ein radioaktives Atom in der nächsten Stunde zerfallen wird oder nicht. Man könnte sagen: Ein radioaktives Atom befindet sich ständig in einem Überlagerungszustand aus „zerfallen" oder „nicht zerfallen", solange man keine Messung durchführt – solange der Rest des Universums nichts vom Schicksal des Atoms erfährt.

Mit solchen radioaktiven Elementen beschäftigte sich Marie Skłodowska Curie gemeinsam mit ihrem Mann Pierre Curie schon Ende des neunzehnten Jahrhunderts – also bereits lange bevor man Radioaktivität quantenphysikalisch erklären konnte. Es zeigte sich, dass die Kerne, die nach einem radioaktiven Zerfall übrig bleiben, ebenfalls radioaktiv sein können. Dann zerfallen sie noch einmal in kleinere Kerne: Nachdem aus Uran zuerst Thorium geworden ist, kann sich Thorium in Radium umwandeln, Radium in Radon, Radon in Polonium. Durch die Untersuchung solcher Zerfallsketten konnte Curie verschiedene neue Elemente entdecken.

Marie Curie gehört zu den ganz wenigen Menschen, die für ihre wissenschaftlichen Leistungen gleich mit zwei Nobelpreisen ausgezeichnet wurden: Für die Erforschung radioaktiver Strahlung erhielt sie 1903 den Physik-Nobelpreis, für die Entdeckung der Elemente Radium und Polonium wurde sie dann 1911 auch noch mit dem Chemie-Nobelpreis ausgezeichnet.

Verrückterweise wurde ihr genau im selben Jahr noch die Aufnahme in die Pariser Académie des sciences verweigert: Frauen hatte es damals in der prestigeträchtigen Pariser Akademie noch nie gegeben. Außerdem hatte sie damals eine Affäre mit einem verheirateten, etwas jüngeren Mann – mit Paul Langevin, einem Schüler ihres inzwischen verstorbenen Manns Pierre. Die Boulevardpresse schrieb böse Artikel über sie. Albert Einstein war entsetzt darüber: „Wenn sich der Pöbel noch weiter mit Ihnen befasst, so lesen Sie einfach das Gewäsch nicht", schrieb er ihr.

All die Anfeindungen änderten freilich nichts daran, dass Marie Curie für immer eine der überragenden Persönlichkeiten der Naturwissenschaft bleibt. Bei den berühmten Solvay-Konferenzen etwa, bei denen sich eine erlesene Weltelite der Physik traf, um im kleinen Kreis die wichtigsten neuen Fragen der Quantentheorie zu diskutieren, war sie bis zu ihrem Tod jedes Mal dabei. Das Element Polonium wurde nach Marie Curies ursprünglicher Heimat Polen benannt, und als man im Jahr 1944 in Berkeley, Kalifornien, ein neues Element entdeckte, gab man ihm zu Ehren von Marie und Pierre Curie den Namen „Curium".

Autsch!

Marie Curies glänzende Karriere beruhte also ganz wesentlich auf dem Phänomen, dass Teilchen manchmal dem Atomkern entkommen, indem sie mithilfe des Tunneleffekts eine Energiebarriere durchdringen. Aber warum können wir Menschen das dann nicht auch? Wenn wir gegen eine Wand laufen, die uns einen Widerstand entgegensetzt, ist es dann nicht ebenso möglich, dass wir manchmal, ganz selten, durch puren Zufall diese Wand durchdringen, wenn wir es nur oft genug probieren? Wenn jede Materie Welleneigenschaften hat, dann muss das doch auch für uns gelten.

Prinzipiell ist das nicht ausgeschlossen, aber wenn man die Wahrscheinlichkeit dafür ausrechnet, stellt man fest, dass die Strategie eher hoffnungslos ist: Die Wahrscheinlichkeit für einen erfolgreichen Tunneleffekt ist umso kleiner, je größer das Objekt ist, das tunneln soll – und wir sind ziemlich viel größer als ein Alphateilchen. Die Wahrscheinlichkeit ist außerdem umso kleiner, je dicker die Barriere ist – und eine Wand ist ziemlich viel dicker als die Energiebarriere im Atomkern.

Rein rechnerisch ist die Wahrscheinlichkeit, als Mensch durch eine Wand zu tunneln, derart unvorstellbar gering, dass wir unvergleichlich viel länger, als Sonne oder Erde existieren, pausenlos gegen eine Wand laufen können, ohne auch nur den Hauch einer realistischen Chance zu haben, bei irgendeinem dieser Versuche aufgrund des Tunneleffekts am anderen Ende herauszukommen.

Wenn man den Schlüssel verloren hat, ist es also auch für quantenphysikalisch gebildete Leute klüger, den Schlüsseldienst zu holen.

Quantenverschränkung und die „spukhafte Fernwirkung“

Warum Quantenteilchen keine Socken sind, wie eine Messung an einem Teilchen den Zustand eines anderen, weit entfernten Teilchens beeinflusst und wie man beweist, dass uns die Natur nicht mit verborgenen Variablen austrickst: die Natur der Quantenverschränkung.

Reinhold Bertlmann, ein junger Physiker am CERN in Genf, hatte eine merkwürdige Angewohnheit: Er trug immer zwei verschiedene Socken. Niemals hatte die linke Socke dieselbe Farbe wie die rechte. Darauf konnte man sich verlassen.

Angenommen, Herr Bertlmann verrät uns, dass er heute die Farben rot und blau gewählt hat. Was wissen wir nun? Wir haben dadurch Information über das Gesamtsystem „linke Socke und rechte Socke“ gewonnen. Aber sowohl die Farbe der linken Socke als auch die Farbe der rechten Socke ist uns immer noch unbekannt.

Wir brauchen aber jetzt nur ein einziges Experiment, um beide Sockenfarben gleichzeitig zu bestimmen: Wenn Bertlmann sein linkes Hosenbein hochzieht und wir darunter eine rote Socke erkennen, dann wissen wir: Unter dem rechten Hosenbein muss sich die blaue Socke befinden – oder umgekehrt. Die Beobachtung der einen Socke liefert augenblicklich auch Information über die andere Socke.

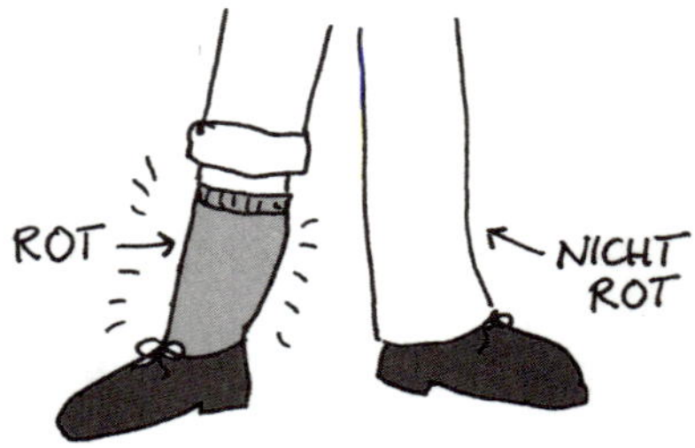

Der Physiker John Stewart Bell arbeitete Anfang der 1980er-Jahre ebenfalls am CERN – und er verwendete die Socken seines jungen Kollegen Reinhold Bertlmann als Beispiel, um zu erklären, dass wir manchmal ein Objekt messen und dadurch gleichzeitig Information über ein anderes Objekt erhalten können. „Bertlmann's socks and the nature of reality" lautete der Titel des Artikels, in dem Bell den Unterschied zwischen klassischen Messungen und Quantenmessungen erklärte – und damit Bertlmanns Socken in Physik-Kreisen berühmt machte.

Aus dem jungen CERN-Mitarbeiter wurde später selbst ein angesehener Physik-Professor in Wien, der wichtige Fachartikel über fundamentale Fragen der Quantentheorie schrieb. Seine Angewohnheit, verschiedenfarbige Socken zu tragen, behielt er bei. Und bereitwillig präsentierte er auf Anfrage immer wieder seine Socken, egal ob man ihn am Institut traf oder in der Staatsoper – auch wenn ihm eine andere Art von Ruhm möglicherweise lieber gewesen wäre: „Alle wollen meine Socken sehen, aber nicht meine Artikel!", beklagte er sich.

Der lokale Realismus

Bertlmanns Socken sind ein typisches Beispiel für klassische Objekte, wie wir sie aus dem Alltag gewohnt sind: Egal, ob man die Socken sieht oder nicht – sie haben eine Farbe. Diese Farbe wird nicht vom Beobachter festgelegt, wenn er einen Blick auf die Socken wirft, sondern sie ist eine schon vorher eindeutig gegebene Tatsache. Diese Sichtweise, dass es eine eindeutige, objektive Wirklichkeit gibt, bezeichnet man als „Realismus".

Außerdem ist die Farbe der Socken ein lokales Phänomen. Die Information über die Farbe einer Socke befindet sich genau dort, wo sich die Socke befindet. Nirgendwo sonst. Und wenn ein Ereignis irgendwo im Universum stattfindet, wo sich die Socke momentan nicht befindet, dann kann dieses Ereignis die Socke in diesem Augenblick nicht beeinflussen. Das ist das Prinzip der „Lokalität“.

Normalerweise beeinflussen Dinge einander durch direkten Kontakt. Eine Fensterscheibe geht kaputt, weil sie direkten Kontakt mit einem Fußball hatte. Das Katzenfutter ist nicht mehr in der Katzenschüssel, weil es direkten Kontakt mit der Katze hatte. Zwei Magneten, die einander abstoßen, scheinen auf den ersten Blick zwar keinen direkten Kontakt zu haben, aber das ist ein Irrtum: Schließlich tauschen sie ununterbrochen unzählige Photonen miteinander aus – aus ihnen besteht die magnetische Abstoßungskraft.

Entscheidend für die Eigenschaft der Lokalität ist, dass Ursache und Wirkung höchstens mit Lichtgeschwindigkeit miteinander verbunden sein können. Das gehört zu den wichtigsten Grundsätzen von Albert Einsteins Relativitätstheorie: Keine Information im Universum kann sich schneller ausbreiten als das Licht. Somit kann auch keine Wechselwirkung schneller stattfinden als mit Lichtgeschwindigkeit.

Einsteins Relativitätstheorie sagt: Würde ein Signal diese kosmische Geschwindigkeitsbeschränkung verletzen, dann könnte man nicht mehr eindeutig sagen, ob dieses Signal in die Zukunft oder in die Vergangenheit reist. Man könnte nicht mehr zweifelsfrei feststellen, was zuerst kommt: Das Aussenden des Signals oder das Empfangen des Signals.

Wenn aber ein Signal empfangen wird, bevor es ausgesendet wurde, dann kommt die Ursache nach der Wirkung – Ursache und Wirkung tauschen ihre Plätze. Die logische Struktur der Wirklichkeit wäre gestört. Man könnte Bücher lesen, bevor sie geschrieben werden. Man könnte über einen Witz lachen, bevor ihn jemand erfunden hat. Es wäre ein sehr verwirrendes Universum.

Alle wissenschaftlichen Theorien, die man zu Beginn des zwanzigsten Jahrhunderts kannte, vertragen sich mit den Prinzipien des Realismus und der Lokalität ganz problemlos. Sogar für die Theorie der Gravitation gilt das – auch die Schwerkraft ist eine lokale Kraft. Das klingt vielleicht eigenartig, denn die Gravitation erscheint uns als Paradebeispiel einer berührungslosen Fernwirkung: Über beliebig große Distanzen hinweg können Planeten einander beeinflussen und Kräfte aufeinander ausüben.

Aber auch die Gravitation kann das Prinzip der Lokalität nicht verletzen, auch sie kann nur mit Lichtgeschwindigkeit Information übertragen. Wenn sich das Gravitationsfeld verändert, zum Beispiel weil zwei massive Neutronensterne kollidieren, dann spürt der Rest des Universums das erst, wenn sich die Information darüber in Form von Gravitationswellen ausgebreitet hat – und diese Gravitationswellen bewegen sich mit Lichtgeschwindigkeit.

Etwas unphysikalischer und unpräziser ausgedrückt könnte man sagen: Wenn es eine Möglichkeit gäbe, auf magische Weise unsere Sonne wegzuzaubern, dann würde sich die Erde trotzdem noch ungefähr acht Minuten lang genau auf derselben Bahn rund um die fortgezauberte Sonne weiterbewegen wie bisher. So lange würde die Information über das plötzliche Verschwinden der Sonne brauchen, um uns mit Lichtgeschwindigkeit zu erreichen, und erst dann würde die Erde pfeilgerade in die unendlichen Weiten des Alls davonfliegen.

Die Lichtgeschwindigkeit als Maximalgeschwindigkeit für Informationsübertragung gilt auch für Socken: Nehmen wir an, dass ich spontan beschließe, eine gelb-grün gestreifte Socke haben zu wollen. Wenn ich einen Sockenproduzenten kontaktiere, der mir dann Socken nach meinen Wünschen einfärbt, dann hat mein Entschluss über große Distanz die Färbung dieser Socke verändert – aber nicht augenblicklich, sondern mit einer gewissen Verzögerung. Meine Botschaft konnte maximal mit Lichtgeschwindigkeit von mir zum Sockenproduzenten reisen. Niemand wird behaupten, dass sich das Prinzip der Lokalität mit Socken aushebeln lässt.

Oft werden die Prinzipien „Realismus“ und „Lokalität“ zusammen betrachtet und als „lokaler Realismus“ bezeichnet: Dinge im Universum haben Eigenschaften, unabhängig von unserer Beobachtung und unserem Wissen darüber, und sie beeinflussen einander maximal mit Lichtgeschwindigkeit.

Quantenzwillinge

Albert Einstein war völlig überzeugt davon, dass diese Prinzipien des lokalen Realismus korrekt sein müssen. Ein Universum, das nicht dem lokalen Realismus gehorcht, konnte Einstein sich einfach nicht vorstellen. Aber lässt sich auch die Quantenphysik mit diesen Grundsätzen vereinen?

Um das zu klären, ist es besonders hilfreich, über Paare von Teilchen nachzudenken, die fest zusammengehören – gewissermaßen die quantenphysikalische Version von Bertlmanns Socken. Stellen wir uns zum Beispiel vor, wir haben ein Teilchen mit Spin null, das in zwei Spin-½-Teilchen zerfällt. Die beiden Teilchen fliegen davon – eines nach links, eines nach rechts.

Jedes dieser beiden Zwillingsteilchen kann nun zwei verschiedene Spin-Zustände annehmen: Entweder „Spin up“ oder „Spin down“. Aber wenn das ursprüngliche Teilchen Spin null hatte, dann müssen nach dem Zerfall die beiden Teilchen insgesamt ebenfalls Spin null haben, sonst wäre nämlich das Gesetz der Drehimpulserhaltung verletzt.

Das bedeutet, die Spins der beiden Teilchen müssen auf jeden Fall in unterschiedliche Richtungen zeigen: Wenn das

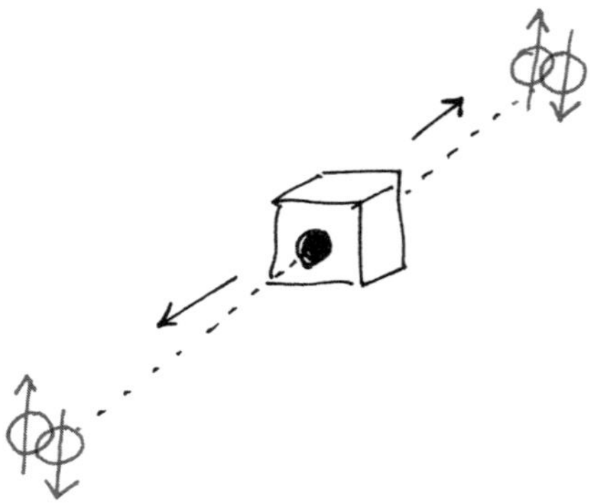

Ein Teilchen wird in die eine Richtung geschickt, das andere Teilchen in die andere Richtung. Beide befinden sich in einer Überlagerung aus „Spin up“ und „Spin down“. Aber wenn sie quantenverschränkt sind, dann kann es sein, dass trotzdem aus dem Spin des einen Teilchens zwingend auch der Spin des anderen Teilchens folgt.

linke Teilchen im Zustand „Spin up“ ist, muss sich das rechte Teilchen somit im Zustand „Spin down“ befinden – oder umgekehrt. Diese beiden Teilchen sind nun quantenverschränkt: Ihre Zustände hängen miteinander zusammen. Wenn wir den Spin des einen Teilchens messen, dann kennen wir augenblicklich auch den Spin seines Zwillingsteilchens.

Der entscheidende Punkt dabei ist nun: Jedes der beiden Teilchen befindet sich in einem Überlagerungszustand aus „Spin up“ und „Spin down“. Was bei einer Spin-Messung eines Teilchens herauskommen wird, lässt sich nicht sagen – diese Information existiert in diesem Moment einfach noch nicht. Erst wenn wir eines der beiden Teilchen messen, zwingen wir es dazu, sich für eine der beiden Möglichkeiten zu entscheiden.

Doch wenn die beiden Teilchen quantenverschränkt sind, dann wird dadurch im selben Augenblick auch der Zustand des anderen Teilchens festgelegt. Wenn ich das linke Teilchen messe und sich die Natur dafür entscheidet, dass es sich im Zustand „Spin up“ befindet, dann wird dadurch gleichzeitig auch der Zustand des rechten Teilchens entschieden – denn wir wissen: Die beiden müssen in jedem Fall unterschiedlichen Spin haben. Auch das rechte Teilchen befindet sich also plötzlich nicht mehr in einem Überlagerungszustand, sondern mit absoluter Sicherheit im Zustand „Spin down“. Das gilt auch dann, wenn sich die beiden Teilchen zu diesem Zeitpunkt an völlig unterschiedlichen Orten aufhalten.

Einstein und die „spukhafte Fernwirkung“

Es ist wichtig, sich die volle Tragweite dieser Tatsache klarzumachen: Auf den ersten Blick könnte man glauben, das sei gar nichts Besonderes. Bei Bertlmanns Socken haben wir schließlich auch durch eine Beobachtung Information über beide Socken erhalten. Wie weit die Socken voneinander entfernt sind, spielt dabei überhaupt keine Rolle. Wenn ich eine rote und eine blaue Socke habe, kann ich beide in einen Briefumschlag packen, einen Brief schicke ich nach Australien und einen nach Grönland – wir nehmen an, ich habe in beiden Ländern sockenbegeisterte Freunde. Der Sockenfreund in Grönland, der meinen Brief bekommt, weiß zunächst auch nicht, ob sich darin die rote oder die blaue Socke befindet. Aber wenn er den Brief öffnet und die rote Socke darin entdeckt, weiß er augenblicklich: In Australien muss die blaue Socke angekommen sein. Oder umgekehrt.

Das ist aber eine völlig andere Situation als bei den verschränkten Teilchen. Denn die Socken haben zu jedem Zeitpunkt eine eindeutige Farbe – man kann sie bloß nicht sehen, weil ich sie im Briefumschlag versteckt habe. Aber die Information über die Sockenfarbe existiert trotzdem schon vor dem Öffnen des Kuverts.

Das Teilchen hingegen befindet sich in einem Überlagerungszustand. Die Information über seinen Spin entsteht erst im Augenblick der Messung. Und im selben Augenblick entsteht auch beim anderen Teilchen ein eindeutiges Ergebnis – auch dieses Teilchen ist plötzlich nicht mehr in einem Überlagerungszustand.

Und genau das ist der Punkt, der Albert Einstein völlig unmöglich erschien: Wenn eine Messung an einem Ort augenblicklich eine Auswirkung an einem anderen Ort mit sich bringt – sind dann nicht Ursache und Wirkung mit Überlichtgeschwindigkeit miteinander verbunden? Wenn im selben Augenblick die Quantenüberlagerung bei beiden Teilchen an weit voneinander entfernten Orten kollabiert, verstößt das nicht gegen die Relativitätstheorie und ihr Gesetz, dass sich keine Information im Universum schneller als mit Lichtgeschwindigkeit ausbreiten kann?

Im Jahr 1935 veröffentlichte Albert Einstein gemeinsam mit den Physikern Boris Podolsky und Nathan Rosen einen Artikel über genau dieses Problem. Als „Einstein-Podolsky-Rosen-Paper“ (oft als „EPR“ abgekürzt) wurde es zu einem der bekanntesten und wichtigsten Fachartikel der Physikgeschichte. Die drei Autoren präsentierten die Situation ein bisschen anders als hier dargestellt – sie schrieben nicht über Teilchen mit verschränktem Spin, sondern sie betrachteten Ort und Impuls der Teilchen, aber die Aussage ist dieselbe: Wenn die Messung eines Teilchens den Zustand eines anderen Teilchens an einem anderen Ort verändert, dann ist das Prinzip der Lokalität verletzt.

Einstein war davon überzeugt, dass so etwas nicht sein kann. Wenn die Messung am einen Teilchen auch den Zustand des anderen Teilchens festlegen würde, dann wäre das doch eine „spukhafte Fernwirkung“, meinte er. Und an Spuk will man als Physiker nicht glauben. Für Einstein schien die Schlussfolgerung klar: Mit dieser Quantentheorie stimmt etwas nicht, irgendetwas Wichtiges muss man bisher noch übersehen haben, die Wellenfunktion kann keine vollständige Beschreibung der physikalischen Realität sein.

Aber diese angebliche „spukhafte Fernwirkung“ lässt sich im Experiment untersuchen. Meistens verwendet man dafür nicht den Spin von Teilchen, sondern die Polarisation von Photonen – das ist technisch einfacher. Es gibt bestimmte Kristalle, mit denen man ganz gezielt Paare verschränkter Photonen herstellen kann: Man schickt ein Photon hinein, und heraus kommen zwei Photonen mit jeweils halb so großer Energie. Und wenn man das richtig macht, dann bekommt man auf diese Weise Photonenpaare, bei denen ein Photon horizontal und ein Photon vertikal polarisiert ist – und zwar auf quantenverschränkte Weise. Jedes der Photonen befindet sich in einem Überlagerungszustand aus horizontal und vertikal. Wenn man ein Photon misst, dann kennt man sofort auch den Zustand des anderen Photons.

Diese beiden Photonen können wir nun in unterschiedliche Richtungen fliegen lassen, bis sie viele Kilometer weit voneinander entfernt sind. Wenn wir nun die Polarisationsrichtung eines Photons messen, dann haben wir immer fünfzig Prozent Wahrscheinlichkeit, das Ergebnis „horizontal“ zu bekommen, und fünfzig Prozent Wahrscheinlichkeit für das Ergebnis „vertikal“ – ganz egal, ob wir das rechte oder das linke Photon untersuchen.

Aber was passiert nun, wenn wir an beiden Seiten Messungen durchführen, und zwar fast zur gleichen Zeit? Angenommen, wir beginnen mit dem linken Photon und messen, dass es horizontal polarisiert ist. Einen Augenblick später messen wir dann auch die Polarisation des rechten Photons – und zwar so kurz nach der ersten Messung, dass selbst mit Lichtgeschwindigkeit keine Botschaft von der ersten Messung zur zweiten Messung gelangen kann.

Wenn Beeinflussung tatsächlich nur mit Lichtgeschwindigkeit möglich ist, bedeutet das: Durch die erste Messung wurde zwar der Zustand des ersten Photons festgelegt, aber die Nachricht über diese Festlegung kann noch nicht zum zweiten Photon gelangt sein. Das zweite Photon kann also noch nichts über die erste Messung wissen und müsste somit in fünfzig Prozent der Fälle horizontal und in fünfzig Prozent der Fälle vertikal polarisiert sein.

Wenn die Messung an einem der Teilchen allerdings augenblicklich den Zustand beider Teilchen festlegt, dann sollte das keine Rolle spielen: Dann kommt es ohne Zeitverzögerung spontan zum Kollaps der Wellenfunktion bei beiden Photonen. Wenn das erste Photon horizontal polarisiert ist, muss in hundert Prozent der Fälle das zweite Photon vertikal polarisiert sein – und umgekehrt. Und genau das ist es, was man im Experiment beobachtet.

Es gibt kein Quantentelefon

Aber was bedeutet das nun? Auch wenn das EPR-Experiment zu den seltsamsten und verwirrendsten Überlegungen der gesamten Physik gehört – auch hier muss man vorsichtig sein, die Sache nicht mystischer und komplizierter darzustellen, als sie in Wahrheit ist. Die Quantenverschränkung verstößt nämlich nicht gegen die Relativitätstheorie. Es kommt nicht zu einer überlichtschnellen Informationsübertragung – weil hier nämlich bei genauerer Betrachtung überhaupt keine Information übertragen wird.

Manchmal wird Quantenverschränkung fälschlicherweise so dargestellt, als könnte eine Manipulation des einen Teilchens bewirken, dass gleichzeitig auch das quantenverschränkte Partnerteilchen manipuliert wird. Als könnte man ein Atom plötzlich ein bisschen zum Wackeln bringen und sein quantenverschränktes Partneratom würde dann auf magische Weise mitwackeln. Das wäre spannend – dann könnte man ein Quantentelefon bauen, die Lichtgeschwindigkeit überlisten und völlig ohne Zeitverzögerung mit Robotern auf dem Mars kommunizieren. Aber so funktioniert das nicht.

Eine Manipulation an einem Teilchen wird nicht auf das andere Teilchen übertragen. Es ist völlig falsch, sich Quantenverschränkung als eine Art „telepathische Verbindung“ zwischen zwei Teilchen vorzustellen, als gäbe es eine unsichtbare Schnur, über die sie miteinander kommunizieren.

Die beiden verschränkten Teilchen sind gewissermaßen ein einziges Quantenobjekt – sie lassen sich nicht getrennt voneinander beschreiben, genauso wenig wie sich beim Klatschen der Klang der rechten Hand getrennt vom Klang der linken Hand beschreiben lässt. Beides ergibt nur in Kombination Sinn. Die beiden verschränkten Teilchen sind quantenphysikalisch betrachtet ein einziges Ding, das sich eben an zwei unterschiedlichen Orten aufhält.

Und wenn man dieses Objekt misst – egal wo –, dann wird sein Zustand festgelegt. Vorher war es ein Überlagerungszustand, nachher nicht mehr. Und dieses „Nicht-mehr-im-Überlagerungszustand-Sein“ betrifft augenblicklich beide Teilchen. Es muss nicht mit Lichtgeschwindigkeit vom Ort der Messung zum anderen Teilchen reisen, es ist sofort da.

Das „Nicht-mehr-im-Überlagerungszustand-Sein“ ist aber keine physikalische Eigenschaft, zumindest nicht in dem Sinn, in dem die Geschwindigkeit oder der Spin eines Teilchens eine physikalische Eigenschaft ist. Ob sich etwas in einem Überlagerungszustand befindet oder in einem eindeutigen Zustand, ist gewissermaßen Ansichtssache – es hängt schließlich davon ab, welche Messung ich durchführe: Ein Photon, das durch einen Polfilter fliegt, hat danach bezüglich dieses Filters einen ganz eindeutigen Zustand. Wenn ich den nächsten Polfilter aber in eine etwas andere Richtung drehe, ist es in Bezug darauf plötzlich in einem unbestimmten Zustand, und niemand weiß, ob es hindurchgelangen wird.

Wenn ich durch eine Messung an einem Teilchen auch das andere Teilchen vom Überlagerungszustand in ein „Nicht-mehr-im-Überlagerungszustand-Sein" überführe, dann wird auf dieses Teilchen dadurch keine physikalische Wirkung ausgeübt. Es ist kein Kick, kein Impuls, keine Drehung – bloß eine Zustandsfestlegung. Man könnte, etwas unpräzise formuliert, auch sagen: Das verschränkte Teilchen spürt davon nichts.

Vielleicht sollte man sich das eher so ähnlich vorstellen wie die Erbfolge in Königsfamilien: Als die britische Königin Elizabeth II. starb, wurde ihr Sohn Charles König. Und zwar augenblicklich, ohne Zeitverzögerung. Der Zustand der Königlichkeit musste sich nicht mit Lichtgeschwindigkeit von der verstorbenen Königin zum neuen König ausbreiten – sie war spontan da. So sind die Regeln. Für den neuen König spielte das freilich in diesem Moment keine Rolle.

Wäre er in diesem Augenblick mit einem Raumschiff beim Mars unterwegs gewesen, hätte ihn auch eine mit Lichtgeschwindigkeit verschickte Nachricht darüber erst einige Minuten später erreichen können. Dann erst hätte er erfahren, dass er bereits seit einigen Minuten König ist. Alle praktischen Auswirkungen des spontan übertragenen Königstitels werden erst mit Zeitverzögerung spürbar.

Auch die Tatsache, dass eine Messung den Zustand eines Teilchens festgelegt hat, wird erst später spürbar – etwa wenn mit beiden Teilchen Messungen durchgeführt wurden und wir die Ergebnisse danach vergleichen. Dafür muss aber jemand, der das eine Teilchen gemessen hat, mit jemandem reden, der das andere Teilchen gemessen hat. Und diese Kommunikation ist wieder höchstens mit Lichtgeschwindigkeit möglich.

Fest steht jedenfalls: Eine Messung an quantenverschränkten Teilchen ist keine Informationsübertragung. Denn von Informationsübertragung kann ich nur sprechen, wenn ich kontrollieren kann, welche Information auf der anderen Seite ankommt. Das Resultat einer Quantenmessung ist aber immer völlig zufällig. Ich habe keine Möglichkeit, irgendwie zu entscheiden, ob mein Photon sich bei der Messung horizontal oder vertikal polarisiert zeigt – und somit kann ich auch nicht beeinflussen, welche Polarisationsrichtung viele Kilometer entfernt beim anderen Teilchen gemessen wird.

Die Messung erzeugt bloß zufällige Ergebnisse. Wir können mithilfe der Quantenverschränkung dafür sorgen, dass an zwei verschiedenen Orten im Universum gleichzeitig miteinander fest zusammenhängende Zufallswerte entstehen. Es ist äußerst interessant, dass so etwas möglich ist – aber eine Informationsübertragung ist es nicht.

Die verborgenen Variablen – eine Hintertür für lokalen Realismus?

All das ist aber noch keine echte Widerlegung des lokalen Realismus. Ein ganz entscheidender Punkt fehlt noch. Bisher haben wir immer behauptet, dass Quantenzufall eine ganz fundamentale und unüberwindbare Form des Zufalls ist: Das Ergebnis einer Quantenmessung erscheint uns nicht bloß deshalb zufällig, weil wir das Ergebnis nicht vorhersagen können, sondern die Natur selbst hat sich bis zur Messung noch nicht festgelegt. Das Messergebnis entsteht erst im Augenblick der Messung.

Aber woher wollen wir das wissen? Es ist zweifellos eine sinnvolle und einfache Art, Beobachtungen wie etwa das Doppelspaltexperiment zu erklären. Aber können wir uns darauf verlassen? Vielleicht hatte Einstein doch recht und die Quantentheorie, wie wir sie bisher kennen, ist einfach nicht vollständig? Vielleicht hat das Messergebnis überhaupt nichts mit Zufall zu tun, sondern die Natur hat sich doch schon vor der Messung entschieden? Vielleicht ist die Information über das bevorstehende Messergebnis längst festgeschrieben – wir wissen bloß nicht, wo und wie?

Solche Arten von Information bezeichnet man als „verborgene Variablen“. Wir könnten uns zum Beispiel vorstellen, dass bereits bei der Erzeugung eines verschränkten Photonenpaars auf irgendeine bisher völlig unbekannte Weise beiden Photonen einprogrammiert wird, welches Ergebnis sie bei einer Messung liefern sollen. Es wäre dann dieselbe Situation wie bei der roten und der blauen Socke, die ich nach Australien und Grönland schicke: Welche Socke ich wohin sende, mag purer Zufall sein. Aber schon beim Abschicken steht das Ergebnis fest. Der Briefumschlag, der die Socke enthält, trägt eine verborgene Variable mit sich – nämlich die Farbe der Socke, die bereits real ist, auch wenn ich sie noch nicht sehen kann.

Aber wie ist das bei Quantenteilchen? Gibt es da solche verborgenen Variablen? Man könnte glauben, das sei eine sinnlose Frage, weil sich die Existenz von verborgenen Variablen ohnehin niemals widerlegen lässt. Ich kann schließlich auch nicht mit absoluter Sicherheit ausschließen, dass es unsichtbare Einhörner gibt, die jeden Frühling himmelblaue Eier legen. Kann man denn die Nichtexistenz von etwas überhaupt jemals beweisen? Manchmal schon. Man kann zumindest überlegen, ob seine Existenz logisch überhaupt möglich ist.

Der Physiker John Stewart Bell dachte Anfang der 1960er-Jahre über Experimente mit verschränkten Quantenteilchen nach: Wenn man verschränkte Teilchen getrennt voneinander misst, hängen die Messergebnisse offensichtlich miteinander zusammen. Aber können wir herausfinden, warum das so ist? Liegt es wirklich an der Quantenphysik, die augenblicklich die Überlagerung kollabieren lässt, oder doch an irgendwelchen verborgenen Variablen? Sind irgendwelche Experimente denkbar, mit denen man zwischen diesen beiden Szenarien unterscheiden kann?

Wie sich herausstellte, sind solche Experimente tatsächlich möglich. Man muss dazu viele Paare verschränkter Quantenteilchen untersuchen. An beiden Teilchen wird jedes Mal eines von mehreren möglichen Experimenten durchgeführt. Welches Experiment es sein soll, wird jedes Mal spontan und zufällig entschieden. Am Ende wertet man die Häufigkeiten aus, mit denen die verschiedenen möglichen Ergebnisse bei den verschiedenen Experimenten vorkamen.

Bell konnte zeigen: Wenn die Teilchen tatsächlich verborgene Variablen mit sich tragen, dann müssen diese Häufigkeiten auf ganz bestimmte Weise zueinander passen. Tun sie das nicht, muss ein Fehler aufgetreten sein.

Man kann sich das so ähnlich vorstellen, als würde jemand die Körpergröße vieler verschiedener Menschen messen und danach behaupten: Zehn Prozent von ihnen sind größer als 180 cm. Und zwanzig Prozent von ihnen sind sogar größer als 190 cm. In diesem Fall ist klar: Da stimmt etwas nicht – denn die zweite Gruppe ist ein Teil der ersten Gruppe. Es kann nicht mehr extrem große Leute als große Leute geben, denn alle extrem großen gehören auch zu den großen. Wir können die Aussage für falsch erklären, ohne dafür irgendetwas über die tatsächliche Größenverteilung der untersuchten Menschen wissen zu müssen.

Auf etwas kompliziertere, aber ähnliche Weise gelang es John Stewart Bell, eine Ungleichung herzuleiten, die wir heute „Bellsche Ungleichung“ nennen. Wenn es verborgene Variablen gibt, muss diese Ungleichung erfüllt sein. Wenn nicht, dann können wir die Theorie der verborgenen Variablen und des lokalen Realismus für falsch erklären, ohne dafür irgendetwas über die tatsächliche Art dieser verborgenen Variablen wissen zu müssen.

→ Die Bellsche Ungleichung

Stellen wir uns vor, wir erzeugen Paare verschränkter Photonen und schicken sie an unsere Freunde Alice und Bob. Beide bekommen je ein Photon und können es vermessen.

Diesmal wählen wir eine etwas andere Art der Verschränkung: Wieder befindet sich jedes der beiden Photonen in einem Überlagerungszustand aus „horizontal" und „vertikal", aber wir verschränken diese beiden Möglichkeiten diesmal so, dass immer beide Photonen das gleiche Messergebnis liefern: Wenn Alice das Ergebnis „horizontal" misst, wird Bob beim Partnerteilchen ebenfalls das Ergebnis „horizontal" messen. Und wenn Alice „vertikal" misst, dann misst auch Bob „vertikal". Das ist bloß ein technisches Detail und macht quantentheoretisch keinen wesentlichen Unterschied – es macht bloß später den Vergleich von Photonen und Socken ein bisschen einfacher.

Nehmen wir an, Alice und Bob haben drei verschiedene Polfilter zur Verfügung. Der erste ist horizontal ausgerichtet, der zweite ist um dreißig Grad gedreht und der dritte ist um sechzig Grad gedreht. Vor jeder Messung entscheiden Alice und Bob ganz zufällig, welche der drei möglichen Messungen sie durchführen. Sie notieren die gewählte Messrichtung und das Resultat der Messung – entweder das Photon gelangte durch den Filter oder eben nicht.

Auf diese Weise produzieren beide eine lange Liste von Ergebnissen, und diese Ergebnisse können sie nun miteinander vergleichen. Zunächst stellen sie wie erwartet fest: Wenn zufällig beide dieselbe Messrichtung gewählt haben, erhalten beide dasselbe Ergebnis. Es handelt sich also tatsächlich immer um Photonenpaare mit identischer Polarisation. Das ist schön, aber das wussten wir schon.

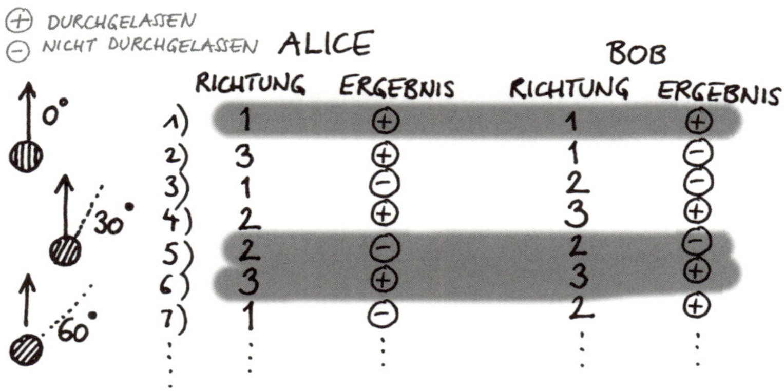

Bei Messung 1, 5 und 6 haben Alice und Bob zufällig dieselbe Richtung gewählt. Bei diesen Messungen ist somit klar: Sie haben garantiert dasselbe Ergebnis erhalten. Bei den anderen Messungen muss das nicht so sein.

Wir interessieren uns jetzt für die Ergebnisse, bei denen unterschiedliche Messrichtungen gewählt wurden. In diesem Fall folgt Bobs Ergebnis nicht zwingend aus dem Ergebnis, das Alice gemessen hat. In der Sichtweise der üblichen Quantentheorie würde man sagen: Alice misst und legt damit auch den Zustand des Photons bei Bob fest. Bob misst aber nun nicht in dieser Richtung, sondern in einer anderen. Und bezogen auf diese Richtung ist die Polarisationsrichtung des Photons nicht eindeutig festgelegt, sondern in einem Überlagerungszustand.

Wenn Alice und Bob verschiedene Filter verwenden, kann es somit passieren, dass ein Photonenpaar durch beide Filter, bloß durch einen Filter oder durch gar keinen Filter hindurchgelangt.

Es ist genau, als würde man zwei Polarisationsfilter übereinanderlegen: Wenn sie exakt um neunzig Grad verdreht sind, steht das Ergebnis fest – kein einziges Photon gelangt hindurch. Wenn sie exakt in dieselbe Richtung gedreht sind, steht das Ergebnis ebenfalls fest: Wenn das Photon durch den ersten Filter kommt, kommt es garantiert auch durch den zweiten. Aber wenn man irgendeinen Winkel zwischen null und neunzig Grad wählt, dann kommen manche Photonen durch und manche nicht. Je näher der Winkel bei null Grad liegt, umso höher ist die Wahrscheinlichkeit, dass ein Photon hindurchgelangt. Je näher der Winkel bei neunzig Grad liegt, umso höher ist die Wahrscheinlichkeit, dass kein Photon hindurchgelangt. Aber bei jedem einzelnen Photon haben wir es mit einem Zufallsergebnis zu tun.

Wenn wir allerdings an das Konzept der verborgenen Variablen glauben, dann muss auch in diesem Fall die Information über das Messergebnis schon irgendwo festgeschrieben sein, egal, welche der drei Messrichtungen Alice und Bob ausgewählt haben. Man kann sich zum Beispiel vorstellen, dass nicht nur eine verborgene Variable, sondern gleich drei verborgene Variablen im Photon abgespeichert sind – ähnlich wie Socken nicht nur eine Farbe haben, sondern auch andere Eigenschaften. Nehmen wir an, unsere Socken haben nicht nur die Eigenschaft „rot oder blau", sondern außerdem auch „groß oder klein" und „gestreift oder gepunktet".

Weil wir unsere Verschränkung diesmal so gewählt haben, dass Alice und Bob denselben Zustand zugeschickt bekommen, bedeutet das auf Socken übertragen: Es handelt sich diesmal nicht um Bertlmann-Sockenpaare mit unterschiedlichen Farben, sondern um ganz gewöhnliche Sockenpaare, bei denen immer beide Socken genau gleich aussehen. Alice und Bob wissen nicht,

welche Socken sie bekommen, aber jede Socke, die auf den Weg geschickt wird, trägt eine bestimmte Kombination der drei Eigenschaften „Größe, Farbe und Muster" mit sich. Alice und Bob messen aber immer nur eine davon. Vielleicht beschließt Alice bei der nächsten Socke, die Farbe zu notieren, während Bob bei der dazugehörigen Partnersocke das Sockenmuster notiert.

Nach vielen solchen Sockenpaarvermessungen können wir die Ergebnisse von Alice und Bob analysieren. Wir haben vorhin beschlossen, nur die Fälle zu betrachten, bei denen Alice und Bob unterschiedliche Messrichtungen ausgewählt haben. Beim Sockenbeispiel entspricht das jenen Fällen, bei denen Alice und Bob unterschiedliche Sockeneigenschaften notiert haben. Von jedem Sockenpaar werden also zwei unterschiedliche Eigenschaften gemessen – eine von Alice, eine von Bob. Die dritte Eigenschaft wird nicht gemessen. Wir kennen somit von jedem Sockenpaar entweder Farbe und Größe, Größe und Muster oder Muster und Farbe.

Wir haben zunächst keine Ahnung, wie diese Eigenschaften miteinander zusammenhängen. Vielleicht sind alle kleinen Socken rot. Vielleicht sind siebzig Prozent der blauen Socken gestreift. Vielleicht haben die Eigenschaften auch überhaupt nichts miteinander zu tun. Es gibt aber bestimmte logische Tatsachen, die auf jeden Fall gelten müssen: Die Zahl der großen, roten Socken zum Beispiel muss gleich groß sein wie die Zahl der großen, roten, gepunkteten Socken plus die Zahl der großen, roten, gestreiften Socken.

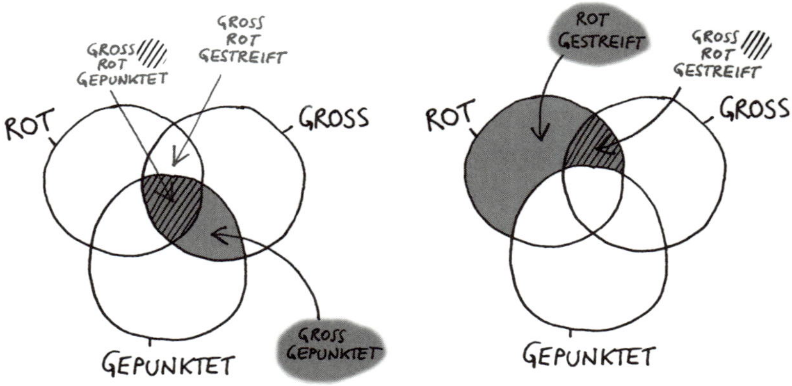

Außerdem wird jeder einsehen: Die Zahl der großen, roten, gepunkteten Socken kann nicht größer sein als die Zahl der großen, gepunkteten Socken. Denn das erste ist eine Teilmenge des zweiten. Ebenso kann die Zahl der großen, roten, gestreiften Socken nicht größer sein als die Zahl der roten, gestreiften Socken. Das können wir nun zu der Aussage kombinieren: Die Zahl der großen, roten Socken ist kleiner oder gleich der Zahl der großen, gepunkteten Socken plus die Zahl der roten, gestreiften Socken.

Wenn man an verborgene Variablen glaubt, dann kann man diese Argumentation nun ganz exakt in die Photonen-Messergebnisse von Alice und Bob übersetzen. Die drei Sockeneigenschaften entsprechen den drei Messrichtungen, für jede Messrichtung gibt es zwei mögliche Ergebnisse, so wie jede unserer Sockeneigenschaften in zwei verschiedenen Varianten vorkommt. So kommen wir zur Aussage: Die Zahl der Photonenpaare, die von einem Filter in Richtung 1 durchgelassen und von einem Filter in Richtung 2 durchgelassen wurden, ist kleiner oder gleich der Zahl der Photonenpaare, die in Richtung 1 durchgelassen und in Richtung 3 durchgelassen wurden, plus der Zahl, die in Richtung 2 durchgelassen wurden und in Richtung 3 nicht durchgelassen wurden.

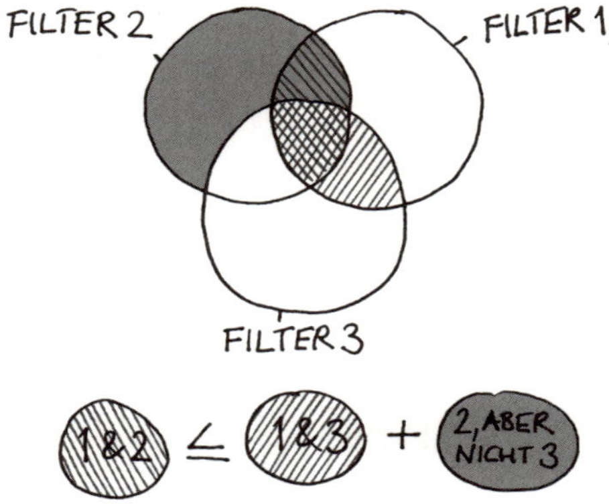

Wenn die Messergebnisse tatsächlich schon vor der Messung feststehen, wenn es verborgene Variablen im Sinn des lokalen Realismus gibt, dann muss diese Ungleichung auf jeden Fall erfüllt sein. Wir haben nicht gesagt, welche Variablen das sein sollen, wo und wie sie gespeichert sein müssen, wie sie festgelegt werden oder wie sie miteinander zusammenhängen. All diese Details sind egal. Wir müssen fast gar nichts über diese verborgenen Variablen wissen – können aber trotzdem eine Ungleichung formulieren, die diese Variablen auf jeden Fall erfüllen müssen. Eine Ungleichung dieser Art stellte John Stewart Bell im Jahr 1964 als Erster auf. Bell formulierte sie etwas anders als hier, aber der Grundgedanke ist derselbe.

Und nun kommt der entscheidende Punkt: Wenn Alice und Bob ihre Messergebnisse auswerten, dann stellen sie fest: Die Ungleichung ist verletzt. Ihre Messdaten erfüllen diese Gleichung nicht. Wir haben die Bellsche Ungleichung aus ganz einfachen logischen Prinzipien abgeleitet, die für verborgene Variablen im lokalen Realismus prinzipiell immer gelten müssen. Aber die Natur hält sich nicht daran. Das lässt nur einen Schluss zu: Verborgene Variablen im Sinn des lokalen Realismus gibt es nicht.

Nach den Regeln der gewöhnlichen Quantentheorie, ganz ohne verborgene Variablen, können wir die Sache hingegen problemlos erklären: Wenn ein Photon bereits durch einen Polfilter gelangt ist, kennen wir seine Polarisation. Wenn wir die Polarisation nun noch einmal in einer anderen Richtung messen, dann ist die Wahrscheinlichkeit, dass es auch noch durch diesen Polfilter gelangt, gleich dem Quadrat des Cosinus des Winkels, den die beiden Polfilter einschließen. Wenn beide genau in die gleiche Richtung zeigen, ist der Winkel null – bei null Grad ist das Quadrat des Cosinus eins, die Wahrscheinlichkeit ist somit hundert Prozent. Bei dreißig Grad ist die Wahrscheinlichkeit ¾, bei sechzig Grad ¼. Die Wahrscheinlichkeit für „hier durchgelassen, dort nicht" beträgt bei dreißig Grad ebenfalls ¼.

Zwischen den Richtungen 1 und 3 liegen sechzig Grad, zwischen den Richtungen 1 und 2 bzw. 2 und 3 liegen jeweils dreißig Grad. Somit übersetzt sich unsere Ungleichung in die Aussage: $\frac{3}{4} \leq \frac{1}{4} + \frac{1}{4}$.

Und das ist eindeutig falsch – die Quantentheorie verträgt sich offensichtlich nicht mit der lokal-realistischen Theorie der verborgenen Variablen.

In einem Experiment zu untersuchen, ob die Bellsche Ungleichung verletzt ist oder nicht, ist eine schwierige Aufgabe. Es gibt nämlich eine Reihe möglicher Schlupflöcher, die sorgfältig geschlossen werden müssen.

Zunächst muss man dafür sorgen, dass garantiert kein Signal von der einen Messung zur anderen Messung gelangen kann. Man lässt die Teilchen also sehr weit auseinanderfliegen und misst sie dann möglichst gleichzeitig, sodass selbst die

Lichtgeschwindigkeit nicht ausreicht, um ein Signal von der einen Messung zur anderen Messung zu schicken. Dann sind die beiden Messungen nach dem Prinzip der Lokalität voneinander unabhängig.

Eine wichtige Anforderung von John Stewart Bells Methode ist aber auch, dass an beiden Seiten jedes Mal spontan und zufällig entschieden wird, welches Experiment dort durchgeführt werden soll. Man muss also Zufallsgeneratoren einbauen, die sehr schnell und möglichst knapp vor dem Experiment erst entscheiden, welches Experiment nun durchgeführt werden soll, damit auch diese Information garantiert nicht auf irgendeine bisher unbekannte Weise die andere Messung erreichen kann.

Ausgeklügelte Experimente, bei denen solche Schlupflöcher mit großem Aufwand gestopft wurden, führten John Clauser in den USA, Alain Aspect in Frankreich und Anton Zeilinger in Österreich durch. Diese Experimente zeigten sehr deutlich: Die Bellsche Ungleichung wird verletzt. Die Wirklichkeit hält sich nicht an die Vorgaben, die John Stewart Bell aufgestellt hatte.

Das bedeutet: Die verborgenen Variablen, wie sie John Stewart Bell auf sehr allgemeine Weise beschrieben hatte, kann es nicht geben. Die Vorstellung vom „lokalen Realismus“ wird von der Quantenphysik gebrochen. John Clauser, Alain Aspect und Anton Zeilinger wurden dafür im Jahr 2022 gemeinsam mit dem Physik-Nobelpreis ausgezeichnet – John Stewart Bell erlebte das leider nicht mehr, er starb bereits 1990.

Seltsamer geht es immer

Für die meisten Quantenphysikerinnen und Quantenphysiker auf der Welt ist damit klar: In ihrer täglichen Forschung müssen sie sich über verborgene Variablen keine Gedanken machen. Wenn man an der Lösung quantenphysikalischer Probleme arbeitet, kann man getrost die übliche Quantentheorie verwenden, mit Wellenfunktionen und plötzlichem Kollaps von Überlagerungen, aber ohne versteckte Variablen. Die gute alte Kopenhagener Deutung hat sich bewährt.

Wenn man aber ganz pingelig ist, kann man immer noch argumentieren, dass verborgene Variablen damit nicht völlig ausgeschlossen sind. Dass die Bellsche Ungleichung verletzt ist, verbietet nämlich nur bestimmte Klassen verborgener Variablen – solche, die mit dem lokalen Realismus verträglich sind. Man kann sich aber andere Arten von verborgenen Variablen ausdenken – zum Beispiel nichtlokale verborgene Variablen, also verborgene Variablen, die sich gleichzeitig überall im Universum befinden, sodass zwei verschränkte Teilchen von unterschiedlichen Orten aus gleichzeitig auf sie Zugriff haben.

Aber was würde es nützen, an so etwas zu glauben? Die verborgenen Variablen wurden ja genau deswegen erfunden, weil man die seltsame Nichtlokalität der gewöhnlichen Quantentheorie wegerklären wollte! Das wäre so, als würde man eine teure Sicherheitstür einbauen, um Einbrecher draußen zu halten, und dann einen notorischen Einbrecher in die Wohnung zu bestellen, um die Tür montieren zu lassen.

Man kann sich auch noch merkwürdigere Konstrukte ausdenken. Man kann auch hinterfragen, ob es überhaupt möglich ist, die Art des Experiments frei zu wählen. Vielleicht spielen uns auch die besten Zufallsgeneratoren einen Streich und liefern Daten nach einem unsichtbaren Masterplan, der schon beim Urknall festgelegt wurde?

Über all das kann man spekulieren, wenn man Spaß daran hat. Naturwissenschaftliche Forschung ist das aber nicht. Für die Physik ist die Frage entscheidend: Mit welchen Theorien können wir die Welt erklären? Und wenn mehrere Theorien dieselben Ergebnisse liefern – welche Theorie ist die einfachere, praktischere, nützlichere? Und da gewinnt die übliche Kopenhagener Deutung der Quantentheorie. Sie ist zwar seltsam, aber von allen Sichtweisen, die unsere Welt korrekt beschreiben, ist sie wohl die am wenigsten seltsame.

Immer dieser Einstein!

Nun steht es also fest: Quanten und Socken sind zwei grundverschiedene Dinge. Sie haben aber auch eine überraschende Gemeinsamkeit: Albert Einstein hatte mit beidem seine Schwierigkeiten. Angeblich war er notorischer Sockenverweigerer und versuchte selbst bei feierlichen Anlässen das Tragen von Socken zu vermeiden. Und die Quantentheorie erschien ihm nicht als befriedigende, fertige Theorie – eher als vorläufige Übergangslösung auf dem Weg zur echten Wahrheit.

Es ist eine merkwürdige Ironie der Physikgeschichte: Für sein großes Lebenshauptwerk, die Relativitätstheorie, bekam Einstein nie einen Nobelpreis – wohl aber für seine Idee der „Lichtquanten“, mit der er zu einem der wichtigsten Väter der Quantentheorie wurde, die ihm eigentlich nie so recht behagte. Und dann war es auch noch Einstein, der gemeinsam mit Podolsky und Rosen das „EPR-Paradoxon“ formulierte, das die Quantenforschung bis heute herausfordert.

Eigentlich hatte Einstein mit seinem EPR-Gedankenexperiment zeigen wollen, dass die Quantentheorie nicht vollständig sein kann: Wenn man davon ausgeht, dass es außer der Wellenfunktion eines Teilchens nichts gibt, dann folgen daraus seltsame nichtlokale Effekte. Und solche verrückten nichtlokalen Effekte wird doch wohl niemand ernsthaft für möglich halten, dachte Einstein.

Doch John Stewart Bell und die Experimente zur Verletzung der Bellschen Ungleichung zeigen: Diese seltsamen nichtlokalen Effekte gibt es tatsächlich. Die Natur ist wirklich so seltsam – seltsamer, als es sich Albert Einstein vorstellen wollte.

Das Beamen und der abhörsichere Code

Wie Quanten-Teleportation funktioniert, wie man mithilfe verschränkter Teilchen geheime Botschaften versenden kann und warum die Quantenphysik keine Gedankenübertragung erlaubt: Quantenverschränkung kann man für faszinierende Technologien nutzen.

Eine Welt voller Zuversicht sollte es sein, in der Wissenschaft die Menschen vereint, Geld keine Rolle mehr spielt und Gleichberechtigung herrscht. In den frühen 1960er-Jahren, als man sich auf der ganzen Welt Sorgen über Atomwaffen machte, arbeitete der Drehbuchautor Gene Roddenberry an einer Fernsehserie, die eine optimistische, hoffnungsvolle Zukunft zeigen sollte. Unter dem Namen „Star Trek" veränderte sie die Filmgeschichte.

In Roddenberrys „Star Trek"-Universum arbeitet die Menschheit gemeinsam an dem großen Ziel, die Galaxie zu erkunden. Dabei geht man nach den Prinzipien von Vernunft und Wissenschaft vor – für politische Streitereien oder Diskriminierung ist in so einer Welt kein Platz. Daher war es auch eine Frau, die in der Pilotfolge „The Cage" im Raumschiff Enterprise die wichtige Position des „First Officer" einnahm. Das wurde dann aber geändert, vielleicht war es den Produzenten doch zu radikal. First Officer der ersten Staffel wurde stattdessen Mr. Spock – ein Außerirdischer, aber zumindest männlich. Man muss ja realistisch bleiben.

Aber immerhin: Starke Frauen waren mit dabei, in Gene Roddenberrys Weltraumgeschichten. In der dritten Staffel kam es zum berühmten Kuss zwischen Captain Kirk und seiner Kommunikationsoffizierin Uhura – eine der ersten Kussszenen im US-Fernsehen zwischen zwei Menschen unterschiedlicher Hautfarbe, das sorgte damals für Aufregung. Auch ein japanischer Offizier saß im Raumschiff Enterprise auf der Kommandobrücke, das war zwei Jahrzehnte nach dem Zweiten Weltkrieg ebenfalls alles andere als selbstverständlich.

Die Relativitätstheorie scheint in diesem Universum keine Rolle zu spielen. Problemlos kann man sich schneller fortbewegen als das Licht – dafür sorgt der sogenannte „Warp-Antrieb“. Aber was ist in einer derartigen optimistischen Zukunftswelt die beste Strategie, um auf einem fremden Planeten zu landen?

Dafür ließ sich Gene Roddenberry etwas ganz Besonderes einfallen – das Beamen. Auf nicht näher erklärte Weise wird man im Raumschiff in Strahlung verwandelt, zur Oberfläche des Planeten geschickt und dort in materieller Form wiederhergestellt.

Ein Hauptgrund für diese Art der Teleportation dürfte wohl gewesen sein, dass man sich dadurch aufwendige Lande-Szenen sparen konnte. Wenn einfach gebeamt wird, dann braucht man keine kostspieligen Lande-Shuttles, die zum Planeten fliegen und dann auf visuell einigermaßen überzeugende Weise abbremsen, aufsetzen und außerirdischen Staub aufwirbeln müssen. Man braucht nur ein bisschen Glitzerleuchten und futuristische Klangeffekte und schon ist man weggebeamt. Und wenn man dann auch noch sein Kommunikationsgerät mit dabeihat, vielleicht eine Strahlenwaffe und eine ordentliche Weltraum-Uniform (wenn irgendwie möglich, lieber nicht in Rot), dann kann kaum noch etwas schiefgehen.

Ein Teilchen ist keine Schokotorte

Das Beamen ist der interessante Fall einer Science-Fiction-Technologie, die bei ihrer Erfindung noch keinen echten wissenschaftlichen Hintergrund hatte, aber im Lauf der Zeit einen echten wissenschaftlichen Hintergrund bekam. Teleportation gibt es inzwischen wirklich – nicht so wie im Raumschiff Enterprise, aber immerhin in Form von Quanten-Teleportation einzelner Teilchen.

Allerdings muss man ehrlicherweise klarstellen, was damit gemeint ist: Quanten-Teleportation ist keine Science-Fiction-Technologie, bei der Materie in pure Strahlung umgewandelt und an einem anderen Ort wieder in Materieteilchen zurückverwandelt wird. Was bei der Quanten-Teleportation von einem Ort zum anderen übermittelt wird, ist Information. Der Zustand eines Teilchens wird auf ein anderes Teilchen übertragen. Man könnte also sagen: Bei der Quanten-Teleportation wird nicht das Teilchen gebeamt, sondern nur seine Eigenschaften.

Diese Formulierung ist allerdings etwas problematisch – denn Teilchen sind prinzipiell ununterscheidbar. Wie soll man also sagen, ob man nun „das Teilchen“ oder bloß „seine Eigenschaften“ gebeamt hat? Ist das nicht dasselbe?

Wenn ich etwa eine Schokoladentorte backe, sie in einem mitternächtlichen Heißhungeranfall vernichte und das Tortenrezept an eine Freundin schicke, die morgen dann streng nach Rezept dieselbe Torte bäckt, dann habe ich die Torte nicht von mir zu meiner Freundin teleportiert. Es stimmt zwar, dass am einen Tag eine Schokotorte auf meinem Tisch stand und am nächsten Tag auf ihrem Tisch, aber es handelt sich zweifelsfrei um zwei verschiedene Torten. Sie sind sehr ähnlich, aber sicher nicht identisch.

Bei Quantenteilchen kann man das so nicht sagen. Zwei Teilchen mit denselben Quanteneigenschaften sind nicht wirklich zwei verschiedene Teilchen. Wir können sie nicht voneinander unterscheiden, die Natur kann sie nicht voneinander unterscheiden, sie können sich selbst nicht voneinander unterscheiden. Abgesehen von seinen Quanteneigenschaften – etwa seinem Spin oder seinem Energiezustand – hat das Teilchen keine Individualität. Man könnte sagen: Das Teilchen ist nichts als die Summe seiner Quanten-Eigenschaften. In diesem Sinn ist es durchaus gerechtfertigt, wenn man ein Teilchen für „teleportiert“ erklärt, sobald man seinen Quantenzustand auf ein anderes Teilchen überträgt.

In den 1990er-Jahren wurden Ideen präsentiert, wie eine solche Quantenzustands-Übertragung mithilfe von Quantenverschränkung gelingen kann. Und wenig später wurde diese Idee dann tatsächlich mit Erfolg im Labor umgesetzt.

Das Photon und das Gegenteil seines Gegenteils

Die Details solcher Quanten-Teleportations-Techniken sind kompliziert, aber die Grundzüge sind einigermaßen leicht zu verstehen: Stellen wir uns vor, wir arbeiten wieder mit Alice und Bob zusammen, die in zwei unterschiedlichen Laborräumen sitzen. Alice hat ein Teilchen, dessen Zustand wir nicht kennen. Zum Beispiel ein Photon, das sich in irgendeinem Überlagerungszustand aus „horizontal polarisiert“ und „vertikal polarisiert“ befindet. Nennen wir es „Photon 1“.

Unser Ziel ist es nun, diesen Zustand zu teleportieren. Wir dürfen ihn dabei nicht messen, denn sonst würden wir ihn unweigerlich verändern, das wollen wir aber nicht. Wir wollen ihn unversehrt auf ein anderes Photon übertragen, das sich bei Bob befindet.

Dafür erzeugen wir nun zwei weitere Photonen – die Photonen 2 und 3. Wir sorgen dafür, dass diese Photonen quantenverschränkt sind, und zwar so, dass sie sich garantiert in entgegengesetzten Zuständen befinden: Wenn das eine Photon horizontal polarisiert ist, dann ist das andere Photon vertikal polarisiert, und umgekehrt. Das eine ist immer das Gegenteil des anderen.

Photon 2 schicken wir zu Alice, Photon 3 zu Bob. Nun kommt der entscheidende Punkt: Alice verschränkt nun das Photon 1, das wir teleportieren wollen, mit dem quantenverschränkten Photon 2, das wir ihr geschickt haben. Es gibt verschiedene Arten von Verschränkung, die dabei entstehen können – zum Beispiel eine Verschränkung, bei der sich Photon 1 und Photon 2 garantiert in entgegengesetzten Zuständen befinden.

→ Um eine solche Verschränkung herzustellen, schickt Alice beide Photonen auf einen Strahlteiler. Beide Photonen treffen dort gleichzeitig am selben Punkt auf, beide Photonen können vom Strahlteiler entweder durchgelassen oder reflektiert werden – das ist purer Quantenzufall.

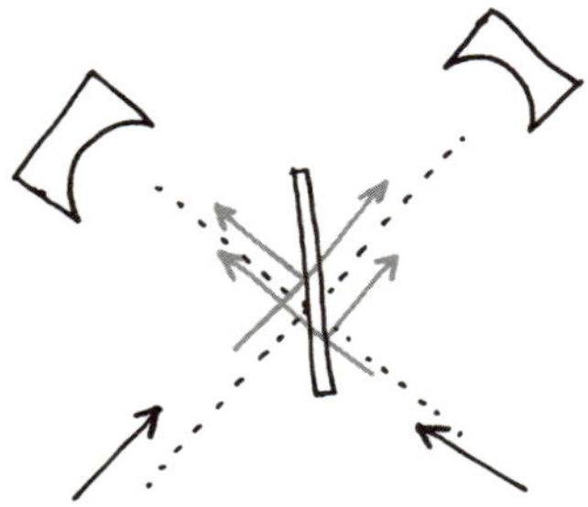

Auf beiden Seiten des Strahlteilers können wir nun einen Photonen-Detektor aufstellen. Jedes der beiden Photonen kann entweder in den einen oder in den anderen Detektor gelangen – abhängig davon, ob es vom Strahlteiler zufällig durchgelassen oder reflektiert wurde. Die Detektoren können also unterschiedliche Ergebnisse liefern: Es kann passieren, dass jeder der beiden Detektoren ein Photon misst, es kann aber auch sein, dass einer der beiden Detektoren beide Photonen misst. Doch ganz egal, welcher Detektor wie viele Photonen registriert – man kann nicht mehr feststellen, ob es sich um Photon 1 oder um Photon 2 handelt. Man kann ganz prinzipiell nicht mehr sagen, welches welches ist. Sie sind keine individuellen Photonen mehr, sie sind nun quantenverschränkt.

Das sagt uns aber noch nicht genau, in welchem quantenverschränkten Zustand sich diese beiden Photonen 1 und 2 nun befinden. Es gibt quantenverschränkte Zustände, in denen die beiden Photonen immer entgegengesetzt polarisiert sind, und es gibt quantenverschränkte Zustände, in denen beide Photonen immer gleich polarisiert sind.

Welcher dieser möglichen Zustände nun Wirklichkeit geworden ist, verraten uns die beiden Detektoren. Man kann in diesem Fall nämlich mathematisch zeigen: Wenn beide Detektoren jeweils ein Photon registrieren, dann muss es sich um den antisymmetrischen Zustand handeln – den Zustand, in dem die beiden Photonen entgegengesetzt polarisiert sind. Wenn also beide Detektoren ein Photon registrieren, sagt uns das: Photon 1 ist garantiert das Gegenteil von Photon 2.

Aber Moment! Photon 2 war doch bereits mit Photon 3 verschränkt. Und zwar so, dass Photon 3 das Gegenteil von Photon 2 ist. Und jetzt haben wir Photon 2 mit Photon 1 verschränkt – und zwar so, dass Photon 2 das Gegenteil von Photon 1 ist.

Das heißt also: Photon 3 ist das Gegenteil des Gegenteils von Photon 1. Und Photon 1 war das ursprüngliche Photon, das wir beamen wollten. Dann bedeutet das aber, dass Photon 3 jetzt genau den Zustand eingenommen hat, den anfangs Photon 1 hatte. Wir haben somit also den Zustand unseres ursprünglichen Photons auf das Photon 3 übertragen – auf ein Photon, mit dem wir überhaupt nichts gemacht haben, das wir die ganze Zeit völlig in Ruhe gelassen haben, das einfach nur friedlich davongeflogen ist, ins Labor von Bob. Wir haben ein Photon von Alice zu Bob gebeamt.

Den Zustand des ursprünglichen Photons haben wir dabei allerdings völlig zerstört. Das lässt sich nicht vermeiden. Durch das Erzeugen der Quantenverschränkung ist die Information über dieses Photon im Labor von Alice nun nicht mehr vorhanden – nur noch als Kopie in Bobs Labor ist sein Zustand erhalten geblieben.

Quanten-Teleportation ist also keine Quanten-Kopiermaschine. Das ist ein wichtiges Naturgesetz, man bezeichnet es als das „No-Cloning-Theorem“: Es gibt keine Möglichkeit, einen Quantenzustand zu vervielfachen. Es ist unmöglich, den Zustand eines beliebigen Teilchens zu nehmen und mehrere andere Teilchen in genau diesen Zustand zu versetzen. Aber wir können mittels Quanten-Teleportation einen unbekannten Zustand ohne direkte Messung auf ein anderes Teilchen transferieren.

Allerdings hat diese ganze Prozedur ein großes Problem: Sie funktioniert eben nur dann, wenn Alice einen ganz bestimmten Verschränkungszustand hergestellt hat – und ob das passiert, ist reiner Zufall. Nur wenn Alice feststellt, dass die richtige Art von Verschränkung erzeugt wurde, ist der Quantenzustand von

Photon 1 korrekt auf das Photon Nummer 3 in Bobs Labor übertragen worden.

Wenn Alice aber feststellt, dass in ihrem Labor ein anderer Verschränkungszustand entstanden ist, dann ist die Teleportation nicht gelungen. Photon 3 befindet sich dann in einem anderen Zustand als geplant. Das lässt sich allerdings nachträglich noch korrigieren: Man kann in diesem Fall das Photon in Bobs Labor so manipulieren, dass es am Ende trotzdem genau den gewünschten Zustand annimmt – nämlich jenen Zustand, den anfangs das Photon 1 hatte.

Das ist ein großer Schönheitsfehler dieser Teleportations-Prozedur. Es bedeutet nämlich, dass die Quanten-Teleportation nicht völlig automatisch funktioniert. Bob muss eventuell am Ende noch ein bisschen nachhelfen. Und ob er das tun muss, weiß zunächst nur Alice.

Alice kann nun einfach mit Bob telefonieren und ihm sagen, wie ihr Verschränkungs-Experiment ausgegangen ist. Dann weiß Bob, ob sein Teilchen nun bereits den erfolgreich teleportierten Zustand trägt oder ob er es noch manipulieren muss. Aber ein solches Telefongespräch ist wieder ein klassischer Informationsaustausch, der niemals schneller als mit Lichtgeschwindigkeit durchgeführt werden kann. Somit ist auch die Quanten-Teleportation keine Möglichkeit, die Lichtgeschwindigkeit zu überlisten. Einstein würde an dieser Stelle vermutlich nicken und sagen: „Ich wusste es!“

Beamen von Insel zu Insel

Das Team des späteren Nobelpreisträgers Anton Zeilinger war eines der Ersten, die im Jahr 1997 erfolgreich Quanten-Teleportationen durchführten. Zeilinger gab sich nicht damit zufrieden, Photonen bloß von einem Labor ins nächste zu teleportieren. Stattdessen sorgte er mit immer spektakuläreren Experimenten für Aufsehen: 2004 teleportierte sein Team Quantenzustände in Wien Hunderte Meter weit durch ein Glasfaserkabel unter der Donau. Damit wurde gezeigt, dass auch Umwelteinflüsse wie Temperaturunterschiede die Quanten-Teleportation nicht stören.

Später gelang sogar eine Quanten-Teleportation zwischen den Inseln La Palma und Teneriffa im Atlantischen Ozean – über eine Distanz von 143 Kilometern. Zu behaupten, dass Quantenphysik sich nur auf winzigen Größenskalen abspielt, ist also definitiv falsch: Wenn man ein Photonenpaar erzeugt, das über 143 Kilometer quantenverschränkt bleibt, dann hat man in gewissem Sinn ein Quantenobjekt mit einem Durchmesser von 143 Kilometern produziert. Und trotz dieser Größe verhält es sich auf eine Weise, die sich mit den klassischen Naturgesetzen, die wir für große Objekte normalerweise verwenden, grundsätzlich nicht erklären lässt.

Im Lauf der Zeit kamen viele andere Quanten-Teleportations-Experimente dazu. Man kann nicht nur Photonen teleportieren, sondern auch andere Teilchen, zum Beispiel Atome. Dafür sucht man sich Atome aus, die man recht einfach zwischen zwei verschiedenen Zuständen hin und her schalten kann – zum Beispiel zwischen „Spin up“ und „Spin down“. Oder zwischen dem Zustand mit der kleinstmöglichen Energie und einem Zustand mit ein bisschen höherer Energie. Die technischen Details müssen uns an dieser Stelle nicht kümmern. Diese Atome fängt man ein und hält sie mit elektromagnetischen Feldern fest. Und nun kann man ganz ähnliche Quanten-Teleportations-Tricks anwenden wie bei den Photonen und damit den Zustand eines Atoms auf ein anderes Atom übertragen.

Allerdings muss man auch hier wieder sorgfältig überlegen, was das nun eigentlich bedeutet: Wurde nun ein ganzes Atom gebeamt? Nicht wirklich. Es wurde bloß eine einzige Eigenschaft eines Atoms auf ein anderes übertragen, zum Beispiel sein Energiezustand – unter der Annahme, dass alle anderen Eigenschaften dieser beiden Atome identisch sind.

Quanten-Teleportation ist eben leider doch deutlich komplizierter als das Herumbeamen von Aliens in Science-Fiction-Filmen. Teleportieren kann man nur Eigenschaften, die sich am Anfang in einem Überlagerungszustand befinden. Wenn man also ein Gerät bauen möchte, das beliebige Menschen und beliebige Aliens von Planeten in Raumschiffe beamen kann, dann müsste man mit einem Quantenzustand beginnen, der einem Überlagerungszustand aller denkbaren Menschen und aller denkbaren Aliens entspricht.

Und wenn wir dann Captain Kirk vom fremden Planeten zurück aufs Raumschiff beamen wollen, dann müssen wir diesen unvorstellbar komplizierten Überlagerungszustand aller möglichen Wesen kollabieren lassen und einen ganz bestimmten daraus auswählen – nämlich den Zustand „Captain Kirk, in exakt jener atomaren Konfiguration, in der er eben noch auf dem Planeten stand“. Auch wenn man zukünftige Fortschritte der Quantentechnologie extrem optimistisch einschätzt: Das wird uns nicht gelingen.

Außerdem würden sich durch eine solche Teleportation sehr merkwürdige philosophische Fragen ergeben: Ist das nun tatsächlich Captain Kirk, der an Bord gebeamt wurde? Oder hat man Captain Kirk gerade eben durch eine grausame Quantenmessung unwiderruflich vernichtet und an Bord des Raumschiffs eine Kopie von Captain Kirk künstlich hergestellt? Sollten wir ihn lieber „Captain Kirk 2“ nennen? Können wir dem neuen Captain Kirk böse sein, wenn uns der alte Captain Kirk gestern die letzte Portion klingonisches Gagh weggegessen hat? Ist der Weltraum-

Führerschein von Captain Kirk noch gültig, oder muss er seine Raumschiff-Fahrprüfung sicherheitshalber wiederholen?

Bei einem Teilchen können wir noch argumentieren, dass es keine Individualität hat und dass es als teleportiert gelten kann, wenn einfach seine Quanteneigenschaften übertragen werden. Ob das aber auch für ein makroskopisches Objekt wie einen Weltraum-Captain gilt, ist eine völlig andere Frage.

Ein einzelnes Teilchen kann man sich in guter Näherung isoliert von der Welt vorstellen. Insofern kann man diesem Teilchen einen Zustand zuordnen, der sich auf ein anderes Teilchen übertragen lässt. Etwas Großes wie ein Mensch steht hingegen ununterbrochen in Kontakt mit seiner Umwelt. Ständig kollidieren wir mit Teilchen rund um uns, wir verschränken uns ununterbrochen mit dem Rest der Welt – wir sind quantenphysikalisch untrennbar mit unserer Umgebung verbunden. Man kann also gar nicht exakt definieren, wo unser Quantenzustand aufhört und der Quantenzustand des Rest-Universums beginnt. Was genau wollen wir also nun beamen, wenn wir uns an Bord eines Raumschiffs beamen lassen möchten?

Man müsste sich unweigerlich mit einer Näherungslösung zufriedengeben. Wir werden nicht exakt teleportiert, sondern bloß in ähnlicher Form wiederhergestellt. Das erinnert dann aber dann doch ein bisschen an die Schokoladentorte, die wir von einem Ort an einen anderen übertragen, indem wir sie hier aufessen und dort nach demselben Rezept neu backen. Ob man das als „Beamen“ durchgehen lassen möchte, ist am Ende wohl Ansichtssache.

Geheime Botschaften

Eine andere Technik, die auf Quantenverschränkung beruht, funktioniert bereits sehr gut – nämlich die Quantenkryptographie. Seit Menschen auf die Idee kamen, einander Botschaften

zu schicken, gab es vermutlich immer auch Menschen, die diese Botschaften unerlaubterweise abfangen wollten.

Man kann einen berittenen Boten mit einem wichtigen Geheimnis ins benachbarte Königreich schicken. Man muss aber damit rechnen, dass bösartige Zeitgenossen ihn dazu bringen, das Geheimnis zu verraten. Zum Beispiel, indem sie ihn mit einer größeren Geldsumme bestechen. Oder mit dem Angebot, ihm großzügigerweise keines seiner Beine zu brechen. Man kann Botschaften per Telefon übermitteln, dann kann man abgehört werden. Man kann Nachrichten durch ein Glasfaserkabel schicken, dann kann das Kabel überwacht werden. Jede neue Kommunikationsmethode brachte auch neue Abhörmethoden hervor.

Bei all diesen Methoden lässt sich die Sicherheit erhöhen, indem man die Daten verschlüsselt. Man kann die Botschaft in einer Geheimschrift aufschreiben, man kann sich komplizierte Verschlüsselungsmethoden ausdenken, sodass die Botschaft nur entziffern kann, wer den Schlüssel kennt. Das Problem dabei ist nur: Wenn man oft denselben Schlüssel verwendet, kann ein Mithörer irgendwann herausfinden, wie dieser Schlüssel aussieht, den Code knacken und die Botschaften lesen.

Man könnte zum Beispiel eine Nachricht verschlüsseln, indem alle Buchstaben durch andere Zeichen ersetzt werden. Statt „A“ schreiben wir zum Beispiel „$“, aus „B“ wird „#“ und so weiter. Dann wird aus einem lesbaren Text ein unleserlicher Zeichensalat. Doch wenn es sich um einen längeren Text handelt, dann lässt sich dieser Zeichensalat recht gut entschlüsseln: Man weiß zum Beispiel, dass der häufigste Buchstabe in der deutschen Sprache das E ist. Das häufigste Zeichen wird somit ziemlich sicher der Code für E sein. Mit ein bisschen angewandter Statistik und schnellen Computern kann man eine derart einfache Verschlüsselung ziemlich rasch brechen.

Völlige Sicherheit gibt es nur mit einem sogenannten „One-Time-Pad“. Das ist ein Schlüssel, der mindestens so lang ist wie die Nachricht, die ich verschicken möchte, und der nur ein einziges Mal verwendet wird.

Jede Botschaft und jeden Verschlüsselungscode kann man als Binärzahl aufschreiben, als Serie von 0 und 1. Angenommen, Alice will Bob eine Nachricht schicken. Sie sucht sich zunächst völlig zufällig einen Schlüssel aus – etwa „10111100“. Diesen Schlüssel übergibt sie Bob, und zwar auf eine Weise, bei der jeder Betrug und jeder Abhörversuch ausgeschlossen ist, zum Beispiel bei einem persönlichen Treffen. Außer Alice und Bob kennt niemand diesen Schlüssel.

Unter dieser Voraussetzung kann Alice nun eine völlig abhörsichere Botschaft an Bob schicken. Angenommen, sie möchte die Botschaft „10001111“ übermitteln. Diese Botschaft besteht aus acht binären Ziffern, sie ist genauso lang wie der Schlüssel. Somit kann Alice die Botschaft verschlüsseln – zum Beispiel nach der einfachen Regel: An jeder Stelle, an der im Schlüssel eine 0 vorkommt, bleibt die Botschaft, wie sie ist. An jeder Stelle, an der im Schlüssel eine 1 vorkommt, wird die Botschaft verändert – aus einer 0 wird an dieser Stelle eine 1 oder umgekehrt.

Botschaft:	**1 0 0 0 1 1 1 1**
Schlüssel (One-Time-Pad):	**1 0 1 1 1 1 0 0**
Verschlüsselte Botschaft:	**0 0 1 1 0 0 1 1**

Diese verschlüsselte Botschaft kann Alice nun an Bob schicken – und zwar auf beliebige Weise. Sie kann ihm die Zahl am Telefon vorlesen, sie kann die Zahl groß auf die Stadtmauer aufmalen, sie kann die Zahl von einem Flugzeug auf den Himmel schreiben lassen.

Es ist völlig egal, wer diese verschlüsselte Zahl sonst noch zu lesen bekommt, denn sie allein hat absolut keinen Nachrichtenwert. Jede beliebige Botschaft könnte hinter dieser Nachricht stecken - ohne Schlüssel lässt sich daraus nichts lernen. Wenn Schlüssel und Botschaft gleich lang sind, kann man die Verschlüsselung mit statistischen Methoden nicht knacken - zumindest solange Alice bei jeder Nachricht einen neuen Schlüssel verwendet. Nur Bob kann sie mit seinem Schlüssel in die Originalbotschaft zurückübersetzen.

Doch das Problem bei dieser Strategie ist offensichtlich: Sie funktioniert nur, wenn man garantieren kann, dass außer Alice und Bob niemand diesen Schlüssel kennt. Und wer soll das garantieren können? Vielleicht hat jemand den Zettel kopiert? Vielleicht hat jemand heimlich zugesehen, als Alice den Schlüssel an Bob übergeben hat? Und das ist der Punkt, an dem die Quantentheorie ins Spiel kommt: Genau dafür kann sie nämlich sorgen. Und zwar mit absoluter Sicherheit.

Quantenkryptographie: Verschlüsselung durch Quantenverschränkung

Man braucht dazu nur eine Photonenquelle, die verschränkte Photonenpaare aussendet - ein Photon wird an Alice geschickt und ein Photon geht an Bob. Keines der Photonen hat zunächst eine eindeutig festgelegte Polarisationsrichtung. Aber sie wurden so verschränkt, dass feststeht: Wenn Alice und Bob messen, ob ihr Photon horizontal oder vertikal polarisiert ist, dann erhalten sie immer entgegengesetzte Ergebnisse.

Alice und Bob müssen aber nicht die Messung „horizontal oder vertikal" durchführen. Sie können auch in einer anderen Richtung messen - zum Beispiel, ob das Photon rechtsdiagonal oder linksdiagonal polarisiert ist. Welche Richtung sie messen, entscheiden die beiden unabhängig voneinander vor jeder Messung rein zufällig. Nach einer bestimmten Zahl von Messungen veröffentlichen beide, welche Richtung sie bei welchem Photon gewählt haben. Diese Information ist nicht geheim, jeder darf sie sehen – das Ergebnis der jeweiligen Messung allerdings behalten Alice und Bob für sich.

Jedes gemessene Photonenpaar fällt nun in eine von zwei möglichen Kategorien: Entweder Alice und Bob haben zufällig dieselbe Messrichtung gewählt – dann wissen beide mit Sicherheit, welches Messergebnis ihr Gegenüber bekommen hat. Das Ergebnis selbst ist reiner Zufall, aber wenn die beiden Photonen quantenverschränkt sind, entsteht bei beiden ganz spontan und unvorhersagbar dieselbe Zufallszahl – und die können Alice und Bob nun als Verschlüsselungscode verwenden.

In eine zweite Kategorie fallen all jene Photonenpaare, bei denen Alice und Bob unterschiedliche Messrichtungen gewählt haben. Diese Fälle können Alice und Bob nicht verwenden, um einen Code zu generieren. Sie können anhand dieser Ergebnisse aber feststellen, ob sie abgehört wurden.

Wenn Alice und Bob nämlich abgehört wurden, dann bedeutet das: Irgendjemand hat Photonen abgefangen und gemessen. (Und dann wohl andere Photonen zu Alice und Bob weitergeschickt, damit denen nichts Verdächtiges auffällt.) Doch ein unumstößliches Gesetz der Quantenphysik lautet: Die Messung lässt den Überlagerungszustand kollabieren. Die Messung greift in den Zustand ein. Wenn irgendjemand Alice und Bob abhört, dann sind die Photonen, die bei Alice und Bob ankommen, nicht mehr quantenverschränkt. Und das können Alice und Bob feststellen, indem sie ihre Messergebnisse statistisch analysieren.

Wenn die Photonen tatsächlich quantenverschränkt geblieben sind, dann müssen die Messergebnisse die Bellsche Ungleichung verletzen – genau daran erkennt man schließlich Quantenverschränkung, das haben wir bereits festgestellt. Wenn die

Bellsche Ungleichung nicht verletzt ist, dann wissen Alice und Bob: Sie hatten es in Wirklichkeit gar nicht mit quantenverschränkten Photonen zu tun, sondern bloß mit irgendwelchen Photonen ohne besonderen quantenphysikalischen Zusammenhang. In diesem Fall ist sofort für beide klar, dass etwas schiefgelaufen sein muss.

Natürlich können sie auch probeweise ein paar der Ergebnisse miteinander austauschen, bei denen sie dieselbe Messrichtung gewählt haben – um zu sehen, ob sie dann tatsächlich immer exakt entgegengesetzte Ergebnisse erhalten haben. Auch das wäre nicht der Fall, wenn irgendjemand von außen mitgehört hätte.

Entscheidend ist: Egal welche genialen Tricks man sich ausdenkt, um die Botschaft abzufangen – nach den grundlegenden Gesetzen der Quantenphysik kann man die Botschaft nur mitlesen, wenn man sie verändert. Wenn das passiert, bemerken Alice und Bob das sofort und beginnen einfach noch mal von vorne. Wenn sie allerdings feststellen, dass alles ordnungsgemäß abgelaufen ist und ihnen niemand bösartigerweise irgendwelche Photonen geklaut hat, dann verfügen Alice und Bob nun beide über einen Zufallscode, den sonst im ganzen Universum garantiert niemand kennt. Und diesen Zufallscode können sie nun als One-Time-Pad verwenden, um damit eine Nachricht auszutauschen.

Der jahrtausendealte Wettstreit zwischen Verschlüsselungs-Anwendern und Verschlüsselungs-Brechern scheint damit entschieden zu sein: Endlich ist das Übermitteln von Botschaften möglich, die niemand sonst lesen kann – garantiert durch die Gesetze der Quantenphysik.

Die Frage ist nur: Erhöht das auch wirklich unsere Datensicherheit? Wenn Daten gestohlen, abgehört oder illegal entschlüsselt werden, ist nämlich oft nicht die Technologie schuld, sondern der Mensch. Auch ohne Quantenphysik kann man für ein sehr hohes Maß an Sicherheit sorgen. Das Problem ist meistens nicht, dass dieses hohe Maß an Sicherheit nicht ausreicht, sondern dass es nicht voll ausgeschöpft wird. Wer sein Passwort im Großraumbüro auf ein Zettelchen schreibt und auf den Computerbildschirm klebt, wird vermutlich auch von Quantenkryptographie nicht profitieren – in diesem Fall liegen die Probleme anderswo.

Und ein anderes, ganz entscheidendes Problem lässt sich auch mit Quantentricks kaum lösen – das Problem der Authentifizierung. Wenn Alice und Bob mit quantenverschränkten Teilchen einen Zufallsschlüssel erzeugen, dann können sie zwar sicher sein, dass sie über eine unabhörbare Quantenverbindung kommunizieren, aber sie können nicht völlig sicher sein, mit wem. Woher weiß Alice, dass am anderen Ende der Quantenleitung tatsächlich Bob sitzt? Wenn sich ein bösartiger Eindringling zwischen Bob und Alice schiebt und einfach mit beiden eine sichere Quantenverbindung aufbaut, kann er danach Bob und Alice möglicherweise dazu bringen, ihm alle ihre Geheimnisse zu verraten.

Das lässt sich beheben, wenn Alice und Bob sich am Ende eines Gesprächs auf eine Geheimzahl einigen, an der sie einander dann beim nächsten Gespräch garantiert erkennen können. Aber dann muss diese Geheimzahl wieder irgendwo gespeichert werden, und das ist auch wieder unsicher. Es gibt also Quanten-Kommunikation, die man nicht abhören kann – perfekte Sicherheit gibt es aber nie.

Quantenverschränkung und Telepathie

Die Quantenzustände, die man für Quanten-Teleportation oder Quantenkryptographie verwendet, zeigen das höchste Maß an Quantenverschränkung, das überhaupt möglich ist. Sie sind klar definiert und verhältnismäßig leicht zu erklären.

Selbstverständlich ist die Wirklichkeit immer ein bisschen unordentlicher und komplizierter. Außerhalb kontrollierter Quantenexperimente ist Quantenverschränkung meist ein kompliziertes Durcheinander. Teilchen kollidieren, tauschen Kräfte aus und verschränken sich dabei ein bisschen. Diese Verschränkungen verlieren sehr schnell an Bedeutung, wenn diese Teilchen danach wieder mit anderen Teilchen zusammenstoßen – aber rein mathematisch kann man trotzdem sagen: In gewissem Ausmaß ist alles miteinander quantenverschränkt.

Wir können das zwar nicht messen und wir können es auch nicht technisch nutzen – aber zumindest ein kleines bisschen sind alle Teilchen im Universum quantenphysikalisch miteinander verbunden. Schließlich stammen sie alle aus demselben chaotischen Teilchengewirr, in dem kurz nach dem Urknall die gesamte Materie des Universums als wildes Geflimmer von Quantenzusammenstößen durcheinanderschwirrte.

Quantenverschränkung ist überall, sie ist ein unvermeidlicher Teil unserer Wirklichkeit. Aber leider wird sie genau deshalb oft als Argument für merkwürdige esoterische Thesen missbraucht. „Die Quantenphysik beweist, dass wir alle miteinander verbunden sind!“, heißt es dann. „Die Quantenphysik sagt, dass im Universum alles mit allem zusammenhängt!“

Das ist prinzipiell gar nicht falsch – nur braucht man dafür gar keine Quantenphysik. Allein schon die Tatsache, dass wir alle aus dem Urknall hervorgegangen sind, bedeutet, dass wir in gewissem Sinn logisch zusammengehören. Auch die Gravitation bewirkt, dass alles mit allem verbunden ist: Jedes Objekt übt eine Anziehungskraft auf jedes andere Objekt aus, und diese Kraft hat eine unendlich große Reichweite. Wenn ich die Hand hebe, verändere ich in minimalem Ausmaß die Kraft, die ich auf einen kleinen, unscheinbaren Stein irgendwo auf dem Mars ausübe.

Dass im Universum alles irgendwie mit allem zusammenhängt, ist also kein großes Geheimnis, das uns die Quantentheorie offenbart, sondern eine ziemlich banale Tatsache. Wissenschaftlich völlig unhaltbar ist es natürlich, wenn man die Quantenverschränkung aus diesem Grund als Erklärung für Phänomene missbraucht, die es gar nicht gibt – etwa für Telepathie: „Wenn es Quanten-Teleportation wirklich gibt und wir alle miteinander quantenverschränkt sind – kann dann nicht auch ein Gedanke von einem Menschen in den Kopf eines anderen Menschen teleportiert werden?"

Nein, kann er nicht. Wenn es Elektrizität wirklich gibt und meine Nervenzellen elektrochemisch miteinander verbunden sind, bedeutet das auch nicht, dass ich mit angestrengtem Nachdenken einen elektrischen Küchenmixer antreiben kann. Nur weil man wissenschaftliche Begriffe auf grammatikalisch unfallfreie Weise miteinander kombiniert, muss man noch lange nichts Sinnvolles über die Welt ausgesagt haben.

Quantenverschränkungen ergeben sich nicht einfach durch angestrengtes Wollen. Man muss sie mit großem Aufwand herstellen. Wie sich eine zielgerichtete Quantenverschränkung zwischen einem Teilchen in meinem Kopf und einem Teilchen im Kopf eines anderen ergeben soll, ist völlig unklar.

Und selbst wenn es diese Quantenverschränkung gäbe – um welchen quantenverschränkten Zustand würde es sich handeln? Wären die Teilchen dann bei einer Messung im selben Zustand? Oder in entgegengesetzten? Und selbst wenn wir das wüssten: Dann würde eine Messung des Teilchens in meinem Kopf einfach eine Zufallszahl liefern – mehr nicht. Das hat mit Gedankenübertragung nichts zu tun.

Sogar wenn wir den völlig aberwitzigen Fall annehmen, dass durch Überwindung einer ganzen Reihe von Unmöglichkeiten tatsächlich der Zustand eines Teilchens in meinem Kopf in den Kopf eines anderen Menschen teleportiert werden könnte – wieso sollte sich dadurch im fremden Kopf ein Gedanke bilden, der irgendetwas mit den Gedanken in meinem Kopf zu tun hat? Wieso sollte sich dieser Teilchenzustand jemals in irgendeiner Form gegen das völlig zufällige Teilchenrauschen durchsetzen, das in jeder unserer Zellen ohnehin ununterbrochen stattfindet?

Nichtlokalität: Ganz so seltsam ist das gar nicht

Quantenverschränkung ist keine Magie. Sie lässt sich verstehen und mathematisch berechnen. Das wirklich Herausfordernde an der Quantenverschränkung ist das Problem der Nichtlokalität: Man führt an einem Teilchen eine Messung durch und beeinflusst damit gleichzeitig auch den Zustand eines anderen Teilchens, das sich an einem völlig anderen Ort befindet. Genau das ist der verwirrende Kern der Sache, genau das machte schon Albert Einstein zu schaffen und genau das wird sicher auch in Zukunft noch für Kopfzerbrechen sorgen.

Doch dieser nichtlokale Kollaps der Wellenfunktion ist nun einmal ein fester Bestandteil der Quantentheorie. Eigentlich braucht man dafür gar keine Quantenverschränkung. Stellen wir uns ein einzelnes Teilchen vor, das sich wellenartig in einem großen Bereich des Raumes ausbreitet. Seine Position ist extrem unbestimmt, seine Wellenfunktion befindet sich an vielen Orten gleichzeitig.

Was passiert, wenn wir nun plötzlich messen, wo sich dieses Teilchen befindet? Das wissen wir bereits aus dem Doppelspaltexperiment: Die Wellenfunktion kollabiert, das Teilchen bekommt einen eindeutig bestimmten Aufenthaltsort, es befindet sich plötzlich dort, wo es gemessen wurde, und überall sonst befindet es sich plötzlich nicht mehr.

Aber auch das ist in gewissem Sinn ein nichtlokaler Effekt: Die Messung des Teilchens an einem Ort hat augenblicklich Auswirkungen auf alle anderen Orte. So betrachtet ist die Nichtlokalität der Quantenverschränkung zwar seltsam, aber nicht besonders viel seltsamer als die Seltsamkeiten, die uns bereits das Doppelspaltexperiment beschert hat. Der einzige Unterschied ist, dass wir es bei der Quantenverschränkung mit einem Quantenzustand zu tun haben, der auf zwei oder mehr Teilchen verteilt ist.

Aber wie man es auch dreht und wendet: Alle komplizierten Fragen der Quantentheorie scheinen uns immer wieder auf dasselbe Problem zurückzuführen: Was ist eigentlich eine Messung? Und warum macht sie aus der Vielfalt beliebiger Zustände, die ein Quantenteilchen gleichzeitig einnehmen kann, einen einzigen zur eindeutigen Wahrheit? Letztlich kreist die gesamte Quantentheorie um diese merkwürdige Frage.

Schrödingers Katze

Wie man den Unterschied zwischen Atomen und Katzen verstehen kann, warum „Quanten-Darwinismus" nur ganz bestimmte Zustände überleben lässt und wie Dekohärenz dafür sorgt, dass es überhaupt eine Wirklichkeit gibt: Bei der Messung kommt die mikroskopische Welt in Kontakt mit der makroskopischen Welt.

Erwin Schrödinger war unzufrieden. Für seine Schrödingergleichung hatte er 1933 den Nobelpreis bekommen, die neuen Formeln der Quantentheorie funktionierten und ihre Ergebnisse passten wunderbar zu den Experimenten. Trotzdem hatte Schrödinger das Gefühl, dass man das Wesen der Quantentheorie noch immer nicht so ganz verstanden hatte.

In der Wissenschaft gibt es präzisere und weniger präzise Theorien. Manchmal hat man gar nicht das Ziel, jedes Detail zu erklären, sondern möchte nur ein grobes Bild der Wirklichkeit entwerfen. Wenn wir zum Beispiel in der Meteorologie Begriffe wie „Temperatur" oder „Druck" verwenden, dann erheben wir dabei gar nicht den Anspruch, unsere Atmosphäre damit vollständig und exakt zu beschreiben. Über die Bewegung der einzelnen Luftteilchen zum Beispiel sagen wir damit überhaupt nichts aus, wir begnügen uns mit einer Näherung, mit einer eher unscharfen Beschreibung der Wirklichkeit. Trotzdem kann man damit eine ziemlich gute Wettervorhersage ausrechnen.

Die Quantentheorie ist aber eigentlich eine hochpräzise Theorie. Sie beschreibt die kleinsten Grundbausteine des Universums. Sie erhebt den Anspruch, keine bloße Näherung zu sein, sondern die Welt der Teilchen exakt zu erklären. Trotzdem verrät sie uns nicht, was das Ergebnis einer bestimmten Messung sein wird – bloß die Wahrscheinlichkeiten dafür können wir mit der Quantentheorie ausrechnen. Wir müssen uns damit abfinden, dass in der Quantentheorie eben manches ein bisschen unscharf ist.

Diese Unschärfe ist aber nicht bloß eine Eigenschaft der Theorie, sondern offenbar eine Eigenschaft der Natur. Und das ist ein großer Unterschied, wie Erwin Schrödinger betonte: Es ist wie der Unterschied zwischen einem verwackelten, unscharfen Foto und einer Aufnahme von Wolken und Nebelschwaden. Einmal ist nur das Bild unscharf, einmal die Welt selbst. Möglicherweise sieht beides ähnlich aus – aber aus sehr unterschiedlichen Gründen.

Die Frage ist nun: Wenn uns die Quantentheorie sagt, dass die Welt der kleinen Teilchen prinzipiell unvorhersagbar ist – bezieht sich diese Unvorhersagbarkeit dann nur auf die Welt der kleinen Teilchen? Wenn wir uns schon damit abfinden müssen, dass die Wirklichkeit in gewissem Sinn zufällig, unscharf und nebelig ist – können wir dann zumindest damit rechnen, dass diese Unschärfe auf die Welt der Quantenteilchen beschränkt bleibt und für große Dinge wie Tomaten, Menschen oder Eisenbahnlokomotiven normalerweise keine Rolle spielt?

Nein, so kann man das nicht sagen. Die Welt des Kleinen lässt sich von der Welt des Großen nämlich nicht scharf abtrennen. Ein unvorhersehbarer Zufall auf Quantenebene kann leicht zu einem unvorhersehbaren Zufall in der Welt der großen Dinge werden. Genau das zeigte Schrödinger mit dem Gedankenexperiment, das unter dem Namen „Schrödingers Katze" weltberühmt wurde.

Die Katze in der Kiste

Stellen wir uns vor, wir haben ein bisschen radioaktives Material – gerade so viel, dass mit einer Wahrscheinlichkeit von fünfzig Prozent innerhalb der nächsten Stunde einer dieser radioaktiven Atomkerne zerfallen wird. Daneben ist ein Strahlenmessgerät. Wenn dieses Strahlenmessgerät einen Zerfall registriert, dann wird ein Mechanismus ausgelöst, der ein Fläschchen mit giftiger Blausäure zertrümmert. Und daneben sitzt Schrödingers Katze.

Die ganze Maschinerie mitsamt der Katze packen wir nun in eine Metallkiste, die wir gut verschließen. Und jetzt warten wir eine Stunde. Was ist nun passiert? Wie sieht quantenphysikalisch betrachtet nun der Inhalt dieser Kiste aus?

Radioaktiver Zerfall ist ein reines Zufallsereignis. Wenn man nicht misst, ob ein Atomkern zerfallen ist oder nicht, dann kann er sich in einem Überlagerungszustand aus „ganz“ und „zerfallen“ befinden. Über unsere Atomkerne in der Kiste wissen wir: Nach einer Stunde liegt die Wahrscheinlichkeit bei fünfzig Prozent, dass zumindest einer der radioaktiven Atomkerne zerfallen ist. Wir nehmen also an, dass wir es mit einem Überlagerungszustand zu tun haben, aus der Möglichkeit „kein Atom ist zerfallen“ und der Möglichkeit „mindestens ein Atom ist zerfallen“. Beides ist gleich wahrscheinlich.

Dann muss das aber wohl auch bedeuten, dass sich das Strahlenmessgerät in einem Überlagerungszustand befindet, aus „hat keinen radioaktiven Zerfall detektiert“ und „hat mindestens einen radioaktiven Zerfall detektiert“? Damit ist das

Blausäurefläschchen also in einem Überlagerungszustand aus „ist ganz geblieben" und „wurde zertrümmert"? Und das wiederum heißt für Schrödingers Katze: Sie befindet sich in einem Überlagerungszustand aus lebendig und tot?

Die Quantentheorie sagt: Erst die Messung zwingt einen Überlagerungszustand, sich für eines der möglichen Messergebnisse zu entscheiden. Heißt das nun für Schrödingers Katze, dass über ihr Leben tatsächlich erst entschieden wird, wenn wir die Kiste öffnen? Ist sie sowohl lebendig als auch tot – bis zu dem Augenblick, an dem wir durch unsere Beobachtung den Zustand der Katze messen und die Überlagerung kollabieren lassen?

Das klingt seltsam und verrückt. Dass sich ein Elektron an zwei Orten gleichzeitig befinden kann, lassen wir uns vielleicht noch irgendwie einreden. Dass ein Atomkern gleichzeitig ganz und zerfallen sein kann, können wir vielleicht auch noch verkraften. Aber eine Katze, die gleichzeitig lebendig und tot ist? Da stimmt irgendetwas nicht. Im Gegensatz zu Elektronen und Atomen sind Katzen nämlich Dinge unserer makroskopischen Welt, mit denen wir ziemlich viel Erfahrung haben. Und unsere Erfahrung sagt uns: Es gibt lebendige Katzen und es gibt tote Katzen, aber keine Katze ist jemals beides zugleich. Irgendetwas muss in unserer Argumentation hier schiefgelaufen sein.

Wigners Freund

Man kann sich aber noch verrücktere Geschichten ausdenken. Eine Erweiterung des Gedankenspiels mit Schrödingers Katze stammt vom Physiknobelpreisträger Eugene Wigner, es wurde unter dem Titel „Wigners Freund“ bekannt: Stellen wir uns vor, Wigners Freund steht im Labor und führt ein Quantenexperiment durch – zum Beispiel das Experiment mit Schrödingers Katze. Wir nehmen an, die Katze befindet sich tatsächlich in einem Überlagerungszustand aus „tot“ und „lebendig“, bis Wigners Freund die Katzenkiste öffnet und feststellt, ob die Katze nun tot oder lebendig ist.

Doch Wigner selbst steht währenddessen draußen vor dem Labor und hat noch keine Ahnung davon, ob die Katze nun lebendig oder tot ist. Er kann aber die Labortür öffnen und hineingehen – und dann findet er entweder eine offene Kiste mit zerfallenem Atomkern, toter Katze und traurigem Freund oder aber eine offene Kiste ohne zerfallenem Atomkern, mit lebendiger Katze und einem Freund, der erleichtert ist, dass dieses aus tierrechtlicher Sicht höchst verwerfliche Experiment zum Glück doch noch einmal gut ausgegangen ist.

Aber was genau ist hier passiert? Stand das Ergebnis des Experiments schon fest, bevor Wigner die Tür zum Labor öffnete? Oder befand sich vorher das ganze Labor in einem Überlagerungszustand aus „tote Katze, trauriger Freund“ und „lebendige Katze, fröhlicher Freund“? Wer hat hier nun eine Messung durchgeführt? Wer hat nun den Überlagerungszustand dazu gezwungen, sich für eine von zwei Möglichkeiten zu entscheiden? Wigners Freund, als er die Katzenkiste öffnete – oder Wigner, als er die Tür zum Labor öffnete? Oder irgendwie beide?

Eugene Wigner war der Meinung, dass unser menschliches Bewusstsein hier die entscheidende Rolle spielt: Ein

Atom oder ein seelenloses Messgerät mag möglicherweise in einem Überlagerungszustand aus zwei verschiedenen Möglichkeiten sein, aber sobald ein bewusster Beobachter ein Ergebnis wahrnimmt, wird die Wirklichkeit dadurch festgelegt.

Das ist aber keine zufriedenstellende Lösung. Zunächst ist es schon wieder ziemlich katzenfeindlich, zwar Wigners Freund ein Bewusstsein zuzuschreiben, das zur Festlegung der Wirklichkeit führt, Schrödingers Katze in der Kiste aber nicht. Wo ist der Unterschied zwischen Katzen und Menschen? Wann genau in der Evolutionsgeschichte entstand das erste Wesen mit Bewusstsein, das fähig war, Quantenzustände kollabieren zu lassen? Und wie um alles in der Welt sollen wir uns eine Vergangenheit vor der Entwicklung des Bewusstseins vorstellen? Lebten die ersten Trilobiten im Urmeer etwa in einem wirren Quantengeblubber aus unübersichtlichen Überlagerungszuständen, in dem es keine eindeutige Wirklichkeit gab? Natürlich nicht. Hier wird dem menschlichen Bewusstsein eine fast magische Bedeutung zugeschrieben, für die es keine physikalischen Argumente gibt.

Die These vom Bewusstsein, das angeblich die Wirklichkeit festlegt, erklärt überhaupt nichts, solange man nicht genau definieren kann, was „Bewusstsein“ eigentlich bedeutet. Und selbst wenn man den Begriff „Bewusstsein“ tatsächlich irgendwie in physikalische Formeln packen könnte – warum soll ausgerechnet die Eigenschaft der „Bewusstheit“ einen Einfluss auf Quantenteilchen und den Kollaps von Quantenzuständen haben? Warum nicht die Eigenschaft, rotes Blut in den Adern zu haben? Oder Magensäure zu produzieren? Oder irgendwann mal von einem Insekt gestochen worden zu sein? Niemand kann beweisen, dass Quantenmessungen ohne Insektenstiche möglich wären! Es gibt aber auch nicht den geringsten Grund, solche seltsamen Thesen zu glauben.

Was heißt hier „Messung“?

All diese Probleme beruhen darauf, dass wir nicht exakt geklärt haben, was „messen“ nun wirklich bedeutet und was bei einer Messung genau passiert. Findet die Messung statt, wenn das Strahlenmessgerät einen radioaktiven Zerfall detektiert? Oder wenn das Glas der Flasche zersplittert und die Katze bemerkt, dass hier irgendetwas nicht stimmt? Oder wenn ein Mensch nachsieht, was passiert ist?

→ Um das zu klären, machen wir es uns zunächst so einfach wie möglich und ersetzen das haarsträubend komplizierte Geschehen in Schrödingers Katzenkiste durch etwas Übersichtlicheres. Statt der radioaktiven Atome, die gleichzeitig ganz und zerfallen sind, können wir auch jeden anderen Überlagerungszustand verwenden – zum Beispiel ein Teilchen, das sich in einem Überlagerungszustand aus „Spin up“ und „Spin down“ befindet.

Wir schicken dieses Teilchen nun durch einen Stern-Gerlach-Apparat, der „Spin up“-Teilchen nach oben ablenkt und „Spin down“-Teilchen nach unten. Befindet sich das Teilchen aus einer Überlagerung aus beiden Möglichkeiten, dann wird es gleichzeitig nach oben und nach unten abgelenkt – der Weg, den es zurücklegt, ist eine Überlagerung aus „oberer Pfad“ und „unterer Pfad“. Beim originalen Stern-Gerlach-Experiment wurden die Teilchen dann gemessen, indem man sie auf eine Glasplatte treffen ließ. Jedes Teilchen kann nur an einer Stelle auf die Glasplatte treffen, niemals an zwei gleichzeitig. Deshalb kommt es in diesem Augenblick zum Kollaps der Wellenfunktion, das Teilchen muss sich entscheiden – für einen der beiden Wege und somit auch für einen der beiden Spin-Zustände „Spin up“ oder „Spin down“.

Das machen wir diesmal allerdings nicht, wir gehen mit unserem Teilchen etwas sanfter um. Wir schicken es durch einen zweiten Stern-Gerlach-Apparat, der genau um hundertachtzig Grad gedreht ist – er macht die Wirkung des ersten Apparats einfach rückgängig: Die „Spin up"-Teilchen, die vorhin nach oben abgelenkt wurden, lenkt er wieder nach unten, und die „Spin down"-Teilchen, die den unteren Weg genommen hatten, werden wieder nach oben geschickt. Die beiden Teilchenstrahlen werden somit wieder miteinander vereint. Am Schluss weiß man nicht mehr, ob ein bestimmtes Teilchen nun den oberen oder den unteren Weg genommen hat – oder beide gleichzeitig.

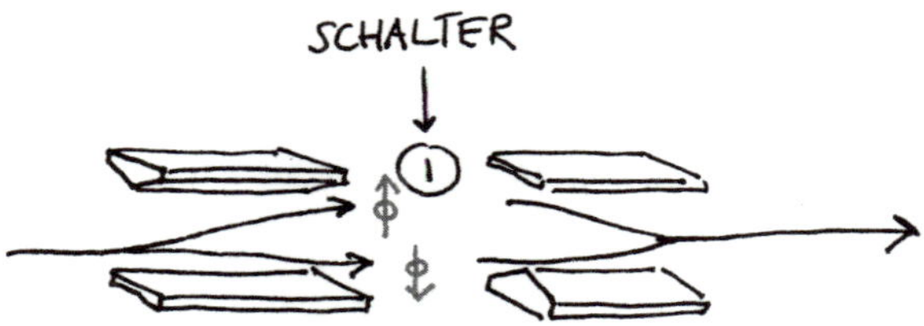

Zwei Stern-Gerlach-Apparate hintereinander: Ein „Spin up"-Teilchen nimmt den oberen Weg, ein „Spin down"-Teilchen nimmt den unteren Weg. Ein Teilchen, das sich in einer Überlagerung aus „Spin up" und „Spin down" befindet, nimmt beide Wege gleichzeitig. An einem der beiden Wege wird ein „Schalter" platziert, der umgeschaltet wird, wenn das Teilchen dort vorbeikommt.

Wir haben also einen sehr einfachen Überlagerungszustand erzeugt, nun wollen wir eine Messung durchführen. Was ist das simpelste Messgerät, das man sich physikalisch überhaupt vorstellen kann? Versuchen wir es mal mit einem einzigen Atom.

Angenommen, wir haben ein Atom, das seinen Zustand ändert, wenn unser Teilchen dicht an ihm vorbeifliegt. Vielleicht ändert dabei ein Elektron des Atoms seinen Spin – was dabei physikalisch genau passiert, muss uns in diesem Fall nicht kümmern, wir stellen uns das Atom einfach wie einen winzigen Schalter vor: Am Anfang hat es einen Zustand, den wir „ausgeschaltet" nennen, wenn ein Teilchen vorbeifliegt, wird es „eingeschaltet".

Diesen atomaren Mini-Schalter platzieren wir nun in unserem Versuchsaufbau mit den zwei Stern-Gerlach-Apparaten, direkt am oberen der beiden Wege, die das Teilchen nehmen kann. Wenn das Teilchen tatsächlich am Schalter vorbeikommt, ändert sich beim Vorbeifliegen der Zustand des Schalters. Wenn das Teilchen hingegen den anderen Weg nimmt, bleibt der Schalter völlig unbeeindruckt im Zustand „ausgeschaltet".

Wir müssen danach also nur den Schalter analysieren und können daraus etwas über unser Teilchen erfahren. Bedeutet das also, dass der Mini-Schalter ein Messgerät ist? Wurde der Zustand des Teilchens gemessen, einfach nur, weil wir das Schalter-Atom auf einem der möglichen Wege platziert haben?

Nein, nicht wirklich. Der Schalter muss nämlich kein eindeutiges Ergebnis liefern. Sein Zustand ist nach unserem Experiment genauso unbestimmt wie der Zustand des Teilchens, festgelegt wird hier überhaupt nichts. Wenn sich unser Teilchen in einem Überlagerungszustand aus „Spin up" und „Spin down" befindet, dann nimmt es beide Wege gleichzeitig. Somit wird der Schalter umgeschaltet und gleichzeitig auch nicht umgeschaltet – er befindet sich am Ende in einer Überlagerung aus „ein" und „aus". Das ist aber nicht, was wir von einem Messgerät erwarten.

Was wir hier produziert haben, ist eine ganz gewöhnliche Quantenverschränkung: Teilchen und Schalter-Atom kommen miteinander in Kontakt, die Wechselwirkung zwischen ihnen sorgt dafür, dass sie sich danach gemeinsam in einem verschränkten Zustand befinden. Das Schalter-Atom ist eigentlich bloß ein Speicher, auf den der Zustand des Teilchens übertragen wurde. Wenn wir den Zustand des Schalters kennen, dann kennen wir auch den Zustand des Teilchens – und umgekehrt. Aber beides kann gleichzeitig völlig unbestimmt sein.

Eine solche Quantenverschränkung ist interessant, aber sie ist noch keine echte Messung. Wenn wir etwas messen, dann wollen wir ein klares Ergebnis sehen. Wir wollen, dass auf einem Computerbildschirm eine Zahl angezeigt wird. Oder dass sich irgendwo ein mechanischer Zeiger bewegt. Oder meinetwegen auch, dass ein lauter Pfeifton ertönt.

Um das zu erreichen, genügt aber ein Atom nicht. Damit wir von einer Messung reden können, muss das Schalter-Atom seinen Zustand weitergeben. Es muss ihn mit anderen Teilchen teilen, die dann diesen Zustand wieder mit anderen Teilchen teilen – und immer so weiter, bis der Schalter-Zustand auf so viele Teilchen verteilt wurde, dass ein makroskopischer Effekt entsteht. Genau das ist es, was eine Messung ausmacht.

Wir können den Schalter zum Beispiel mit einem Laserstrahl beleuchten. Dann verschränken wir den Schalter-Zustand mit dem Zustand des Laserstrahls. Vielleicht wird ein Photon vom Schalter-Atom ausgesendet und trifft auf einen Lichtdetektor. Dann sind die Atome des Lichtdetektors, die von diesem Photon getroffen werden, ebenfalls mit dem Schalter-Atom verschränkt. Und vielleicht entsteht dort ein Signal, das von elektronischen Bauteilen verstärkt wird. Vielleicht wird daraus ein elektrischer Puls, getragen von vielen Elektronen, der schließlich auf einem Bildschirm einen Punkt aufleuchten lässt. Dieser Bildschirmpunkt wiederum sendet unzählige Photonen aus, von denen manche dann die Netzhaut in unserem Auge erreichen.

Man kann sich eine Messung als Informationsausbreitung vorstellen: Die Information über den Quantenzustand, der uns interessiert, wird zu Beginn von einem einzigen Teilchen getragen. Aber bei einer Messung kommt das Teilchen in Kontakt mit seiner Umwelt. Durch viele kleine Wechselwirkungen sickert die Information über den Quantenzustand unseres Teilchens in seine Umgebung – ähnlich wie ein Wassertropfen im Boden versickert und viele Bodenpartikel ein bisschen nass macht.

So entsteht nach und nach eine gewaltige Quantenverschränkungs-Kaskade, in der Information von unserem winzig kleinen Teilchen an den riesengroßen Rest des Universums weitergegeben wird. Aus dem Zustand eines Teilchens in der mikroskopischen Welt wird ein Zustand der makroskopischen Welt.

Quanten-Darwinismus

Dieses Einsickern der Quanteninformation in die Umgebung passiert nicht nur dann, wenn ein Teilchen auf ein Messgerät trifft – es genügt, wenn das Teilchen mit Luftmolekülen zusammenstößt oder mit den Photonen der kosmischen Hintergrundstrahlung, die uns alle ständig umgibt. Entscheidend ist nur, dass unser Teilchen auf irgendeine Weise in Kontakt mit der Umgebung gerät, dann wird es ganz von selbst Quantenverschränkungen bilden, und sein Zustand versickert in der Umwelt.

Doch dabei geschieht etwas Merkwürdiges: Die Umgebung behandelt bei solchen Vorgängen nicht alle Quantenzustände gleich. Manche Quantenzustände lassen sich gut auf die Umgebung übertragen, andere weniger gut. Das ist seltsam, denn eigentlich sollten nach den Grundgesetzen der Quantenphysik alle Zustände gleichberechtigt sein.

→ Ob sich ein Teilchen in einem Überlagerungszustand befindet oder nicht, ist bloß Ansichtssache – das haben wir bereits im Kapitel „Ein Elektron ist kein Planet“ festgestellt: Ein Teilchen im Spin-Zustand „Spin up“ befindet sich zwar in einem eindeutigen Zustand, wenn wir die Frage „Spin up oder Spin down?“ stellen, aber es befindet sich in einem Überlagerungszustand, wenn wir die Frage „Spin links oder Spin rechts?“ stellen.

Vom Teilchen aus gesehen gibt es keinen Unterschied zwischen Überlagerungszuständen oder Zuständen mit eindeutig festgelegtem Messergebnis. Für das Teilchen ist jeder Zustand genauso gut wie jeder andere. Man kann wahlweise die einen Zustände als „normal“ betrachten und die anderen zur „Überlagerung“ erklären oder umgekehrt.

Es ist so ähnlich wie beim Zeichnen von Landkarten: Wir können die Richtungen „Nord“ und „Ost“ als die beiden „normalen“ Richtungen definieren, nach denen wir die Achsen unserer Landkarte ausrichten. Dann betrachten wir jede andere Richtung als Zusammensetzung dieser beiden Richtungen: Nordost ist eine „Überlagerungsrichtung“ aus Nord und Ost. Das ist aber bloß Konvention. Niemand kann mich daran hindern, eine Landkarte zu zeichnen, auf der ich die Richtungen „Nordost“ und „Nordwest“ als Achsen verwende. Dann verläuft „Nord“ eben nicht mehr entlang einer Achse, sondern schräg. Nord wird zur „Überlagerungsrichtung“, die sich aus „Nordost“ plus „Nordwest“ zusammensetzt.

Dasselbe gilt auch für ein Teilchen, das in einen Doppelspalt fliegt. Für uns Menschen scheint es zwei „natürliche“ Pfade zu geben – einen links, einen rechts. Jede Kombination aus links und rechts betrachten wir als etwas Seltsames, als eine exotische „Überlagerung“. Aber wieso eigentlich? Nach den Grundgleichungen der Quantenphysik sind das alles einfach bloß erlaubte Quantenzustände, die sich im Lauf der Zeit auf vorhersagbare Weise verändern. Es gibt keinen prinzipiellen Unterschied zwischen ihnen.

Wenn man möchte, könnte man auch „ein bisschen links und ein wenig rechts“ und „ein bisschen rechts und ein wenig links“ als „normale Zustände“ deklarieren – als neue „Achsen“, mit denen man den Quantenzustand beschreibt. Oder auch „halb rechts plus halb links“ und „halb rechts minus halb links“. Dann kann man den Zustand „das Teilchen bewegt sich auf dem linken Pfad“ als Überlagerungszustand betrachten. „Links“ ist schließlich dasselbe wie „halb links plus halb rechts“ plus „halb links minus halb rechts“. Zugegeben: Besonders anschaulich ist das nicht, aber die Mathematik der Quantentheorie lässt das zu.

Solange wir von einzelnen Teilchen reden, gibt es keinen grundlegenden Unterschied zwischen verschiedenen Quantenzuständen. Keiner ist „wirklicher" oder „natürlicher" oder „gewöhnlicher" als ein anderer. Doch sobald das Teilchen in Kontakt mit der Umwelt kommt, ändert sich das. Die Wechselwirkung zwischen Teilchen und Umwelt sorgt dafür, dass es plötzlich zwei verschiedene Sorten von Quantenzuständen gibt: Quantenzustände, die gegenüber der Wechselwirkung relativ stabil sind, und Quantenzustände, die durch die Wechselwirkung mit der Umwelt rasch zerstört werden.

Es ist ein bisschen so wie bei Haustieren, von denen manche nach Jahrhunderten aufwendiger Züchtung vielleicht etwas seltsame Eigenschaften angenommen haben. Neben nach wie vor recht wolfsähnlichen Hunden gibt es auch erstaunliche Minihunde in kompakter Handtaschengröße. Man kann sogar „Überlagerungszustände" zwischen verschiedenen Tieren herstellen – etwa Maultiere, eine Kreuzung zwischen Pferd und Esel. Oder Liger, eine Kreuzung aus Löwe und Tiger.

Den Tieren ist das egal. Sie alle können völlig gesunde, lebensfähige, zufriedene Individuen sein. Von ihnen aus gesehen gibt es keinen Unterschied zwischen dem jüngsten Ergebnis einer Züchtung und Tierzuständen, die von Millionen Jahren Evolution optimiert wurden. Wenn man nichts über den Rest der Welt weiß, kann man nicht sagen, welche dieser Tiere irgendwie ungewöhnlich und welche „natürlich" sind. Das bemerkt man erst, wenn sie in Kontakt mit der Umwelt geraten. Dann werden manche dieser Tiere gröbere Schwierigkeiten haben, andere werden die Wechselwirkung mit der Natur recht gut verkraften, sich fortpflanzen und langfristig stabil bleiben.

Quantenzuständen geht es ähnlich, wenn man sie auf ihre Umwelt loslässt. Der Quantentheoretiker Wojciech Zurek prägte dafür den Begriff des „Quanten-Darwinismus": Es gibt viele mögliche Quantenzustände, aber durch die Wechselwirkung mit der Natur kommt es zu einer Art „natürlichen Selektion“: Jene Zustände, die sich gut mit einem Zustand der makroskopischen Umwelt vertragen, werden überleben. Andere Zustände, zu denen es keinen passenden makroskopischen Zustand gibt, werden rasch zerstört. Es ist ein natürlicher Wechselwirkungsprozess, der festlegt, welche Quantenzustände zu unserer Welt der großen Dinge passen und welche nicht.

Ein Beispiel dafür sind Teilchen während einer Spin-Messung im Stern-Gerlach-Apparat: Ein Stern-Gerlach-Apparat, der den Spin eines Teilchens misst, indem er es in eine Richtung ablenkt und dann auf eine Glasplatte prallen lässt, kennt genau zwei makroskopische Zustände: Einen Zustand für „Es war ein Spin-up-Teilchen“ und einen Zustand für „Es war ein Spin-down-Teilchen“. Im ersten Fall ist ein Atom auf den oberen Bereich einer Glasplatte gedonnert und hat dort unzähligen Teilchen Energie übertragen, im zweiten Fall ist dasselbe im unteren Bereich der Glasplatte passiert. Solche makroskopischen Zustände werden von einer riesengroßen Zahl von Teilchen getragen – nicht bloß von einem.

Eine Überlagerung von „Spin up“ und „Spin down“ hat in diesem Stern-Gerlach-Apparat aber einfach keine makroskopische Entsprechung. Daher ist der Stern-Gerlach-Apparat für eine solche Art von Überlagerungszustand eine eher feindselige Umwelt: Wenn ein solcher Überlagerungszustand mit einem Stern-Gerlach-Apparat in Kontakt gerät, dann sorgt die Wechselwirkung zwischen Quantenzustand und Umwelt dafür, dass dieser Zustand instabil wird. Die Wechselwirkung verändert ihn – er wird entweder zum „Spin up“-Zustand oder zum „Spin down“-Zustand gemacht.

In eine dieser beiden Richtungen muss er umkippen – genau wie eine auf dem Tisch balancierte Spielkarte in eine von zwei möglichen Richtungen umkippen muss, sobald winzige

Vibrationen oder Luftbewegungen auf sie einwirken. Dieses Umkippen, dieses Erzeugen von Eindeutigkeit aus einem Kombinations-Zustand ist das, was man in der Quantenphysik als „Messung“ bezeichnet.

Wie das Teilchen einen Aufenthaltsort bekommt

Wojciech Zureks Quanten-Darwinismus erklärt auch, warum die meisten Dinge im Universum eine ziemlich genau definierte Position haben. Wechselwirkungen hängen nämlich fast immer empfindlich vom Aufenthaltsort ab: Je nachdem, wo sich ein Teilchen befindet, spürt es die Kräfte anderer Teilchen mal stärker, mal schwächer. An bestimmten Orten kann es vielleicht in einen Laserstrahl geraten oder mit einem anderen Teilchen zusammenstoßen, an anderen nicht.

Ein Quantenzustand, der keinen bestimmten Aufenthaltsort hat, sondern verschiedene weit voneinander entfernte Aufenthaltsorte miteinander überlagert, ist ziemlich instabil gegenüber solchen Wechselwirkungen, die vom Aufenthaltsort abhängen. Das Teilchen spürt dann keine eindeutige Kraft, sondern eine Überlagerung von unterschiedlichen Kräften an unterschiedlichen Orten – und diese Kräfte verändern den Quantenzustand innerhalb winziger Sekundenbruchteile. Der Quanten-Darwinismus lässt ihn nicht überleben.

→ Deswegen muss man zum Beispiel auch bei Doppelspaltexperimenten sehr vorsichtig vorgehen: Wenn man ein Teilchen durch einen Doppelspalt schießt, kann es sich nur dann gleichzeitig auf unterschiedlichen Wegen befinden, wenn man störende Wechselwirkungen mit der Umgebung verhindert. Es ist zum Beispiel eine gute Idee, das Experiment in einer Vakuumkammer durchzuführen, damit das Teilchen unterwegs nicht mit anderen Teilchen zusammenstößt.

Wie wichtig das ist, lässt sich leicht zeigen: Man kann ein Doppelspaltexperiment in einer Vakuumkammer durchführen und zunächst wie gewohnt die Wellen-Interferenzstreifen beobachten, die uns beweisen, dass unser Teilchen beide möglichen Wege gleichzeitig nimmt. Wenn wir nun aber ganz langsam nach und nach immer mehr Luft in die Vakuumkammer strömen lassen, dann ändert sich das Bild: Immer häufiger passiert es, dass unser Teilchen mit Luftmolekülen zusammenstößt. Durch diese Wechselwirkung wird der Aufenthaltsort des Teilchens festgelegt und die Information darüber sickert in die Umwelt ein.

Man könnte sagen: Die Luft in der Vakuumkammer „weiß" nun in gewissem Sinn immer genauer, auf welchem der beiden Wege sich das Teilchen befindet. Damit wird aber auch das Wellenmuster immer schwächer: Die dunklen Bereiche werden heller, die hellen Bereiche werden dunkler, irgendwann ist das Wellen-Interferenzmuster so ausgewaschen, dass wir von Welleneigenschaften nichts mehr sehen. In diesem Fall können wir nicht mehr davon sprechen, dass unser Teilchen beide Wege gleichzeitig zurückgelegt hat – die Wechselwirkung mit der Umgebung hat es dazu gezwungen, sich unterwegs für eine der beiden Varianten zu entscheiden.

Die Wechselwirkung mit der Umwelt legt also fest, welche physikalischen Begriffe überhaupt sinnvoll sind. Dass Wechselwirkungen so oft vom Aufenthaltsort abhängen, macht den Aufenthaltsort erst zur nützlichen physikalischen Größe. Wir könnten uns ein hypothetisches Paralleluniversum ausdenken, in dem völlig andere Naturgesetze gelten: Angenommen, dort herrschen Wechselwirkungen, die nicht vom Aufenthaltsort abhängen. In einem solchen Universum sind Begriffe wie „Position" oder „Abstand" ziemlich sinnlos. Die Teilchen hätten keine definierte Position, sie würden sich alle in großräumig verteilten Überlagerungszuständen aufhalten.

In unserem Universum hingegen ist es durchaus sinnvoll, von der „Position“ oder von der „Flugbahn“ eines Teilchens zu reden. Auch wenn eigentlich jeder beliebige Überlagerungszustand erlaubt ist – einem Teilchen einen bestimmten Aufenthaltsort zuzuschreiben, ist meistens ziemlich nah an der Wirklichkeit.

Auch die Energie eines Teilchens ist eine Eigenschaft, die für Wechselwirkungen mit der Umwelt eine wichtige Bedeutung hat. Daher haben Teilchen meistens eine bestimmte Energie und nicht mehrere völlig unterschiedliche Energiewerte gleichzeitig. Und dasselbe gilt für die Lebendigkeit von Katzen: Ob eine Katze lebendig oder tot ist, ändert die Wechselwirkung mit ihrer Umwelt ziemlich radikal. Daher ist ein Überlagerungszustand zwischen einer lebendigen und einer toten Katze höchst instabil – ihn wird man nie beobachten.

Dekohärenz: Wenn Wellen kaputtgehen

Aber was genau passiert nun mit den Quantenzuständen, wenn sie mit der Umwelt in Kontakt geraten? Um das zu untersuchen, müssen wir zu den Welleneigenschaften der Teilchen zurückkehren. Was macht Quantenzustände wirklich zu Quantenzuständen? Es ist ihre Fähigkeit, sich wellenartig miteinander zu überlagen. Man könnte das als den innersten Kern der Quantentheorie bezeichnen: Auf fundamentaler Ebene ist alles ein bisschen wellig, und Wellen können einander verstärken oder auslöschen.

Um das zu beobachten, muss es aber eine stabile, vorhersehbare Beziehung zwischen den beiden Wellen geben. Das kennen wir auch von Wasserwellen: Stellen wir uns vor, wir schicken Wellen durch eine Trennwand mit zwei Löchern von einer Seite des Wasserbeckens in die andere. Wir sitzen im Wasser und beobachten, wie von den beiden Löchern ausgehend zwei Wellen auf uns zukommen und einander dabei überlagern.

Von beiden Öffnungen erreicht uns mal ein Wellenberg, dann wieder ein Wellental - die Phase der Welle ändert sich ständig. Ob sich daraus nun ein hübsches, klar erkennbares Wellenmuster ergibt oder nicht, hängt davon ab, ob es einen vorhersehbaren Zusammenhang zwischen den beiden Wellenphasen gibt: Vielleicht befinden wir uns an einem Punkt, an dem uns ein Wellenberg von der einen Öffnung immer genau dann erreicht, wenn uns gleichzeitig ein Wellental von der anderen Öffnung erreicht - und umgekehrt. Wenn die beiden Wellen diesen Rhythmus beibehalten, wenn die Phasendifferenz zwischen den beiden Wellen immer gleich bleibt, dann löschen sich die beiden Wellen immer aus, und wir spüren keinen Wellengang.

Oder wir suchen uns einen Punkt, der von beiden Öffnungen genau gleich weit entfernt ist und immer zur gleichen Zeit von zwei Wellentälern oder zwei Wellenbergen erfasst wird. In diesem Fall addieren sich die beiden Wellen und der Wellengang wird maximal.

Das alles funktioniert aber eben nur dann, wenn die Wellen immer dieselbe Phasenbeziehung zueinander haben - man sagt in diesem Fall, die Wellen sind „kohärent". Wenn uns Wellenberge und Wellentäler immer in schön vorhersehbarem Rhythmus erreichen, können wir Wellenüberlagerungs-Phänomene wahrnehmen.

Doch was passiert, wenn nun die Wechselwirkung mit der Umwelt in Spiel kommt? Wie sehen die Wellen beispielsweise aus, wenn die Platte mit den beiden Öffnungen ein bisschen vibriert? Dann gerät die Welle dort in Kontakt mit komplizierten Einflüssen von außen. Vielleicht werden manche Wellenberge und manche Wellentäler ein bisschen beschleunigt, andere ein bisschen abgebremst. Manchmal wird der Abstand zwischen zwei aufeinanderfolgenden Wellenbergen ein bisschen größer, manchmal ein bisschen kleiner.

Dann gibt es aber keinen Punkt mehr, an dem ich verlässlich sagen kann, dass die beiden Wellen einander immer verstärken oder einander immer auslöschen. Die Wellenphase wird zum Zufallswert, die Wellen überlagern sich nicht mehr auf vorhersagbare Weise, wir sehen kein schönes Wellenmuster mehr, sondern bloß ein wirres Durcheinander.

Dasselbe passiert bei einem Doppelspaltexperiment mit Quantenteilchen, wenn es Wechselwirkungen mit der Umgebung gibt. Vielleicht vibriert auch hier die Platte mit dem Doppelspalt und überträgt manchmal ein bisschen Energie auf das Teilchen. Vielleicht bekommt das Teilchen manchmal einen kleinen Stoß, weil andere Teilchen in der Nähe sind. Vielleicht absorbiert es Licht und ändert dadurch seine Energie. In all diesen Fällen kann es passieren, dass Wellenberge und Wellentäler dadurch verschoben werden. Die Wellenphasen werden zufällig, die Wellen sind nicht mehr kohärent. Wir können keinen Hinweis auf die Welleneigenschaften der Teilchen mehr erkennen. Wenn das passiert, spricht man von „Dekohärenz“.

Zum Glück können wir uns einig sein

Die Quantentheorie, mit ihren Überlagerungszuständen, Wellenhaftigkeiten und Verschränkungen, funktioniert ganz grandios – solange man damit etwas berechnet, was mit dem Rest der Welt nichts zu tun hat. Solange Quantenteilchen von allem anderen so gut isoliert sind, dass man sie gewissermaßen als eigenes kleines Mini-Universum betrachten kann, lässt sich wunderbar vorhersagen, was dort passiert.

Aber natürlich ist das immer nur eine Annäherung an die Wahrheit, denn nichts ist jemals perfekt isoliert vom Rest der Welt. Jeder Kontakt zwischen dem Mikrokosmos und dem Makrokosmos führt zwangsläufig zu Dekohärenz. Die Information über den Wellenzustand der Teilchen sickert in die Umgebung, die Welt der kleinen Dinge wird an die Welt der großen Dinge angekoppelt, und somit bleiben nur jene Quantenzustände übrig, die einen Partner in der makroskopischen Welt haben. Aus Überlagerungszuständen werden klare Ergebnisse. Aus einem „Sowohl-als-auch" wird ein „Entweder-oder".

Damit ist auch klar, was mit Schrödingers Katze passiert: Der Zustand der Katze wird nicht erst festgelegt, wenn wir von ihrem Schicksal erfahren, sondern schon viel früher. Die radioaktiven Atome, die wir in die Kiste gepackt haben, können sich für eine gewisse Zeit in einem Überlagerungszustand zwischen „ganz" und „zerfallen" befinden, aber dieser Überlagerungszustand wird beendet, sobald er zum ersten Mal in Kontakt mit etwas Großem kommt – etwa mit dem Messgerät, das den radioaktiven Zerfall detektiert.

Zu diesem Zeitpunkt ist die Quanteninformation über den Zustand des Atoms in der Welt der großen Dinge angekommen – nicht nur mit der Welt innerhalb der Kiste, sondern auch mit dem Rest der Welt. Wenn das Fläschchen zerbricht, entstehen Vibrationen, die auch durch die beste Dämpfung nicht völlig von der Außenwelt abgeschirmt werden können. Wenn die Katze in der Kiste tot umfällt und keine Körperwärme mehr produziert, ändert das auch die Wärmestrahlung, die von der Kiste in den Rest des Universums ausgesendet wird. Ob wir die Kiste öffnen (oder ob dann auch noch Eugene Wigner die Labortür öffnet und uns besuchen kommt), ist egal.

Wenn die Dekohärenz zugeschlagen hat und aus einem Quantenzustand einen klassischen Zustand gemacht hat, dann ist er eindeutig. Den Quantenzustand eines Teilchens können wir nicht messen, ohne ihn zu beeinflussen. Einen Zustand in der makroskopischen Welt aber schon. Und dadurch wird ein Leben, wie wir es kennen, überhaupt erst möglich.

Wo der Zeiger eines Messgeräts hinzeigt, können wir uns ansehen, ohne dadurch an der Position des Zeigers irgendetwas verändern. Ob eine Katze lebt oder nicht, ist objektiv feststellbar. Über die Welt der großen Dinge können wir uns einig sein. Wir haben es also der Dekohärenz zu verdanken, dass es überhaupt eine eindeutige Wirklichkeit gibt, über die wir einer Meinung sein können. Und das ist doch eigentlich recht erfreulich.

Quantenphilosophie und Quantenesoterik

Warum man nicht über philosophische Interpretationen der Quantentheorie streiten soll, warum Paralleluniversen keine Probleme lösen und warum Quantentheorie so oft für esoterischen Unsinn missbraucht wird: Nicht alles, was wissenschaftlich klingt, ist tatsächlich sinnvoll.

Dieser Satz enthält einen merkwürdigen Tppfehler. Das war so geplant. Doch in welches Wort der Fehler eingebaut werden sollte, ergab sich durch puren Zufall: Das wurde durch ein Quantenexperiment entschieden. Es hätte auch jedes andere Wort treffen können. Aber ist dieser Tippfehler nun genauso real wie jeder andere? Oder sind auf geheimnisvoll-quantenunscharfe Weise vielleicht alle Wörter des Satzes ein bisschen falsch geschrieben, solange niemand hinsieht? Wie real ist das Ergebnis eines Quantenexperiments nun wirklich? Und ist das überhaupt eine sinnvolle Frage?

Mit solchen Gedanken sind wir bei einem schwierigen Thema angelangt, bei dem Wissenschaft und Unsinn oft auf haarsträubende Weise miteinander vermischt werden: Es geht um die philosophische Interpretation der Quantentheorie. Was heißt das nun alles? Was haben wir über die Welt gelernt, seit Max Planck im Jahr 1900 das erste ħ auf ein Blatt Papier schrieb? Wissen wir nun, wie das Universum funktioniert? Na ja, fast. Eigentlich nicht wirklich. Aber wir können uns jedenfalls auf deutlich höherem Niveau über unsere Welt wundern als je zuvor.

Wir wissen heute, dass man die Welt auf verschiedenen Ebenen betrachten kann. Es gibt die Welt des Kleinen und die Welt des Großen. Es gibt eine mikroskopische Welt, in der Quantenteilchen ihre Wahrscheinlichkeitswellen schlagen, und eine makroskopische Welt, in der wir zu Hause sind, Messungen durchführen und eindeutige Ergebnisse erhalten.

Es sind zwei unterschiedliche Bereiche der Physik, in denen unterschiedliche Regeln gelten. In der Quantenwelt ist jede Kombination verschiedener möglicher Zustände ebenfalls ein möglicher Zustand, in der Welt der großen Dinge hingegen sind bestimmte Zustände instabil – zum Beispiel solche, bei denen sich ein Objekt an mehreren Orten gleichzeitig befindet. Nur ganz bestimmte Zustände, die sich mit der Umgebung vertragen, sind in der Welt der großen Dinge möglich.

Die Grenze zwischen diesen beiden Welten kann man natürlich nicht scharf ziehen. Es gibt keine magische Mindestgröße, ab der ein Objekt plötzlich seine Quanteneigenschaften verliert und zur Welt der großen Dinge gezählt werden muss. Der Übergang ist kontinuierlich: Je mehr Teilchen im Spiel sind und je stärker ein Objekt mit seiner Umwelt interagiert, umso schneller verliert es seine Fähigkeit, sich als Quantenwelle mit sich selbst oder mit anderen Wellen zu überlagern.

Fest steht: Wenn wir den Zustand eines Quantenteilchens messen, dann erzeugen wir dabei ganz zwangsläufig eine Wechselwirkung zwischen dem Teilchen und dem Rest der Welt. Von allen Zuständen, die möglich wären, wird durch die Messung einer ausgewählt. Die Wahrscheinlichkeit dafür können wir exakt ausrechnen, aber welche Möglichkeit zur tatsächlichen Wirklichkeit wird, ist Zufall.

Das lässt uns nun aber immer noch mit der Frage zurück: Wie ergibt sich dieser Zufall? Wie legt die Natur fest, welche Möglichkeit wahr wird und welche nicht? Wie wird bei der Messung eine bestimmte Wirklichkeit erzeugt?

Für dieses „Messproblem der Quantentheorie“ gibt es keine echte Lösung. „Quanten-Darwinismus“ und Dekohärenz erklären uns zwar, warum die Wechselwirkung zwischen Quantenteilchen und ihrer Umgebung eine Entscheidung herbeiführen muss und warum in der Welt des Großen keine Überlagerungen erlaubt sind – aber wie man nun genau erklären kann, dass von zwei physikalisch zunächst völlig gleichberechtigten Möglichkeiten die eine zur Wirklichkeit wird und die andere einfach verschwindet, das wissen wir noch immer nicht.

Die Viele-Welten-Theorie

Eine Möglichkeit, mit diesem Problem zurechtzukommen, ist recht simpel: Wir können leugnen, dass es überhaupt ein Problem gibt. Wir behaupten einfach, dass diese unerklärliche Festlegung auf eine bestimmte Wirklichkeit gar nicht stattfindet.

Das ist die Strategie, die der amerikanische Physiker Hugh Everett in den 1950er-Jahren als „Viele-Welten-Theorie“ präsentierte: In Everetts Interpretation der Quantenphysik muss die Natur sich nicht entscheiden. Immer wenn auf Quantenebene eine Festlegung erfolgt, immer wenn aus einer Quantenüberlagerung ein eindeutiger Zustand wird, spaltet sich das Universum einfach in verschiedene Paralleluniversen auf, und jede Möglichkeit wird gleichermaßen wirklich.

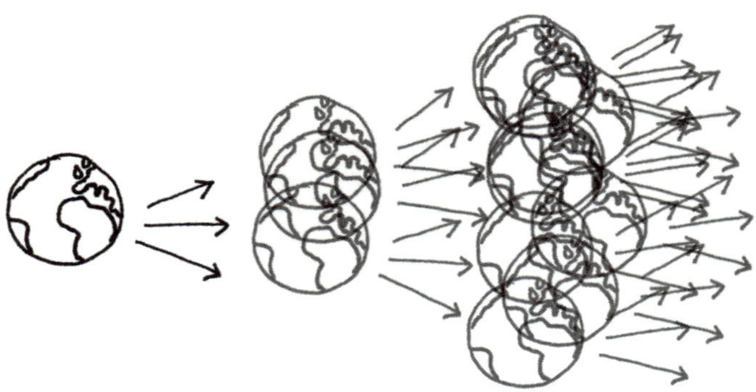

Wenn wir messen, ob ein Photon horizontal oder vertikal polarisiert ist, dann erschaffen wir mit dieser Messung zwei parallele Wirklichkeiten – plötzlich gibt es ein Universum, in dem das Ergebnis „horizontal" gemessen wurde, und ein Universum, in dem das Ergebnis „vertikal" gemessen wurde. Alles andere ist in den beiden Universen identisch. Wenn wir vorher eine Wette auf das Messergebnis abgeschlossen haben, dann gibt es danach auf jeden Fall ein Universum, in dem wir uns über eine gewonnene Wette freuen. Das ändert freilich nichts daran, dass im anderen Universum eine Kopie von uns sitzt, die sich darüber ärgert, die Wette verloren zu haben.

Das Konzept des Quantenzufalls brauchen wir dann nicht mehr. Aber dafür führt uns diese Idee sehr rasch zu einem recht unübersichtlichen Gewimmel von Paralleluniversen: Ständig geraten irgendwelche Quantenteilchen in Kontakt mit ihrer Umwelt, ständig werden irgendwelche Quantenzustände festgelegt, somit müssen sich nach dieser Theorie auch ununterbrochen unvorstellbar viele Universen bilden. Und jedes dieser neugeborenen Universen teilt sich gleich im nächsten Augenblick wieder in viele weitere Paralleluniversen auf. Ein wildes Quantengeblubber aus unzähligen verzweigten Parallelwirklichkeiten entsteht.

→ Mathematisch gesehen hat diese Idee durchaus ihren Reiz: In der herkömmlichen Betrachtungsweise der Quantentheorie beschreiben wir Teilchen mit einer Wellenfunktion – doch diese Wellenfunktion ist nicht die ganze Wirklichkeit. Zur Wirklichkeit gehört nämlich auch noch eine Umwelt samt Messgerät und Beobachter, und all das kommt in der Wellenfunktion nicht vor. Der Kollaps der Wellenfunktion kommt dadurch zustande, dass die Wellenfunktion eben nur einen kleinen Teil der Welt beschreibt.

Die Viele-Welten-Theorie dreht die Sache gewissermaßen um: Das ganze Universum gehorcht einer einzigen (wenn auch unvorstellbar komplizierten) Vielteilchen-Wellengleichung. Diese Gleichung legt den Zustand des blubbernden Vielfach-Universums aus unzähligen Parallelwirklichkeiten eindeutig fest. Nur gibt es keinen Beobachter, der dieses Multiversum von außen mithilfe dieser Wellengleichung beschreiben könnte – denn ein „Außerhalb" kann es nicht geben.

Der Beobachter ist nun nicht etwas Großes, mit dem die Wellenfunktion eines kleinen Teilchens in Kontakt gerät – sondern er selbst ist nur ein kleiner Teil der universalen Wellenfunktion. Jeder Beobachter gehört zwangsläufig selbst zum Multiversum und nimmt somit am blubbernden Aufspaltungsprozess teil. Er wohnt allerdings immer nur in einem ganz bestimmten Zweig des sich ständig aufspaltenden Multiversums – alle anderen Zweige sind für ihn absolut unbeobachtbar. Genau deshalb erleben wir laut Viele-Welten-Theorie bei jeder Quantenmessung unvorhersehbaren Zufall: Nicht weil wir makroskopisch groß sind, sondern im Gegenteil – weil wir bloß ein kleiner Teil der Wirklichkeit sind und niemand sagen kann, in welchem der vielen Paralleluniversen wir im nächsten Augenblick landen werden.

Jeder von uns existiert demnach in unfassbar vielen Varianten, in unfassbar vielen Universen. In irgendeinem dieser Universen sitzt vermutlich eine Kopie von uns, die mehrmals hintereinander im Lotto gewonnen hat. Irgendwo hat eine Version von uns eine Brandblase an der Zehe, weil sich durch einen verrückten Zufall gestern die Wärmeenergie im Raum ganz von selbst genau dort konzentriert hat. Vermutlich gibt es auch eine Version von uns, in der wir von einem herabstürzenden Mini-Meteoriten am linken Ohr getroffen wurden. Jeder noch so unwahrscheinliche Zufall wird in irgendeinem Paralleluniversum zur Wirklichkeit.

In den allermeisten Paralleluniversen allerdings gibt es uns gar nicht. Wären im wilden Teilchengeblubber direkt nach der Entstehung des Universums bestimmte Quantenzufallsentscheidungen anders gefallen, dann hätten sich Galaxien, Sterne und Planeten auf andere Weise gebildet und die Erde wäre nie entstanden. Stattdessen gäbe es in dieser Gegend des Universums vielleicht einen Planeten, der von kuscheligen dunkelblauen Felltierchen regiert wird, mit violetten Kulleraugen und mächtig großen Flügeln. Jeder physikalisch mögliche Verlauf der Geschichte ist in irgendeinem Zweig der blubbernden Wirklichkeitsvielfalt genauso wahr wie wir und die Welt um uns.

Dieser Gedanke ist nicht widerlegbar. Ob diese Viele-Welten-Theorie stimmt, ist durch Experimente prinzipiell nicht herauszufinden – denn sobald sich ein anderes Universum von unserem Universum abgespalten hat, haben wir mit diesem Zweig der Wirklichkeit nichts mehr zu tun. Es gibt keine Möglichkeit, mit einem solchen Paralleluniversum Kontakt aufzunehmen oder Information auszutauschen. Seine Existenz ist nicht beweisbar. Ist es dann sinnvoll, an so etwas zu glauben?

Ockhams Rasiermesser

Wenn zwei verschiedene Theorien genau die gleichen Vorhersagen machen und man mit keinem Experiment herausfinden kann, welche die bessere ist, dann sollte man sich für die einfachere entscheiden. Das ist ein wichtiges Grundprinzip der Wissenschaftstheorie, das oft als „Ockhams Rasiermesser" bezeichnet wird. Eine gute Theorie hat möglichst viel Erklärungskraft bei möglichst wenigen, möglichst einfachen Grundannahmen.

Wenn ich ein Stück Käse im Kühlschrank aufbewahre, kann ich streng genommen nicht beweisen, dass es immer noch da ist, wenn ich die Kühlschranktür schließe. Ich könnte mir eine alternative Theorie ausdenken, die besagt, dass sich Käse in einem

Kühlschrank immer spontan in Pflaumenpudding verwandelt, sobald niemand hinsieht. Erst bei einer erneuten Beobachtung verwandelt sich der Pflaumenpudding in Käse zurück.

Beide Theorien sagen vollkommen korrekterweise voraus, dass ich Käse vorfinden werde, sobald ich den Kühlschrank öffne. Trotzdem würde niemand die Pflaumenpudding-Theorie bevorzugen, denn sie ist völlig unnötig kompliziert. Sie zwingt uns dazu, ein zusätzliches Naturgesetz anzunehmen, nämlich das Gesetz der spontanen Pflaumenpuddingwerdung von unbeobachtetem Käse. Sie ermöglicht uns dadurch aber überhaupt keine zusätzlichen Vorhersagen oder Erklärungsmöglichkeiten. Ein Fortschritt ist das nicht.

Wie lässt sich die Viele-Welten-Theorie nach diesem Kriterium beurteilen? In gewissem Sinn ist sie in Hinblick auf das Gebot der größtmöglichen Einfachheit eine ganz furchtbare Theorie – schließlich setzt sie ein beinahe unendliches Quantengewimmel an niemals beobachtbaren Paralleluniversen voraus. Andererseits kann man aber argumentieren, dass die Theorie, aus logischer Perspektive betrachtet, sehr einfach ist. Die Paralleluniversen sind streng genommen keine zusätzlichen Annahmen, sondern bloß eine Konsequenz daraus, dass man auf eine andere Annahme verzichtet, nämlich auf die Auswahl einer bestimmten Wirklichkeit aus verschiedenen Möglichkeiten.

Man spart sich also die Mühe, eine Erklärung für das Problem der Quantenmessung finden zu müssen – und nimmt dafür ein unüberblickbares Multiversum in Kauf. Ob das ein guter Tausch ist, muss jeder selbst entscheiden. Die Frage nach der Sinnhaftigkeit der Viele-Welten-Theorie ist naturwissenschaftlich nicht zu beantworten.

Man kann sich sogar noch radikalere Versionen der Viele-Welten-Theorie ausdenken: Vielleicht gibt es auch Paralleluniversen mit anderen Naturgesetzen? Vielleicht sind auch Naturkonstanten wie die Masse des Elektrons, die Lichtgeschwindigkeit oder die Stärke der Gravitation durch puren Zufall entstanden und haben in anderen Universen ganz andere Werte? Dann müssen wir uns nicht darüber wundern, dass Elektronen und Protonen genau passende elektrische Ladungen tragen, um Atome bilden zu können. In anderen Universen mag das anders sein, aber dort gibt es uns eben nicht.

Die meisten Universen wären dann wohl ein ziemlich langweiliges Gewimmel seltsamer Objekte, die bizarren Regeln gehorchen, ohne dabei irgendwelche interessanten Strukturen zu erzeugen. Aber wieso sollte es dann nicht auch Universen geben, in denen die Sterne jeder Galaxie zufällig exakt so angeordnet sind, dass sie ein Porträt von Albert Einstein ergeben? Oder Universen, in denen ausnahmslos jeder Planet von rosaroten Elefanten bewohnt wird? Oder Universen, die ausschließlich aus roten Gummistiefeln bestehen, die einsam durch den leeren Raum schweben und alle paar Milliarden Jahre miteinander kollidieren?

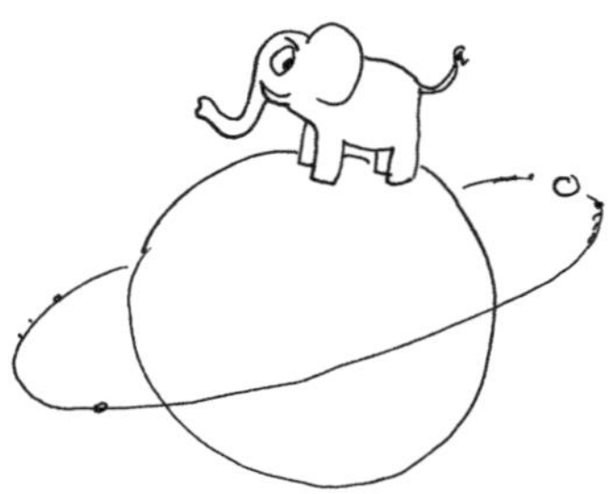

Wenn eine Theorie sagt, dass jede Möglichkeit gleich wirklich ist, dann sagt sie gleichzeitig sehr viel und überhaupt nichts. Es ist ein bisschen, als würde man auf einem Blatt Papier jedes denkbare Objekt gleichzeitig übereinander zeichnen, bis ausnahmslos jeder Punkt schwarz ist. Dann sieht man gleichzeitig alles und überhaupt nichts mehr. Eine Theorie soll uns nicht nur sagen, was der Fall ist, sondern genauso auch, was nicht der Fall ist, sonst hat sie keine Aussagekraft. Und in diesem Punkt ist die Viele-Welten-Theorie nicht hilfreich.

Wir leben nun einmal in einer ganz bestimmten Wirklichkeit. Wir sind nicht die Summe aus unzähligen Versionen von uns in unzähligen Universen, sondern Individuen, eingebettet in ein einziges, ganz konkretes Universum. Alle anderen Universen, ob es sie gibt oder nicht, können uns genauso egal sein wie die Stromrechnung des Weihnachtsmanns oder die Lieblingsspeise von Luke Skywalkers Urgroßmutter.

„Sei still und rechne!“

Wenn man die übliche Zufalls-Interpretation der Quanten nicht mag und die Viele-Welten-Theorie ebenfalls ablehnt, dann kann man sich natürlich auch noch kompliziertere Erklärungen ausdenken. Vielleicht ist das Ergebnis einer Quantenmessung doch kein Zufall? Vielleicht ist es auf irgendeine für uns unbekannte Weise doch schon in der Natur eingespeichert, wir haben nur keinen Zugriff auf diese Information?

Dann hätten wir es mit „verborgenen Variablen“ zu tun, über die wir im Zusammenhang mit der Quantenverschränkung bereits nachgedacht haben. Einfache Theorien mit verborgenen Variablen kann es nicht geben – das wissen wir durch die Bellsche Ungleichung. Exotischere, kompliziertere Theorien mit verborgenen Variablen kann man zwar nicht widerlegen, aber sie helfen uns nicht weiter. Sie erzeugen in gewissem Sinn mindestens so viele Probleme wie sie lösen.

→ Das vielleicht bekannteste und historisch bedeutendste Modell verborgener Variablen ist die sogenannte „De-Broglie-Bohm-Theorie“, oft auch „Bohmsche Mechanik“ genannt – nach Louis de Broglie und David Bohm. Diese Theorie vereint in gewissem Sinn das übliche quantenmechanische Konzept der

Wellenfunktion mit der klassischen Vorstellung von einem Teilchen, das sich auf einem ganz bestimmten Pfad bewegt.

In der Bohmschen Mechanik gibt es nämlich beides: Das Teilchen hat zu jedem Zeitpunkt einen ganz bestimmten Aufenthaltsort, aber seine Bewegung wird von einer Art „Führungswelle" gelenkt, ein bisschen wie eine Gummiquietschente von der Wasserwelle in der Badewanne bewegt wird.

Damit haben wir unser klassisches Teilchenbild zurückgewonnen, müssen aber damit leben, dass wir zusätzlich noch eine „Führungswelle" berechnen müssen, unter der man sich nicht wirklich etwas vorstellen kann. Und dafür braucht man die Schrödingergleichung – genau wie in der herkömmlichen Formulierung der Quantentheorie.

Wie sich die Führungswelle bewegt, hängt von allen beteiligten Teilchen ab. Die Teilchen sind also über die Führungswelle auf nichtlokale Weise miteinander verbunden – von einer Vereinfachung der Quantentheorie kann also keine Rede sein. Die Bohmsche Mechanik ist mathematisch genauso kompliziert, sie liefert genau dieselben Vorhersagen, ist aber konzeptuell eigentlich noch verwirrender als die gewöhnliche Quantentheorie. Durchsetzen konnte sie sich daher nie.

Man kann interessante philosophische Diskussionen darüber führen, wie man die Quantentheorie interpretieren soll – und man wird dabei nie an einen eindeutigen Endpunkt kommen. Ist Schrödingers Wellenfunktion die wahre Wirklichkeit? Oder bloß eine Beschreibung der Wirklichkeit? Ist das Universum am Ende eine mathematische Struktur – oder sind mathematische Strukturen bloß Werkzeuge, um das Universum zu beschreiben? Wenn wir den Zustand eines Teilchens berechnen, sagen wir dann etwas über das Teilchen an sich aus, oder beschreiben wir dadurch eher unsere Beziehung zum Teilchen, also das, was wir über das Teilchen wissen können? Vielleicht sind Quanteneigenschaften relativ und hängen vom Beobachter ab, so wie in Einsteins Relativitätstheorie Zeitdauern und Längen relativ sind und vom Beobachter abhängen?

Solche Fragen sind interessant. Über sie nachzudenken ist ein schönes Hobby. Aber Naturwissenschaft ist das nicht. In der Naturwissenschaft geht es um die Suche nach überprüfbaren Fakten. Welche Interpretation der Quantentheorie nun aber besser, einfacher oder schöner ist, lässt sich nicht messen. Wenn sich verschiedene Interpretationen nur in Aspekten unterscheiden, die unserer Beobachtung prinzipiell nicht zugänglich sind, dann muss man nicht darüber streiten, welche nun tatsächlich besser ist.

In der praxisorientierten Forschung spielen Diskussionen über unterschiedliche Interpretationen der Quantentheorie keine Rolle. Vielleicht plaudert man über solche Themen spaßhalber in der Kaffeepause, bevor sich alle wieder an die Arbeit machen und im Labor ihre Quantenmessgeräte justieren. Aber für die Lösung ganz konkreter wissenschaftlicher Probleme ist es völlig egal, ob man an Paralleluniversen glaubt, an „nichtlokale Bohmsche Führungswellen“ oder den objektiven Wellenkollaps.

Man weiß heute, welche Regeln man anwenden muss, um die Welt der Quanten auf nützliche, korrekte Weise zu beschreiben. Das genügt. Mehr braucht man nicht. Man muss dabei nicht analysieren, wie diese Regeln zu interpretieren sind. Auch einen Kühlschrank kann man verwenden, ohne sich auf die Diskussion einzulassen, ob Kälte überhaupt existiert oder bloß die Abwesenheit von Wärme ist. Wer Spaß daran hat, kann gerne darüber nachdenken, aber für alle praktischen Entscheidungen ist das egal.

Und so hat sich im Großen und Ganzen eine Sichtweise durchgesetzt, die der Physiker N. David Mermin in einem berühmt gewordenen Satz zusammenfasste: „Shut up and calculate!“ – Sei still und rechne! Kümmere dich nicht um unüberprüfbare

Interpretationen, sondern liefere konkrete Ergebnisse, die echte Probleme lösen! Das kann man schade finden, wenn man philosophische Grundsatzdiskussionen mag. Aber verständlich ist es schon: Schließlich gibt es im Bereich der Quantenphysik nach wie vor unsagbar viel zu forschen, wieso sollte man seine Zeit mit metaphysischen Fragen verbringen, die man ohnehin niemals eindeutig beantworten kann?

Quantenesoterik und Quantenmedizin

Quantenphysik ist im Lauf der Zeit erstaunlich populär geworden – auch unter Menschen, die sich für Wissenschaft sonst eigentlich nicht interessieren. Die Quantentheorie ist gewissermaßen der Pandabär unter den wissenschaftlichen Theorien: für die meisten Leute im Großen und Ganzen unbekannt, aber irgendwie süß und sympathisch. Während andere Bereiche der Naturwissenschaft als technokratisch, kalt und starr gelten, wird die Quantenphysik gerne mit einer fröhlichleuchtenden Aura des Lebendigen, des Warmen und Mystischen umgeben.

Genau deshalb eignet sich die Quantentheorie leider auch besonders gut für esoterische Geschäftemacherei. Niemand verwendet Argumente aus der Strömungsmechanik, um sich mit spiritueller Lebensenergie durchströmen zu lassen. Niemand verwendet Erkenntnisse aus der Gebäudestatik, um mehr Halt im Leben zu finden. Aber mit Quantenphysik lässt sich fast alles behaupten: Manche Leute sind davon überzeugt, mit Quantentheorie das Leben nach dem Tod bewiesen zu haben. Mit „Quanten-Feng-Shui“ kann man sich die Wohnung einrichten lassen. Man kann auch „Quantenkraftsteine“ kaufen, die angeblich Elektrosmog unschädlich machen – nebenbei sollen sie auch noch vor Neutrinos schützen, vor Herzproblemen und Schlafstörungen.

Besonders in der sogenannten „Alternativmedizin“ stößt man erstaunlich oft auf Begriffe aus der Quantenphysik: Bei der „Bioresonanz“ zum Beispiel lässt man jemanden zwei Elektroden berühren, mit denen der elektrische Widerstand der Haut gemessen wird. Zwar gibt es keine wissenschaftlichen Belege dafür, dass man damit auf irgendeine Weise heilen kann, aber wenn man dabei von „Quantenschwingungen“ oder „Frequenzen“ spricht, die dem Körper dadurch angeblich zugeführt werden, klingt das trotzdem gleich recht wissenschaftlich und seriös.

Man kann sich von Quanten-Licht-Geräten bestrahlen lassen, man kann den Körper mithilfe von Magnetfeldern mit passender Quanteninformation versorgen, man kann sich sogar mit mysteriösen, bisher unentdeckten Quantenteilchen wie den „Tachyonen“ behandeln lassen. Würde man solche Teilchen tatsächlich finden, dann würde man sich damit wohl den nächsten Nobelpreis sichern. Aber darum geht es bei der Quantenheilung nicht, solche Begriffe haben nur den Zweck, die Kundschaft zu beeindrucken.

Manchmal wird bei dem, was als „Quantenmedizin“ verkauft wird, aber auf ehrfurchtseinflößende Fantasie-Technologien auch völlig verzichtet. Oft wird einfach nur auf ganz unspektakuläre Weise mit sanften Berührungen gearbeitet. Das hat weder mit Quanten noch mit Medizin wirklich etwas zu tun – es handelt sich einfach um eine modernisierte Version des Handauflegens, wie man es von spirituellen Wunderheilern aller Epochen kennt.

Wünsche ans Universum

Nicht nur Wunderheilerinnen, sondern sogar Lebensratgeber und Mentaltrainerinnen berufen sich mittlerweile gern auf die Quantentheorie: Angeblich kann man nämlich beim Universum „Bestellungen“ aufgeben, genau wie im Versandhandel. Wir hätten gerne mehr Geld, eine glücklichere Beziehung, eine Heilung für eine chronische Krankheit? Kein Problem! Wenn wir ausreichend positiv denken, dann kommt das Gute ganz von selbst. Und zwar mithilfe der Quantenphysik!

Dahinter steckt wieder das altbekannte Missverständnis des Beobachtereffekts: Die Quantenphysik sagt, dass die Messung den Quantenzustand verändert. Daher, so wird argumentiert, greift der Beobachter durch seine bewusste Entscheidung in die Physik ein. Also kann das Bewusstsein die Materie beeinflussen. Und daraus wiederum wird geschlossen: Mit unseren Gedanken können wir die Welt nach Belieben manipulieren!

Das sieht auf den ersten Blick fast wie eine logische Argumentationskette aus – es ist aber keine. Jeder einzelne dieser Schritte ist falsch. Der Beobachter greift nicht durch sein Bewusstsein in den Zustand des Quantenteilchens ein, Bewusstsein spielt für die Quantenmessung überhaupt keine Rolle. Außerdem kann man das Ergebnis einer Quantenmessung niemals steuern – es handelt sich um völlig unbeeinflussbaren, unberechenbaren Zufall. Und schon gar nicht lässt sich dadurch auf irgendeine Weise mit bloßen Gedanken eine neue Wirklichkeit herbeizaubern.

Solche Behauptungen sind nicht nur physikalisch unhaltbar, sie sind auch moralisch völlig inakzeptabel. Wenn man sich nämlich einfach nur durch die Kraft des positiven Denkens alles erdenklich Gute herbeiwünschen kann, dann muss man mit Menschen, denen es schlecht geht, auch kein Mitleid mehr haben: Wer krank ist, hat sich geistig einfach nicht ausreichend auf Gesundheits-Quantenschwingungen eingestellt! Wer pleite ist, hat sich nicht ausreichend mit der Erfolgsenergie im Universum verschränkt! Wer mit einer körperlichen Behinderung zur Welt kommt, hat sich das möglicherweise in einem früheren Leben quantenphysikalisch so ausgesucht!

New Age und Wissenschaft

An solchen Argumenten erkennt man das tief sitzende logische Problem an der Quantenesoterik: Sie arbeitet immer nur mit Gleichnissen, nicht mit echten logischen Schlüssen. Zusammenhänge werden immer nur behauptet und nie belegt: Die Quantenphysik ist verwirrend und seltsam, das menschliche Bewusstsein ist auch verwirrend und seltsam. Also muss beides miteinander zusammenhängen. Quantenverschränkte Teilchen stehen in einer merkwürdigen Beziehung zueinander, und ich finde meine Beziehung zu anderen Menschen auch merkwürdig. Also kann Quantenverschränkung bewirken, dass mich alle lieb haben. Die Gehirnströme in meinem Kopf haben gewisse Frequenzen und sämtliche Teilchen im Universum haben auch irgendwelche Frequenzen. Also kann ich mit positiven Gedanken das gesamte Universum verändern!

Logisch betrachtet ist das genauso unsinnig wie die Behauptung, der Saturn sei für Hochzeiten verantwortlich, weil er so viele Ringe hat. Das ist nur ein Gleichnis, keine Erklärung. Man findet ein verbindendes Element und unterstellt dann einfach einen Zusammenhang, ganz ohne logische Brücke dazwischen. Wissenschaft lebt aber nicht von Gleichnissen, sondern von klaren, logischen Begründungen. Und die sucht man in der Quantenesoterik vergeblich.

Diese Verknüpfung von Quantenphysik und Esoterik durch das Aufspüren scheinbarer Gemeinsamkeiten ist allerdings kein neues Phänomen. Schon in den 1970er- und 1980er-Jahren, in der Blütezeit der New-Age-Bewegung, wurden solche Ideen populär. Damals, als man sich buntwabernde Theorien über holistische Spiritualität, alternative Heilmethoden und das herannahende Zeitalter des Wassermanns zurechtbastelte, erschien die Quantenphysik als willkommener Verbündeter – auch wenn sie damals weder neu noch revolutionär war, sondern bereits seit Jahrzehnten zum etablierten Weltbild der Physik gehörte.

Ein Superstar der Quantenesoterik ist Fritjof Capra. Er studierte Physik an der Universität Wien und schlug dann eine internationale Forscherkarriere ein. Berühmt wurde er allerdings nicht durch seine Beiträge zur Teilchenphysik, sondern durch Bestseller wie „Das Tao der Physik", in dem er tiefe Zusammenhänge zwischen taoistischer Mystik und Quantentheorie nachzuweisen versuchte.

Der britische Biologe Rupert Sheldrake präsentierte Ideen über „morphogenetische Felder", die uns angeblich auf mysteriöse Weise verbinden und uns „außersinnliche Fähigkeiten" verleihen sollen. Was diese „Felder" sind, wie sie funktionieren oder wie sie sich logisch erklären lassen, konnte Sheldrake nicht erklären – aber auch er berief sich auf die Quantenphysik. In Indien hatte er sich mit transzendentaler Meditation beschäftigt, danach versuchte er, die östliche Philosophie in die westliche Wissenschaft einzubauen.

Man muss Rupert Sheldrake zugestehen, dass er zumindest versuchte, seine Thesen wissenschaftlich zu untersuchen – wenn auch mit wenig Erfolg: Seine Experimente, mit denen er zeigen wollte, dass Haustiere die Ankunft ihrer menschlichen Besitzer auf übersinnliche Weise vorhersehen können, waren nicht überzeugend und wurden wissenschaftlich nie anerkannt.

Aber auch seriöse Physiker, die tatsächlich bemerkenswerte wissenschaftliche Leistungen vollbracht haben, sind nicht dagegen immun, irgendwann in eine quantenesoterische

Richtung abzudriften. Der deutsche Kernphysiker Hans-Peter Dürr beispielsweise wurde mit recht esoterisch anmutenden Aussagen bekannt: Es gebe gar keine Materie, unser Leben sei von einem größeren „Jenseits“ umfangen, in dem nach dem Tod unsere „geistigen Quantenfelder“ weiterleben. Der britische Physiker Brian Josephson entdeckte bereits als junger Doktorand einen Quanteneffekt, für den er dann den Physik-Nobelpreis bekam. Später fiel er allerdings weniger durch wissenschaftliche Leistungen auf, sondern vielmehr durch eher verstörende Aussagen über paranormale Phänomene, Telekinese, Telepathie und Parapsychologie.

Wissenschaft darf seltsam sein – aber nicht falsch

Doch selbst wenn solche Ideen von einem Nobelpreisträger kamen – sie waren immer weit davon entfernt, in Wissenschaftskreisen allgemein anerkannt zu werden. Auf den Bestsellerlisten waren Bücher über Quantenmystik und paranormale Phänomene oft gut vertreten, aber aus wissenschaftlicher Sicht war völlig klar, dass es sich dabei nicht um ernsthafte Theorien handelte. Zu vage waren die Argumente, zu erfolglos war die Suche nach echten Belegen.

Hier wird ein klarer Unterschied zwischen Quantenphilosophie und Quantenesoterik sichtbar: Arbeiten zur philosophischen Interpretation der Quantenphysik sind zwar ein Nischenthema in der modernen Forschung, aber sie werden in Wissenschaftskreisen rational diskutiert und auch in Fachjournalen abgedruckt. Thesen aus der Quantenesoterik hingegen ernten an Physikinstituten fast immer nur Kopfschütteln.

Wären diese Thesen wahr, stünden ihnen zwei verschiedene Wege zur wissenschaftlichen Anerkennung offen: Erstens könnte man in Experimenten zeigen, dass es tatsächlich irgendwelche mysteriösen Effekte gibt, die man mit gewöhnlicher Wissenschaft nicht erklären kann – Gedankenübertragung etwa oder nachweisbare Wunderheilungen. Zweitens könnte man auch versuchen, mathematisch zu zeigen, dass aus der Quantentheorie irgendwelche übernatürliche Effekte folgen. Beides würde sofort weltweite Aufmerksamkeit entfachen – beides ist aber nie gelungen.

Die Quantenphysik spielt eine merkwürdige Doppelrolle: Einerseits ist sie die Basis unserer technisierten Welt und hat uns einen völlig neuen Einblick in die fundamentalsten Gesetze der Natur ermöglicht. Andererseits wird sie als Argument missbraucht, um Ideen aus vorwissenschaftlicher Zeit zu verkaufen. Quantenphysik ist das Fundament der modernen Wissenschaft – und gleichzeitig das Fundament der modernen Wissenschaftsfeindlichkeit.

Doch eine Theorie, in der Teilchen gleichzeitig auch Wellen sind und in der Atomkerne gleichzeitig zerfallen und ganz bleiben können, wird auch diese merkwürdige Doppelrolle überstehen. Am Ende geht es nicht darum, welcher Unfug mit einer Theorie getrieben wird, sondern was sie für uns leisten kann – und das ist eine ganze Menge.

Wofür uns Quanten nützlich sind

Wie die Quantenphysik unser Leben bestimmt, warum der Quantencomputer vielleicht gar nicht so wichtig ist und warum ein Quantenzufall unsere Galaxie hervorgebracht hat: Auch wenn wir heute vieles wissen – in der Quantenforschung gibt es immer noch viel zu tun.

Es gibt in der Physik nichts mehr zu entdecken. Das war die ernüchternde Antwort, die Max Planck erhielt, als er sich Ende des neunzehnten Jahrhunderts beim Münchner Physikprofessor Philipp von Jolly nach den Zukunftsperspektiven seines Fachs erkundigte. Von Jolly riet ihm dringend von einem Physikstudium ab: Im Großen und Ganzen habe die Physik ihre endgültige, stabile Form erreicht. Vielleicht gebe es hier und dort noch „ein Stäubchen oder Bläschen zu prüfen oder einzuordnen", aber mit großen Revolutionen sei nicht mehr zu rechnen.

Zum Glück ließ sich Max Planck davon nicht entmutigen – er blieb bei der Physik und wurde dann höchstpersönlich zu einem der wichtigsten Wegbereiter der nächsten großen wissenschaftlichen Revolution.

Von Jollys Prognose über die Zukunft der Physik war nicht nur falsch, sondern mehr als das: Sie war so haarsträubend spektakulär unzutreffend, wie eine Prognose überhaupt nur sein kann. Es ist, als würde man wohligen Sonnenschein ankündigen, und dann regnet es apokalyptische Dämonen. Oder als würde man planen, eine Tomatensuppe zu kochen, und dabei versehentlich ein Raketentriebwerk produzieren.

Für die Wucht, mit der die Physik zu Beginn des zwanzigsten Jahrhunderts revolutioniert wurde, kann man kaum ausreichend drastische Worte finden. Kein Stein blieb damals auf dem anderen. Man begann mit einem klassischen Weltbild, das aufgeräumt und übersichtlich wirkte, und eine Generation später fand man sich in einem Abenteuerland der Quanten wieder, mit Wellenfunktionen, Elektronenspins und unvorhersehbarem Zufall. Große Bereiche der Technik und der Naturwissenschaft wurden durch die Quantentheorie völlig verändert. Aber nicht nur das – auch unser Alltagsleben wurde durch die Quantentheorie völlig aus den Angeln gehoben.

Man übersieht das leicht. Dass die Elektrizität unser Leben umgekrempelt hat, ist uns allen klar. Es wird uns spätestens dann bewusst, wenn die Stromversorgung mal kurz aussetzt. Quantentheorie hingegen klingt immer noch irgendwie nach abstrakter, spekulativer Forschung, die uns vielleicht in ferner Zukunft irgendwelche Science-Fiction-artigen Erfindungen bescheren könnte. Doch diese Erfindungen sind längst da – vom Mikrochip bis zur Photovoltaik, von bildgebenden Verfahren im Krankenhaus bis zum Laserstrahl.

Der Laser, die Photonen-Kopiermaschine

Der erste Laser leuchtete im Jahr 1960 – und das ist eigentlich seltsam, denn diese Erfindung wäre schon viel früher möglich gewesen. Alles, was man dafür wissen musste, war schon lange vorher bekannt. Es war nur noch niemand auf die Idee gekommen, damit eine Quanten-Lichtquelle zu bauen.

Die Grundidee des Lasers ist einfach: Wenn in einem Atom ein Elektron von einem Zustand hoher Energie in einen Zustand niedrigerer Energie wechselt, dann kann es ein Photon mit einer ganz bestimmten Wellenlänge aussenden. Das passiert völlig spontan und zufällig. Man kann dieses Aussenden eines Photons aber auch ganz gezielt anregen – und zwar, indem man das Atom mit einem anderen Photon genau derselben Wellenlänge beschießt. Diesen Effekt nennt man „stimulierte Emission“: Ein Photon fliegt herbei, danach fliegen zwei Photonen davon.

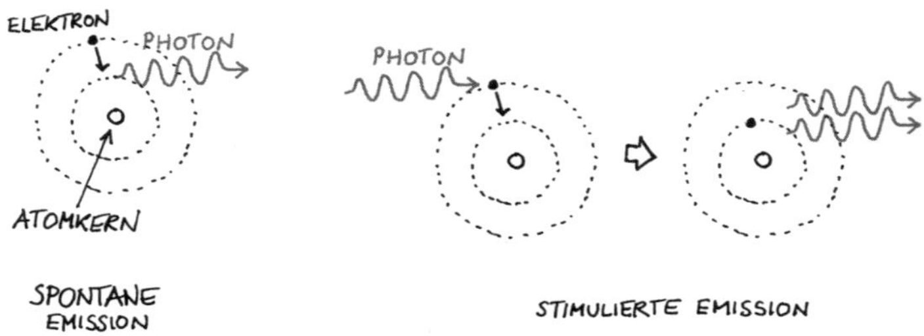

Wenn man viele Atome hat, die sich alle in einem Zustand hoher Energie befinden, kann man auf diese Weise eine Photonen-Vervielfältigungsmaschine bauen: Aus einem Photon werden zwei, aus zwei werden vier und so weiter. Das Licht wird immer stärker, bis alle Atome ihre Energie abgegeben haben.

Das Licht eines Lasers ist etwas völlig anderes als das Licht einer Kerze oder einer gewöhnlichen Lampe: Alle Photonen des Laserstrahls befinden sich genau im selben Quantenzustand, sie haben alle exakt dieselbe Wellenlänge. Außerdem bewegen sich alle Photonen genau in dieselbe Richtung, deshalb bleibt der Laserstrahl so eng gebündelt.

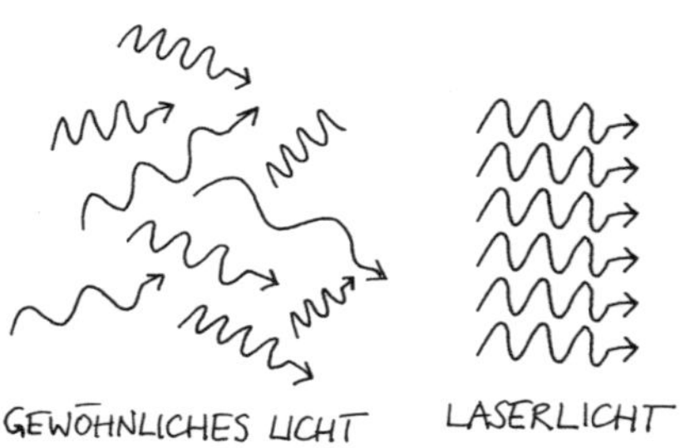

Beim Laser schwingen alle Photonen exakt im selben Takt – daher sind Laser äußerst praktisch für Doppelspaltversuche und andere Quantenexperimente: Wenn alle Photonen quantenphysikalisch identisch sind, dann können sie sich auch alle miteinander überlagern, einander verstärken oder auslöschen. So entstehen Welleneffekte aus unzähligen Photonen, die man leicht mit freiem Auge erkennen kann.

Trotz dieser interessanten Besonderheiten konnte im Jahr 1960, als der erste Laser gebaut wurde, zunächst noch niemand sagen, wozu dieses neuartige Quantenlicht nun gut sein soll. Der Laser galt zu Beginn als Lösung ohne ein Problem – als technische Antwort auf eine Frage, die niemand gestellt hatte.

Erst nach und nach erkannte man das gewaltige Potenzial dieser Erfindung: Von der Datenübertragung in der Telekommunikation über Industrie und Medizin bis zur Lasershow bei Großveranstaltungen ist die Vielfalt der Laser-Anwendungen längst unüberschaubar geworden. Man kann mit Lasern Metalle schmelzen, man kann mit Lasern aber auch Atome fast bis zum absoluten Nullpunkt abkühlen. Man kann mit ihnen Entfernungen messen, Augenoperationen durchführen, die Atmosphäre untersuchen oder einfach nur die Katze unterhalten, die mit Begeisterung diesem seltsamen roten Punkt auf dem Boden nachjagt, ohne ihn jemals fangen zu können.

Von der Solarzelle bis zum Computerchip

Auch die Photovoltaik verdanken wir der Quantentheorie. Was in einer Solarzelle passiert, ist eng mit dem photoelektrischen Effekt verwandt, der Einstein im Jahr 1905 auf die Idee brachte, dass Licht aus einzelnen Photonen besteht. Einstein hatte damals über Licht nachgedacht, das Elektronen aus einer Metallplatte herauslöst – das ist der sogenannte „äußere photoelektrische Effekt“. Es gibt aber auch den sogenannten „inneren photoelektrischen Effekt“. Dabei werden Elektronen nicht aus dem Material herausgeschlagen, sondern die Elektronen im Inneren des Materials werden durch Lichteinfall beweglicher. Sie erhalten vom einfallenden Licht die nötige Energie, um durch das Material zu wandern und elektrischen Strom zu erzeugen.

Daran sieht man, wie wichtig die Quantentheorie für die Materialforschung ist: Zunächst konnte man mithilfe von Schrödingers Wellengleichung erklären, wie sich Elektronen in einfachen Atomen verhalten. Dadurch konnte man dann auch erklären, wie sich Elektronen in festen Materialien verhalten. Und dadurch wiederum gelang es, spezielle, maßgeschneiderte Materialien zu entwickeln, die ganz bestimmte quantenphysikalische Effekte ermöglichen.

Der Photoeffekt, der uns erlaubt, das Licht der Sonne in elektrischen Strom umzuwandeln, ist nur ein Beispiel dafür. Auch Batterien, Katalysatoren oder Brennstoffzellen kann man nur verbessern, wenn man sie auf Quantenebene versteht. Ganz besonders wichtig war die Quantenmaterialforschung natürlich für die Mikroelektronik: Transistoren aus Halbleitermaterialien auf einer Größenskala von Nanometern wären völlig undenkbar, wenn man die Gesetze der Quantenphysik nicht verstehen würde.

Quantencomputer – der ewige Hoffnungsträger

Doch auch wenn moderne Computerchips auf den Gesetzen der Quantentheorie beruhen – die Arbeitsweise moderner Computer ist immer noch sehr klassisch: Ein gewöhnlicher Computer arbeitet mit Bits, den kleinsten Informationseinheiten, die entweder den Wert 0 oder 1 annehmen können. Das ist praktisch, denn damit kann man technisch recht sauber arbeiten: Strom oder kein Strom. Magnetismus oder kein Magnetismus. Wenn es nur zwei verschiedene Möglichkeiten gibt, macht man nur wenige Fehler. Sockensortieren ist auch einfacher, wenn man nur schwarze und weiße Socken hat, und nicht einen Sockenberg in vierundzwanzig verschiedene Grauschattierungen aufteilen muss.

Man kann aber auch die Gesetze der Quantenphysik ausnützen und einen Computer konstruieren, der grundlegend anders arbeitet: Ein Quantencomputer kann mit Quantenbits arbeiten – auch „Qubits" genannt. Ein Qubit kann nicht nur die Werte 0 oder 1 annehmen, sondern auch jede beliebige quantenphysikalische Überlagerung von 0 und 1.

Es gibt unterschiedliche Möglichkeiten, mit solchen Qubits zu experimentieren. Man kann dafür zum Beispiel Ionen verwenden – elektrisch geladene Atome, die man in einer elektromagnetischen Falle festhält. Man kann auch supraleitende Qubits verwenden – winzige Schaltkreise, in denen elektrischer Strom fließt. Die technische Umsetzung ist nicht so wichtig. Entscheidend ist, dass man die Qubits quantenphysikalisch miteinander verschränken kann.

Wir haben bereits festgestellt: Wenn zwei Dinge miteinander quantenverschränkt sind, dann sind sie fest miteinander verbunden – und zwar auf grundlegend andere Art, als das bei klassischen Objekten wie etwa Sockenpaaren möglich ist. Daher ist das Zusammenspiel quantenverschränkter Qubits etwas grundlegend anderes als das Zusammenspiel von Zahnrädern in einer mechanischen Rechenmaschine oder von elektrischen Signalen in einem Draht. Genau deshalb kann man einem Quantencomputer, der mit quantenverschränkten Qubits arbeitet, auch Rechenanweisungen geben, die völlig anders sind als die Rechenbefehle in einem klassischen Computer.

Das bedeutet aber nicht, dass ein Quantencomputer geheimnisvolle Wunder vollbringen kann. Ein Quantencomputer ist kein Orakel, sondern eine Logik-Maschine wie jede andere auch. Alles, was ein Quantencomputer ausrechnen kann, lässt sich prinzipiell auch mit einem gewöhnlichen Computer ausrechnen. Der Unterschied liegt in der Geschwindigkeit: Es gibt bestimmte Rechenaufgaben, die sich mit den Methoden der Quantentheorie unvergleichlich viel schneller lösen lassen. Man könnte mit Quantencomputern zum Beispiel extrem große Zahlen in überschaubarer Zeit in ihre Primfaktoren zerlegen.

Doch einfach ist das nicht: Man braucht eine möglichst große Zahl von Qubits, die man alle gleichzeitig fehlerfrei verschränken, kontrollieren und manipulieren muss. Und hier kommt uns das große, unvermeidliche Problem der Dekohärenz wieder in die Quere: Je mehr Teilchen wir verwenden, umso leichter entsteht eine Wechselwirkung dieser Teilchen mit der Umwelt. Unsere Qubits koppeln sich an den Rest des Universums und die Quanteninformation fließt davon, wie Suppe aus einem löchrigen Topf, und dann liefert der Quantencomputer nur noch zufälligen Unsinn. Je mehr Qubits wir miteinander verschränken, umso leichter passiert es, dass die Dekohärenz alles kaputtmacht.

Man muss Quantencomputer daher so gut wie möglich von der Umwelt abschirmen. Jede Vibration, jeder Lichteinfall kann die Quantenrechnung zerstören. Die Sache ist kompliziert. Und selbst wenn es gelingen würde, Tausende oder gar Millionen Qubits kontrolliert miteinander zu verschränken, wäre der Nutzen immer noch fraglich: Erstens hätte man es wohl mit einem monströsen Gerät zu tun, das gewaltige Kühlanlagen und aufwendige Lese- und Schreibeinheiten bräuchte, und zweitens ist völlig unklar, ob ein solcher Quantencomputer tatsächlich nützliche Alltagsaufgaben lösen könnte, oder ob er sich vielleicht nur als teures Spezialgerät für wissenschaftliche Experimente herausstellen würde.

Der Quantencomputer wird gerne als verheißungsvolle Zukunftsvision präsentiert: Warum soll man Geld in Quantenforschung stecken? Weil wir dann eines Tages den Quantencomputer haben werden! Und damit lösen wir dann all unsere Probleme! Der Quantencomputer ist so etwas wie die technologische Version von Atlantis oder vom sagenumwobenen Land Eldorado, wo angeblich märchenhafte Goldschätze zu finden sind: Eine schöne Geschichte, aber nicht unbedingt der beste Grund für ernsthafte Forschung.

Es ist großartig, wenn es gelingt, Qubits und Quantenverschränkungen technisch zu kontrollieren. Es ist aber gut möglich, dass der eigentliche Nutzen dieser Forschungsarbeit gar nicht im Quantencomputer liegt, sondern in völlig anderen Anwendungsmöglichkeiten, die vielleicht sogar viel interessanter, gewinnbringender und nützlicher sind.

Messen mit Quanten

Man kann Methoden aus der Quantenphysik zum Beispiel einsetzen, um extrem genaue Messungen durchzuführen. Das Forschungsgebiet, das sich damit beschäftigt, ist die Quantenmetrologie. Das wohl bekannteste Beispiel für eine Hochpräzisionsmessung auf Basis der Quantentheorie ist die Atomuhr.

Jede Uhr braucht einen Taktgeber – zum Beispiel ein Pendel, das mit möglichst präziser Regelmäßigkeit hin und her schwingt. Wenn ich die Schwingungen zähle, weiß ich, wie viel Zeit vergangen ist. Aber natürlich kann man niemals ein perfektes Pendel herstellen, keine zwei Pendel sind jemals exakt identisch, und immer gibt es viele mögliche Störungen, die eine solche Messung verfälschen können.

Bei einer Atomuhr allerdings kommt der Taktgeber aus der Quantenphysik – man analysiert die Schwingungsdauer eines Photons, das zum Übergang zwischen zwei ganz bestimmten Quantenzuständen eines Atoms gehört. Der große Vorteil ist: Dieser Takt wird nur von den Naturgesetzen bestimmt, nicht von irgendwelchen technischen Ungenauigkeiten.

Aber in der Quantenmetrologie geht es nicht nur um Zeitmessungen. Quantenwellen und Quantenüberlagerungen lassen sich auch nutzen, um viele andere Größen zu messen – etwa winzige Längenänderungen, winzige Kräfte oder winzige Veränderungen eines magnetischen Feldes.

Auch die chemische Zusammensetzung einer flüssigen oder gasförmigen Probe kann man mithilfe der Quantenphysik extrem präzise untersuchen: Unterschiedliche Atome und Moleküle können unterschiedliche Lichtwellenlängen absorbieren. Man kann also einen Laser auswählen, dessen Wellenlänge genau zur gesuchten Substanz passt, und damit eine Probe durchleuchten, zum Beispiel einen Gasbehälter mit unbekanntem Inhalt.

Wenn der Behälter Spuren der gesuchten Substanz enthält, dann wird ein Teil des Laserlichts absorbiert. Wenn nicht, dann wird der gesamte Laserstrahl die Probe unversehrt durchqueren. Die Quanteneigenschaften des Lichts verraten uns, mit welchen Substanzen wir es zu tun haben.

Ein bisschen komplizierter ist es, wenn man keinen Laserstrahl verwendet, sondern natürliches Licht – aber auch hier sind dieselben quantenphysikalischen Prinzipien im Spiel. Unsere Sonne zum Beispiel produziert im Gegensatz zu einem Laser ein breites Spektrum aus vielen verschiedenen Wellenlängen. Wir können das Licht der Sonne in seine Wellenlängen zerlegen, einen weißen Sonnenstrahl in all seine Regenbogenfarben aufspalten und analysieren, welche Farbe wie stark vorkommt – das ist das Grundprinzip der Spektroskopie, der Untersuchung von Lichtspektren.

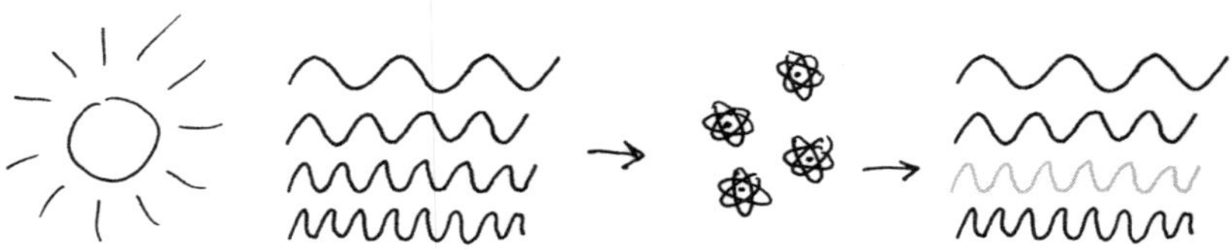

Die Sonne sendet viele ganz unterschiedliche Wellenlängen aus. Wenn dieses Licht auf bestimmte Atome trifft, werden ganz bestimmte Wellenlängen abgeschwächt, die anderen bleiben unberührt.

Dabei bemerkt man, dass dem Sonnenlicht ganz bestimmte Wellenlängen fehlen. Das Licht aus dem Inneren der Sonne musste nämlich zuerst die äußeren Schichten der Sonne durchqueren, bevor es zur Erde gelangen konnte. Und nachdem sich in den äußeren Schichten der Sonne ganz bestimmte Sorten von Atomen befinden, werden dort ganz bestimmte Wellenlängen herausgefiltert. Wenn man weiß, welche Wellenlängen fehlen, dann weiß man auch, mit welchen Atomen das Licht unterwegs Kontakt hatte.

Dasselbe kann man mit dem Licht weit entfernter Sterne machen, oder sogar mit der Atmosphäre von Planeten, die um fremde Sterne kreisen: Ein Lichtstrahl des Sterns, der knapp am Planeten vorbeiführt und seine Atmosphäre durchdringt, kann uns Auskunft darüber geben, woraus sich diese außerirdische Atmosphäre zusammensetzt. Vielleicht erhält sie sogar Gase, die eigentlich instabil sind und nur in nennenswerter Menge vorkommen können, wo sie laufend nachproduziert werden? Das würde bedeuten, dass auf diesem Planeten komplizierte Chemie stattfindet – etwa in Form lebendiger außerirdischer Organismen.

Quantenmessungen in der Medizin

In der Medizin spielt die Quantenphysik eine wichtige Rolle, wenn es darum geht, detaillierte Bilder vom Inneren des Körpers zu machen. Bei der Magnetresonanztomographie nutzt man die Eigenschaften des Kernspins aus: Überall im Körper befindet sich Wasser, und jedes Wassermolekül hat zwei Wasserstoffatome. Gewöhnliche Wasserstoffatome haben den einfachsten Atomkern, den es gibt: Er besteht einfach nur aus einem einzigen Proton – und dieses Proton ist ein Spin-½-Teilchen.

Schon vom Stern-Gerlach-Experiment wissen wir, dass sich Spin-Teilchen von Magnetfeldern beeinflussen lassen. In einem Magnetresonanztomographen werden die Spins der Protonen mit extrem starken Magnetfeldern zuerst in eine bestimmte Richtung gedreht. Mit einem kurzen elektromagnetischen Puls bringt man diese Spins dann ins Taumeln, und bei dieser Taumelbewegung erzeugen die Teilchen dann selbst ein elektromagnetisches Signal, das man messen kann. Wie stark dieses Signal ist und wie schnell es abklingt, hängt von der Umgebung der Teilchen ab. Deshalb erzeugen unterschiedliche Gewebe unterschiedliche Signale, und aus diesen Signalen kann man dann am Computer ein detailliertes Bild vom Inneren des Körpers berechnen.

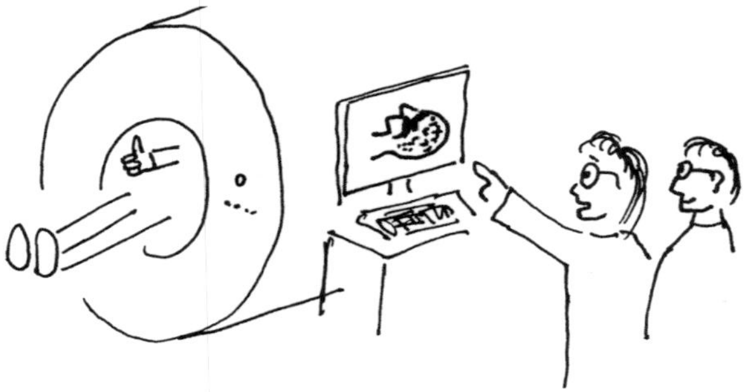

Eine andere nützliche Technik ist die Positronen-Emissions-Tomographie: Dabei injiziert man einem Menschen ein radioaktives Präparat – zum Beispiel Moleküle, die Fluor-18-Atome enthalten. Fluor-18 ist ein radioaktives Atom mit einer Halbwertszeit von knapp zwei Stunden. Wenn es zerfällt, entsteht ein Positron – das ist das Antiteilchen des Elektrons, also gewissermaßen sein Gegenteil. Dieses Positron kollidiert sofort mit einem Elektron, die beiden löschen einander aus und erzeugen dabei zwei quantenverschränkte Photonen, die in entgegengesetzte Richtungen davonfliegen.

Wenn man diese beiden Photonen misst, dann kann man ausrechnen, wo der radioaktive Zerfall stattgefunden hat. Somit kann man untersuchen, wo sich die radioaktive Substanz im Körper befindet. Wenn man eine Substanz verwendet, die zum Beispiel besonders häufig von Krebszellen aufgenommen wird, dann kann man dadurch sichtbar machen, wo sich die Krebszellen befinden.

Das Vakuum ist besser als nichts

Die Quantenphysik hat sich seit den Tagen von Albert Einstein, Marie Curie oder Erwin Schrödinger völlig verändert. Jeden Tag nutzen wir Technologien, die wir auf irgendeine Weise der Quantenforschung verdanken. Die Quantentheorie ist längst kein unbekanntes Territorium mehr, in dem man sich im Halbdunkel verwirrender neuer Erkenntnisse langsam vorantastet. Sie ist eine Wissenschaftsdisziplin wie andere auch, mit klaren Regeln, Methoden und Werkzeugen. Wir wissen, wie wir damit umgehen müssen, um die richtigen Ergebnisse zu erhalten. Man könnte sagen: Die Quantentheorie ist erwachsen geworden.

Das heißt aber noch lange nicht, dass die Quantentheorie damit abgeschlossen ist. Ganz im Gegenteil: Je mehr Fragen man beantwortet, umso mehr neue Fragen kommen dazu. Und viele von ihnen sind noch viel merkwürdiger, überraschender und atemberaubender, als sich das in den ersten Tagen der Quantenforschung irgendjemand vorstellen konnte.

Das beginnt schon bei dem, was man für die einfachste aller denkbaren Fragen halten könnte: Was ist, wenn nichts da ist? Die klassische Physik gibt darauf eine ziemlich langweilige Antwort: Wenn nichts da ist, hat man Leere. Wenn man aus einem bestimmten Bereich des Raumes alle Teilchen entfernt, dann bleibt nichts übrig. Und dieses Nichts nennt man „Vakuum“. Mehr gibt es aus klassischer Sicht darüber nicht zu sagen.

In der Quantentheorie ist das aber anders. Quantenphysikalisch gesehen ist ein perfektes Nichts nämlich gar nicht möglich. Um das zu analysieren, verwendet man nicht Schrödingers Wellengleichung, sondern eine Erweiterung davon – die Quantenfeldtheorie. Mit ihr kann man nicht nur das Verhalten eines Teilchens berechnen, sondern auch erklären, wie Teilchen vernichtet werden oder neue Teilchen entstehen, wie das zum Beispiel bei den Kollisionen in einem Teilchenbeschleuniger der Fall ist.

Die Quantenfeldtheorie sagt uns, dass selbst das Vakuum niemals ganz einheitlich leer ist. Durch puren Zufall hat es an gewissen Stellen kurzfristig ein bisschen mehr Energie als anderswo. Wie sich herausstellt, ist der leere Raum immer eine flimmernde Quantenüberlagerung aus ständiger Anwesenheit und Abwesenheit von Teilchen. Man kann sich das Vakuum als blubbernde Suppe aus Teilchen vorstellen, die spontan entstehen und wieder verschwinden.

Das klingt seltsam, denn normalerweise erlauben die Naturgesetze nicht, dass irgendetwas spontan entsteht oder verschwindet. Würde sich auf meinem Schreibtisch spontan ein faustgroßer Goldklumpen materialisieren, wäre das zwar schön, aber es würde gegen den Energieerhaltungssatz verstoßen. Und wenn mein Fahrrad plötzlich nicht mehr da ist, werde ich mir garantiert nicht einreden lassen, dass es sich einfach spontan quantenphysikalisch dematerialisiert hat.

Auf Ebene der Quantenteilchen sind solche Ereignisse aber möglich: Ganz spontan aus dem Nichts heraus können Teilchenpaare entstehen und einander dann sofort wieder vernichten. Der Grund dafür liegt in der Unschärferelation: Genauso wie Werner Heisenbergs Unschärferelation es unmöglich macht, Ort und Impuls eines Teilchens gleichzeitig exakt zu messen, gibt es nämlich auch eine Unschärferelation für Energie und Zeit: Das Nichts kann sich gewissermaßen ein bisschen Energie ausleihen – aber nur für kurze Zeit. Teilchen dürfen spontan entstehen, aber je mehr Energie sie haben, umso schneller müssen sie auch wieder verschwinden.

Genau das passiert ununterbrochen – nicht nur im Vakuum, sondern überall. Das gesamte Universum ist ein Gewimmel aus kurzlebigen virtuellen Teilchen, ein ewiges Quanten-Energie-Geflimmer. Man bezeichnet das auch als „Vakuumfluktuationen“ oder „Quantenfluktuationen“.

Wer das für rein theoretische Gedankenspielerei hält, liegt falsch: Dieses Quantenblubbern hat tatsächlich messbare Auswirkungen. Würde man im perfekten Vakuum zwei Metallplatten parallel zueinander positionieren, dann würden sich diese beiden Platten langsam aufeinander zubewegen – einfach aufgrund der Teilchen, die im Vakuum rund um die Platten spontan entstehen. Trotz ihrer minimalen Lebensdauer üben sie einen Druck auf die Platten aus – man bezeichnet das als „Casimir-Effekt“.

Auf sehr kurzen Distanzen können die Vakuumfluktuationen auch zu einer Anziehung zwischen Atomen oder Molekülen führen – zu den sogenannten Van-der-Waals-Kräften. Und sogar die Fähigkeit eines Geckos, an glatten Oberflächen nach oben zu klettern, hat unter anderem mit Quantenfluktuationen zu tun.

Das Quantenflimmern und das Universum

Die wahre Bedeutung der Quantenfluktuationen erkennt man aber erst, wenn man in den Weltraum blickt. An dieser Stelle schließt sich nämlich ein Kreis, der die kleinsten Dinge im Universum und die größten Dinge im Universum miteinander verbindet: Das Teilchengeflimmer auf kleinster Quantenskala ist für die größten Strukturen verantwortlich, die es im Kosmos gibt.

Unmittelbar nach der Entstehung des Universums war die gesamte Materie, die wir heute beobachten können, an einem winzigen Ort vereint. Dann geschah etwas, dessen Ursache man bis heute nicht ganz versteht: Es kam zur Phase der „kosmischen Inflation“. Diese Phase dauerte nur einen unvorstellbar kleinen Sekundenbruchteil, aber sie veränderte das junge Universum radikal: Vorher war es ein winziges

Pünktchen gewesen, viel kleiner als ein Proton, und einen Augenblick später hatte es sich aufgebläht, ungefähr auf die Größe einer Orange.

Das mag auf den ersten Blick nicht besonders beeindruckend erscheinen – Orangen haben für menschliche Verhältnisse immer noch eine recht übersichtliche Ausdehnung. Aber das Ausmaß dieser sprunghaften Expansion war gewaltig – so als würde sich ein Atom in einem Augenblick auf die tausendfache Größe unseres Sonnensystems ausdehnen. Durch diese Expansion wurden auch die Quantenfluktuationen des jungen Universums aufgeblasen. Winzige Quanten-Unregelmäßigkeiten im Raum wurden schlagartig zu Unregelmäßigkeiten auf einer makroskopischen Skala.

Nach der Phase der kosmischen Inflation expandierte das Universum weiter, allerdings nicht mehr sprunghaft, sondern kontinuierlich und mit viel geringerer Geschwindigkeit. Die Unregelmäßigkeiten des orangengroßen Universums wurden damit noch weiter ausgedehnt, und das führte schließlich dazu, dass die Materie im Universum nicht überall gleich verteilt war. Massereichere und weniger massereiche Gegenden konnten sich bilden. Die massereichen Gegenden wurden zu Regionen mit Galaxien, Sternen und Planeten, dazwischen befinden sich riesige Regionen kosmischer Leere. Die Struktur des Universums ist der Nachhall kleinster Quantenzufälle.

Wenn die kleinsten und die größten Dinge in unserem Universum so eng miteinander zusammenhängen, stoßen wir aber auf Probleme – denn für kleine und große Dinge verwenden wir eigentlich völlig unterschiedliche Theorien. Auf mikroskopischer Skala sagen uns Quantentheorien, wie die Kräfte zwischen den Teilchen wirken. Auf astronomisch großer Skala hingegen ist normalerweise die Gravitation die entscheidende Kraft, und die erklärt man heute am besten mit Einsteins allgemeiner Relativitätstheorie.

Es gibt viele Versuche, Quantentheorien und die Relativitätstheorie miteinander zu verknüpfen – und in vielen Bereichen funktioniert das auch sehr gut. Aber eine vollständige Vereinheitlichung dieser beiden Theorien ist bis heute nicht gelungen. Sie haben eine grundlegend unterschiedliche Struktur: Die Relativitätstheorie ist eine klassische Theorie, in der jedes Objekt seinen klar definierten Platz in Raum und Zeit einnimmt, ohne Zufall, ohne Unschärfe, ohne Quantensprünge. Dafür können sich Raum und Zeit in der allgemeinen Relativitätstheorie dehnen und krümmen – sie werden selbst zu veränderbaren Mitspielern im großen Theaterstück der Physik. In der Quantentheorie hingegen sind Raum und Zeit bloß die ruhende Bühne, auf der die Dinge ihren Lauf nehmen.

Was heißt hier „verstehen"?

Man fühlt sich vielleicht manchmal ein bisschen verloren, wenn man darüber nachdenkt, was man alles noch nicht weiß. Aber vielleicht ist das die verkehrte Sichtweise. Denn wir wissen heute unfassbar viel. Und es ist ein unglaubliches Wunder, dass wir den Gesetzen des Universums überhaupt auf die Spur kommen können.

Aus quantenphysikalischer Sicht gibt es kaum wesentliche Unterschiede zwischen einem Menschen und einer Tomate. Beide sind aus Teilchenperspektive ziemlich groß, sie bestehen aus denselben Atomen und sehr ähnlichen Molekülen. Trotzdem hat die Tomate keine Ahnung von Quantenphysik, wir Menschen aber schon.

Dass es dazu kam, verdanken wir einer ganzen Reihe von Quantenphänomenen: Aus winzigen Quantenfluktuationen entstanden zuerst Galaxien, Sterne und Planeten. Die Gesetze der Quantenphysik brachten die Sterne dazu, gewaltige Energiemengen in Form von Photonen auszusenden. Diese Photonen sorgten auf unserem Planeten für milde Temperaturen, dadurch konnten sich im Urmeer verschiedene Atome nach den Gesetzen der Quantenphysik zu Molekülen zusammenfinden.

Irgendwann bildeten sich auf diese Weise DNA-Moleküle – eine quantenphysikalisch betrachtet hervorragende Art, Information zu speichern. Diese Information wurde immer und immer wieder kopiert, dabei kam es manchmal zu Fehlern, oft durch puren Quantenzufall. Aber genau durch diese Fehler wurde Evolution möglich, kompliziertes Leben entwickelte sich, und irgendwann waren wir Menschen da.

Und nun sitzen wir hier, als merkwürdige Ansammlung ziemlich komplizierter Moleküle. Wir sind mittelgroße Strukturen – viel größer als ein Proton, aber viel kleiner als eine Galaxie. Unser Leben ist hauptsächlich von der Wechselwirkung mit anderen mittelgroßen Strukturen geprägt. Mit Tomaten etwa, oder Katzen, oder anderen Menschen. Darauf hat uns die Evolution optimiert. Das ist die Größenskala, auf die unser Verstand ausgerichtet ist.

Und trotzdem gelingt es uns, mit unseren Gedanken diese Größenskala zu sprengen. Wir können über Dinge nachdenken, die unvergleichlich viel kleiner sind als wir. Und über Dinge, die unermesslich viel größer sind als wir. Wir haben Mathematik erfunden, um unsere Gedanken präziser zu sortieren und besser miteinander zu teilen. Wir haben Messgeräte erfunden, mit denen wir die Naturgesetze noch besser erforschen können, um dann noch bessere Geräte zu entwickeln, mit denen man noch mehr herausfinden kann. Wir haben die natürliche Evolution durch eine technische Evolution erweitert.

Wegen all dem können wir heute über Quantensuperposition nachdenken, über Quantenzufall und über Quantenverschränkung. Dass wir das können, ist alles andere als selbstverständlich. Es ist nicht von vornherein klar, dass sich Quantenteilchen an Regeln halten, die wir Menschen mit unserem mittelgroßen

Gehirn verstehen können. Es könnte sich auch um irrwitzig komplexe Regeln halten, die für uns Menschen genauso nutzlos sind wie Integralgleichungen für einen Bienenschwarm.

Wir sollten uns also nicht beklagen, dass Quantentheorie schwer zu verstehen ist. Natürlich fühlt sich Quantentheorie für uns seltsam und verwirrend an – wie sollte es denn anders sein? Natürlich ist es schwierig, Quantentheorie in unseren Kopf zu füllen, wenn unser Kopf nun einmal nicht dafür gemacht ist. Darüber sollten wir uns nicht wundern. Das Wunder ist nicht, dass wir mit der Quantentheorie manchmal Schwierigkeiten haben, sondern dass wir mit unserem begrenzten Verstand überhaupt in der Lage sind, die Gesetze der kleinen Teilchen zu erforschen und zu nutzen.

Was meinen wir überhaupt, wenn wir darüber reden, wie man die Quantentheorie verstehen kann? Was heißt hier „verstehen"? Quantentheorie prägt man sich nicht einfach ein wie eine Telefonnummer oder ein Geburtsdatum. Man lernt sie eher wie eine neue Sprache aus einer noch unbekannten, fremden Kultur. Manche Wörter dieser fremden Sprache können wir in unsere eigene Alltagssprache übersetzen. Manche Begriffe sind für uns aber völlig neu – sie bezeichnen etwas, was es in unserer bisher gewohnten Welt einfach nicht gibt. Solche neuen Begriffe kann man nicht „verstehen", indem man sie mit etwas Bekanntem erklärt. Man muss sie akzeptieren und sich an sie gewöhnen. Man lernt nach und nach, in welchen Situationen der Begriff nützlich ist – und irgendwann kann man dann sagen: Ich habe ihn verstanden!

Das Universum ist gar nicht so kompliziert. Und das ist auch gut so. An viele Grundregeln der Natur müssen wir uns einfach nur gewöhnen, bis sie uns beinahe selbstverständlich vorkommen. Wer irgendwann das Gefühl hat, Quantenphysik verstanden und gleichzeitig auch nicht verstanden zu haben, der hat Quantenphysik verstanden.

Glossar

Selbstverständlich handelt es sich hier nicht um ein vollständiges Wörterbuch der Quantenphysik – aber bei manchen Begriffen hilft es vielleicht, sie hier noch einmal mit ein paar kleinen Anmerkungen zu versehen.

Alphateilchen sind eine Kombination aus zwei *Protonen* und zwei *Neutronen*. Der Kern eines Heliumatoms ist ein solches Alphateilchen. Bestimmte radioaktive Atomkerne, die viel größer sind und aus viel mehr Protonen und Neutronen bestehen, können manchmal ein solches Alphateilchen ausspucken – das bezeichnet man dann als „Alphazerfall".

Antiteilchen: Zusätzlich zu den *Elementarteilchen*, die wir kennen, gibt es auch noch sogenannte Antiteilchen. Sie haben dieselben Eigenschaften wie gewöhnliche *Teilchen*, allerdings entgegengesetzte elektrische Ladung. Das Antiteilchen des negativ geladenen *Elektrons* zum Beispiel ist das positiv geladene Positron. Zu jedem *Quark* gibt es ein Antiquark. Wenn ein Teilchen auf sein Antiteilchen trifft, dann vernichten sie einander gegenseitig.

Atom: Ein Atom ist eine Kombination von einem *Atomkern* und *Elektronen*, die aneinandergebunden sind. Je nachdem, wie viele Protonen im Atomkern enthalten sind, kann man das Atom einem bestimmten chemischen *Element* zuordnen. Das Atom besteht aus verschiedenen *Elementarteilchen*, die man alle als quantenphysikalische *Welle* betrachten kann. Man kann aber auch das ganze Atom als quantenphysikalische Welle betrachten. Beide Sichtweisen widersprechen einander nicht.

Atomkern: Der Atomkern besteht aus *Protonen* und *Neutronen*. Er ist somit immer positiv geladen – deshalb zieht er die negativ geladenen *Elektronen* an und hält sie fest.

Bellsche Ungleichung: John Stewart Bell veröffentlichte eine Ungleichung, die für Ergebnisse von Messungen an *Teilchen* immer gelten muss – falls der lokale Realismus stimmt. Falls also Teilchen einen definierten *Zustand* besitzen, auch wenn sie niemand beobachtet, und falls ein Ding ein anderes immer nur maximal mit Lichtgeschwindigkeit beeinflussen kann. Experimente zeigen aber: Diese Ungleichung ist verletzt. Daher kann der lokale Realismus nicht stimmen. Die *Quantentheorie* kann das erklären – sie geht über den lokalen Realismus hinaus. Die Verletzung der Bellschen Ungleichung ist somit ein Beweis dafür, dass die Quantentheorie nicht nur eine unnötige Verkomplizierung der Dinge ist, sondern dass man tatsächlich eine Theorie mit all den Merkwürdigkeiten der Quantentheorie benötigt, um die Welt zu erklären. (Streng genommen gibt es mehrere verschiedene Formulierungen dieser Ungleichung – man spricht daher auch manchmal von „den Bellschen Ungleichungen".)

Bohrsches Atommodell: Nach dem Atommodell von Niels Bohr kann man sich das *Atom* so ähnlich vorstellen wie ein Mini-Sonnensystem – mit dem *Atomkern* in der Mitte, der von *Elektronen* umkreist wird. Aufgrund der *Wellennatur* der Elektronen sind nur ganz bestimmte Elektronen-Kreisbahnen erlaubt, alles dazwischen ist unmöglich. Das ist allerdings ein sehr vereinfachtes Bild. In Wirklichkeit umgeben die Elektronen den Atomkern als wellige Elektronenwolke. Niels Bohr konnte mit seinem vereinfachten Atommodell allerdings erklären, warum Elektronen im Atom nur ganz bestimmte Energiezustände einnehmen können – warum die Energie der Elektronen im Atom also *quantisiert* ist.

Differentialgleichung: Aus der Schule kennt man Gleichungen, in denen Variablen vorkommen – zum Beispiel x+5=7. Die kann man lösen, dann kommt für x eine Zahl heraus. Es gibt aber auch Gleichungen, deren Lösung nicht einfach nur eine Zahl ist, sondern eine Funktion – also so etwas wie „Sinus von x" oder „x zum Quadrat". Die Form dieser Funktion wird dann oft nicht nur mit einfachen Rechenoperationen wie dem „Plus" im obigen Beispiel festgelegt, sondern auch durch Differenzialoperatoren: f'(x)=f(x) zum Beispiel ist eine Differentialgleichung. Dabei steht f'(x) für die Funktion f, aber differenziert nach der Variablen x. Und wenn man das macht, soll die Funktion f selbst herauskommen. (Diese Differentialgleichung wird zum Beispiel durch die einfache Exponentialfunktion e hoch x gelöst). Die *Schrödingergleichung* ist eine solche Differentialgleichung – als Ergebnis liefert sie die *Wellenfunktion.*

Drehimpulserhaltung: Wenn sich etwas dreht, dann hat es die Tendenz, diese Drehung beizubehalten – das bezeichnet man als „Drehimpulserhaltung". Wenn wir die Drehung eines Objekts verändern wollen, dann müssen wir eine Kraft aufwenden (oder präziser gesagt: ein Drehmoment – eine Kraft, die in einem bestimmten Abstand zur Drehachse wirkt). Ohne äußere Kräfte (also auch ohne Reibungskraft) dreht sich ein Objekt für immer.

Elektron: Negativ geladenes *Elementarteilchen.* Weil es viel weniger Masse hat als *Protonen*, *Neutronen* oder gar ganze *Atome*, ist die *Wellenlänge* des Elektrons vergleichsweise groß. Daher ist es vergleichsweise einfach, die *Welleneigenschaften* von Elektronen zu studieren.

Element: Ein chemisches Element ist eine bestimmte Sorte von *Atomen*. Zu welcher Sorte ein bestimmtes Atom gehört, wird durch die Anzahl seiner *Protonen* bestimmt: Wenn es genau sechs Protonen hat, ist es ein Kohlenstoffatom. Wenn es genau sieben Protonen hat, ist es ein Stickstoffatom – und so weiter. Zusätzlich haben diese Atome auch noch *Neutronen* – oft ist (zumindest bei kleineren Atomen) ihre Zahl ähnlich groß wie die Zahl der Protonen: Die häufigste Kohlenstoff-Variante enthält sechs Neutronen, die häufigste Stickstoff-Variante enthält sieben Neutronen. Aber wenn ein Atom sieben Protonen und acht Neutronen enthält (auch das kommt vor), ist es immer noch ein Stickstoff-Atom. Zusätzlich enthalten Atome natürlich auch noch *Elektronen* – wenn die Zahl der negativ geladenen Elektronen genau der Zahl der positiv geladenen Protonen entspricht, dann ist das Atom insgesamt elektrisch neutral. Andernfalls ist es insgesamt elektrisch geladen, in diesem Fall spricht man von einem Ion.

Elementarteilchen sind die fundamentalen Bausteine der *Materie* – also all jene *Teilchen*, die nicht aus noch kleineren Teilchen zusammengesetzt sind. *Elektronen* und *Photonen* sind Elementarteilchen. *Protonen* und *Neutronen* nicht – sie bestehen aus *Quarks*. *Atome* und noch größere Dinge sind natürlich erst recht keine Elementarteilchen.

Interferenz: Wenn sich zwei *Wellen* miteinander überlagern (oder eine Welle sich mit sich selbst überlagert), spricht man von Interferenz. Die Maxima und Minima (Wellenberge und Wellentäler) der Welle können sich an bestimmten Stellen addieren oder einander gegenseitig auslöschen. Das ist eine Eigenschaft, die alle Wellen haben – aber eben nur Wellen. Ein Fahrkartenkontrolleur kann sich nicht mit einem anderen Fahrkartenkontrolleur lokal verstärken oder auslöschen. Ein Fahrkartenkontrolleur ist daher keine Welle.

Katze: Lebendiges, makroskopisches Objekt, das von Erwin Schrödinger moralisch höchst verwerflichen Experimenten ausgesetzt wurde – zum Glück aber nur rein theoretisch, als Gedankenexperiment. Eine Katze ist deutlich schwerer als ein *Atom*, daher hat sie eine extrem kurze *Wellenlänge*. Katzen-*Interferenz*muster sind daher experimentell nicht zu realisieren. Katzen gehorchen daher prinzipiell der klassischen Physik. Bei näherer Betrachtung stellt sich allerdings heraus: Sie gehorchen eigentlich überhaupt niemandem. Und das ist vermutlich auch gut so.

Kernteilchen (oder auch Nukleon) ist eine Bezeichnung für die *Teilchen*, aus denen der *Atomkern* besteht – nämlich *Protonen* und *Neutronen*.

Kopenhagener Deutung: Die Kopenhagener Deutung ist eine Interpretation der *Quantentheorie*, die akzeptiert, dass der Zufall ein unverrückbarer Bestandteil der Quantentheorie ist. Dass die Ergebnisse von Experimenten nicht unbedingt exakt vorhergesagt werden können, sondern manchmal nur Wahrscheinlichkeiten für bestimmte mögliche Messergebnisse berechnet werden können, ist keine Unvollkommenheit der Quantentheorie – nach der Kopenhagener Deutung ist das einfach eine Eigenschaft der Wirklichkeit, mit der man sich abfinden muss.

Licht ist elektromagnetische Strahlung. Sie breitet sich wellenartig aus, hat aber gleichzeitig auch Teilcheneigenschaften. Manche Leute verwenden den Begriff „Licht" nur für sichtbares Licht – also für elektromagnetische Strahlung mit einer Wellenlänge, die unser menschliches Auge wahrnehmen kann. Aus physikalischer Sicht gibt es aber keinen guten Grund, mit diesem Begriff so streng zu sein, insofern kann man das Wort „Licht" durchaus auch für elektromagnetische Strahlung verwenden, die eine zu große oder eine zu kleine Wellenlänge hat, um von uns gesehen werden zu können. Mikrowellen oder auch Röntgenstrahlen beispielsweise sind, so betrachtet, also „unsichtbares Licht".

Materie ist alles, was aus *Teilchen* besteht und Masse hat. *Licht* wird nicht als Materie gesehen, denn *Photonen* sind masselos. *Elektronen, Neutronen, Protonen* und alles, was daraus besteht, ist hingegen Materie.

Messung: Bei einer Messung kommt das Ding, das wir vermessen (zum Beispiel ein *Quantenteilchen*) in Kontakt mit etwas Großem – zum Beispiel mit einem Messgerät. Und damit in weiterer Folge auch mit dem Labor, in dem das Messgerät steht, und vielleicht mit einem Menschen, der das Ergebnis vom Messgerät abliest. Wenn man ein Quantenteilchen misst, dann gerät es zwangsläufig in Kontakt mit der Welt der großen Dinge. Daher spielen in diesem Fall für das Teilchen plötzlich auch die Regeln eine Rolle, die in der Welt der großen Dinge gelten: Es kann sich im Augenblick nach der Messung nicht mehr in einem *Überlagerungszustand* befinden. Vor der Messung kann das Teilchen unterschiedliche messbare Zustände gleichzeitig miteinander vereinen – es kann sich zum Beispiel an unterschiedlichen Orten gleichzeitig aufhalten oder sich in unterschiedliche Richtungen gleichzeitig bewegen. Die Messung allerdings zwingt das Teilchen, sich für ein mögliches Messergebnis zu entscheiden. Sein *Zustand* wird festgelegt und dadurch verändert.

Molekül: Wenn sich mehrere *Atome* miteinander verbinden, bilden sie ein Molekül. Moleküle gibt es in ganz unterschiedlichen Größen – vom simplen Wasserstoffmolekül H_2, das einfach nur aus zwei Wasserstoffatomen besteht, bis hin zu riesengroßen Makromolekülen, die aus vielen tausend Atomen bestehen. Prinzipiell kann man Moleküle (wie grundsätzlich alles) als *Welle* beschreiben. Man kann zum Beispiel Wasserstoffmoleküle durch einen Doppelspalt schießen und sich *Interferenz*-Phänomene ansehen. Sogar mit großen Molekülen, bestehend aus 60 Kohlenstoffatomen, ist das bereits gelungen. Allerdings gilt: Je größer das Objekt, umso kleiner seine *Wellenlänge* – und umso schwieriger wird es, irgendwelche *Welleneigenschaften* nachzuweisen. Bei großen Molekülen (oder noch größeren Dingen) kann man Welleneigenschaften daher meistens getrost ignorieren.
Ein Fußball ist immer entweder im Tor oder nicht. Man muss sich in diesem Fall über Wellenüberlagerungsphänomene keine Gedanken machen.

Neutron: Ein *Kernteilchen* ohne elektrische Ladung. Es besteht aus drei *Quarks*.

Photon: Photonen sind Licht*teilchen* oder Licht*quanten* – also die fundamentalen Bausteine des Lichts. Photonen haben keine Masse, sie bewegen sich immer mit Lichtgeschwindigkeit. Sie haben eine *Wellenlänge* und eine *Polarisations*richtung.

Polarisation: Man kann sich *Licht* als *Welle* vorstellen, die in einer bestimmten Richtung schwingt. Die Polarisationsrichtung gibt die Ebene an, in der diese Schwingung stattfindet. Licht hat aber auch *Teilchen*eigenschaften – es besteht aus einzelnen *Photonen*. In dieser Sichtweise ist die Polarisation die *Spin*richtung der Photonen.

Plancksches Wirkungsquantum: Das Plancksche Wirkungsquantum (meist abgekürzt mit dem Buchstaben h) ist die wohl wichtigste Naturkonstante in der *Quantentheorie*. Es kommt in fast allen wichtigen Formeln der Quantentheorie vor – oft in der Form „h/2π". Damit die Formeln einfacher aussehen, hat man sich daher für h/2π einen eigenen Buchstaben ausgedacht – nämlich ħ (das manchmal auch „reduziertes Plancksches Wirkungsquantum" genannt wird. Oft hört man aber auch einfach nur „Plancksches Wirkungsquantum", wenn eigentlich nicht h, sondern ħ gemeint ist. Auch in der Physik drückt man sich nicht immer ganz präzise aus. Es ist ein Jammer.) h ist das Verhältnis aus Energie und Frequenz eines *Photons* (h=E/f), ħ kommt in der *Schrödingergleichung* vor, auch den *Spin* von *Teilchen* misst man in Einheiten von ħ.

Proton: Ein *Kernteilchen* mit positiver elektrischer Ladung. Es besteht aus drei *Quarks*.

Quanten: Quanten sind streng genommen einfach nur Portionen von etwas: *Licht* ist zwar wellig, kommt aber immer in bestimmten Portionen vor – in *Photonen*. Photonen sind also Lichtquanten. Wenn ein *Elektron* im *Atom* von einem *Zustand* höherer Energie auf einen Zustand niedrigerer Energie wechselt, kann es ein Photon abgeben – einen Energiequant.

Quantenfeldtheorie ist eine Erweiterung der klassischen *Quantenmechanik*, in der jede *Teilchen*sorte als „Feld" beschrieben wird, das unser gesamtes Universum ausfüllt – ähnlich wie man die Temperatur in einem Raum beschreiben kann, indem man ein „Temperaturfeld" definiert, das jedem Punkt im Raum eine bestimmte Temperatur zuweist, oder wie man den Wind beschreiben kann, indem man ein „Windströmungsfeld" definiert, das jedem Punkt im Raum eine Windstärke und eine Windrichtung zuweist. Mithilfe der Quantenfeldtheorie kann man auch Prozesse berechnen, bei denen Teilchen zerstört, erzeugt bzw. ineinander umgewandelt werden.

Quantenphysik / Quantentheorie / Quantenmechanik
Diese Begriffe sind nicht immer scharf zu trennen. Quantenphysik ist ganz allgemein jener Bereich der Physik, der sich mit all dem befasst, worum es in diesem Buch geht – mit *Wellen* und *Teilchen*, mit *quantisierten* Größen. Grundsätzlich besteht Physik aus Theorie und Experiment – innerhalb der Quantenphysik gibt es also *Quanten*-Experimente und die Quantentheorie (die theoretische Grundlage dieser Experimente). Manchmal wird zwischen Quantenmechanik und *Quantenfeldtheorie* unterschieden: Die Quantenmechanik beschreibt das wellige Verhalten von Teilchen – etwa mithilfe der *Schrödingergleichung*. Die Quantenfeldtheorie ist noch etwas allgemeiner.

Quantenschwubbel ist ein frei erfundenes Wort, das es bisher noch nicht gab. Das ist ein Vorteil – denn dann kann man selbst beschließen, was es bedeuten soll. Es soll den wackelig-welligen Charakter der *Materie* zum Ausdruck bringen.

Quantenteilchen: Ein informeller Begriff, der ausdrücken soll, dass es sich um ein *Teilchen* handelt, das mit den Regeln der *Quantentheorie* beschrieben werden muss – im Gegensatz etwa zu einem Zwiebackbrösel, den man eventuell auch als „Teilchen" bezeichnen kann, der mit Quantentheorie aber nichts zu tun hat.

Quantenverschränkung: Wenn zwei oder mehrere *Teilchen* quantenverschränkt sind, dann bedeutet das: Man kann zwar genau sagen, in welchem Zustand sie sich gemeinsam befinden, aber daraus folgt nicht, dass jedes einzelne Teilchen deshalb einen wohldefinierten Zustand hat. Man kann zum Beispiel zwei *Atome* so verschränken, dass feststeht: Eines befindet sich im Zustand „Spin up", eines im Zustand „Spin down". Damit ist der *Spin* des Gesamtsystems der zwei Atome exakt und eindeutig beschrieben. Trotzdem kann sich jedes der beiden Atome in einem *Überlagerungszustand* von „Spin up" und „Spin down" befinden. Wissen über das Gesamtsystem bedingt nicht Wissen über seine Einzelteile. Das bedeutet aber auch: Wenn eines der Teilchen gemessen wird, ist damit auch augenblicklich der Zustand des anderen Teilchens festgelegt. Quantenverschränkte Teilchenpaare sind gewissermaßen ein einziges, gemeinsames Ding, auch wenn sich die beiden Teilchen an völlig unterschiedlichen Orten aufhalten.

Quantisierung: Wenn eine physikalische Größe quantisiert ist, dann kann sie nur ganz bestimmte Werte annehmen. Die Energie eines *Elektrons* im *Atom* ist zum Beispiel quantisiert. Es gibt ganz bestimmte Energiewerte, die für das Elektron erlaubt sind, alle Werte dazwischen sind physikalisch einfach nicht möglich.

Quark: Quarks gehören zu den *Elementarteilchen*. Aus „Up-Quarks" und „Down-Quarks" sind *Protonen* und *Neutronen* aufgebaut. (Die Namen haben keinerlei Bedeutung – mit „Spin up" oder „Spin down" zum Beispiel hat das überhaupt nichts zu tun).

Schrödingergleichung: Die Schrödingergleichung ist eine *Differentialgleichung*, mit der man eine *Teilchenwelle* beschreiben kann. Sie sagt uns, welche Teilchenwellen in einer bestimmten Situation (unter Anwesenheit ganz bestimmter Kräfte von außen – z. B. unter Anwesenheit eines *Atomkerns*) möglich sind und wie diese Teilchenwellen aussehen. Sie sagt uns auch, wie sich diese Teilchenwelle im Lauf der Zeit verändert: Wenn wir die Teilchenwelle zu einem bestimmten Zeitpunkt kennen, dann können wir mithilfe der Schrödingergleichung genau sagen, wie sich diese *Welle* in weiterer Folge entwickeln wird.

Spin: Der Eigendrehimpuls der *Teilchen*. Oft wird er mit der Eigenrotation eines Planeten verglichen – das ist aber nicht unbedingt ein hilfreiches Bild. Wichtig ist: Der Spin eines Teilchens hat eine Richtung: Wenn man die Spinrichtung eines Spin-½-Teilchens misst, dann gibt es nur zwei verschiedene mögliche Ergebnisse – man kann sie „Spin up" oder „Spin down" nennen. Das Ergebnis hängt aber davon ab, in welche Richtung man das Messgerät dreht: Ein „Spin up"-Teilchen, gemessen entlang der x-Achse, befindet sich in Bezug auf eine andere Achse in einem *Überlagerungszustand*. Welches Ergebnis wir erhalten, wenn wir die Spinrichtung dieses Teilchens in Richtung der y-Achse oder der z-Achse messen, ist dann purer Zufall.

Standardmodell der Teilchenphysik: Das Standardmodell ist das heute weithin akzeptierte Modell der *Elementarteilchen*. Es beinhaltet unterschiedliche *Teilchen* und die Kraftwirkungen zwischen ihnen. Es ist ungeheuer erfolgreich und kann viele Phänomene extrem genau beschreiben – allerdings: Die Gravitation kommt in diesem Standardmodell nicht vor. Die Teilchenphysik mit der Gravitation zu verknüpfen ist bis heute nicht auf zufriedenstellende Weise gelungen. Hier kann man sich ganz sicher noch den einen oder anderen Nobelpreis abholen.

Teilchen ist ein Wort für einen Baustein der *Materie*, um dessen Struktur man sich gerade nicht kümmern möchte. Die fundamentalen Bestandteile der Materie sind *Elementarteilchen* – doch oft bezeichnet man auch Dinge als „Teilchen", die aus mehreren Elementarteilchen bestehen, zum Beispiel *Protonen*, *Atome* oder sogar größere Dinge. Jedes Teilchen hat zugleich auch *Welleneigenschaften* – man verwendet das Wort „Teilchen" hauptsächlich dann, wenn die Welleneigenschaften keine wichtige Rolle spielen, sondern die *Teilcheneigenschaften* im Vordergrund stehen.

Teilcheneigenschaften: Ein *Teilchen* ist eine *Materie*-Portion. Von „halben Teilchen" zu sprechen, ergibt keinen Sinn – Teilchen kommen immer nur in ganzen Zahlen vor. Außerdem nimmt man von einem Teilchen typischerweise an, dass es sich ganz teilchenhaft zu jedem Zeitpunkt an einem ganz bestimmten Ort befindet – doch das ist bei näherer Betrachtung eben nicht ganz richtig, weil jedes Teilchen auch *Welleneigenschaften* hat.

Teilchenwelle oder Wellenteilchen sind Begriffe, mit denen die Doppelnatur der *Materie* illustriert werden soll: Jedes *Teilchen* ist auch eine *Welle*, jede Welle ist (oder besteht aus) Teilchen.

Überlagerungszustand: Einer der wichtigsten Grundsätze der *Quantentheorie* lautet: Wenn sich etwas in mehreren verschiedenen *Zuständen* befinden kann, dann kann es sich auch in einer Mischung dieser Zustände befinden. Wenn also ein *Teilchen* zum Beispiel nach rechts oder nach links fliegen kann, dann kann es auch gleichzeitig nach rechts und nach links fliegen. Solche Zustände bezeichnet man als Überlagerungszustand. Allerdings lässt sich nicht ganz genau definieren, ob sich ein Teilchen in einem solchen Überlagerungszustand befindet oder nicht. Das ist Ansichtssache. Es hängt davon ab, welche Messung wir durchführen: Es kann sein, dass ein *Teilchen* einen eindeutig definierten Zustand bezüglich einer möglichen Messung hat – bezüglich eines anderen Messapparates befindet es sich aber gerade in einem Überlagerungszustand.

Verborgene Variablen: Wenn die *Kopenhagener Deutung* der *Quantentheorie* sagt, dass die Ergebnisse eines Experiments manchmal einfach Zufall sind – wie kann man das sicher wissen? Könnte es nicht sein, dass die Natur das Ergebnis des Experiments für sich trotzdem irgendwie schon festgelegt hat, wir Menschen aber bloß nicht wissen, wo und wie? Derart verborgene, aber bereits festgelegte Größen nennt man „verborgene Variablen". Die *Bellsche Ungleichung* zeigt allerdings: Entweder gibt es solche verborgenen Variablen nicht, oder es handelt sich jedenfalls um recht merkwürdige verborgene Variablen, die in gewissem Sinn noch mehr Verwirrung stiften, als sie auflösen. Das Konzept „verborgener Variablen" ist daher nicht hilfreich.

Welle: Eine Welle ist eine Schwingung, die sich ausbreiten kann. Sie hat bestimmte *Welleneigenschaften*.

Welleneigenschaften: Jede *Welle* hat bestimmte Eigenschaften – etwa eine Wellenlänge und eine Frequenz. Eine ganz besonders wichtige Eigenschaft von Wellen ist ihre Fähigkeit zur *Interferenz*.

Wellenfunktion: Die Wellenfunktion ist die mathematische Beschreibung einer *Teilchenwelle*. So wie die Funktion „Sinus von x" jedem x eine Zahl zuweist, weist auch die Wellenfunktion jedem Punkt eine Zahl zu – allerdings eine komplexe Zahl, auch i, die Wurzel aus minus eins, darf vorkommen. Die Wellenfunktion allein sagt uns noch nicht viel. Wenn wir allerdings das Quadrat der Wellenfunktion ausrechnen und davon den Betrag nehmen, dann bekommen wir eine reelle Zahl (in der die Wurzel aus minus eins also nicht mehr vorkommt). Und diese reelle Zahl ist ein Maß dafür, wie sehr sich das *Teilchen* an dieser Stelle befindet – wie groß also die Wahrscheinlichkeit ist, das Teilchen bei einer Messung genau dort aufzuspüren.

Wellenlänge: Der Abstand zwischen zwei Wellenbergen – oder zwischen zwei Wellentälern. Das ist dasselbe – zumindest bei einer regelmäßigen, periodischen *Welle*. Eine kleinere Wellenlänge bedeutet höhere Energie, eine größere Wellenlänge bedeutet niedrigere Energie.

Zustand: Der Quantenzustand eines *Teilchens* ist die Gesamtheit seiner Eigenschaften, die es zu einem bestimmten Zeitpunkt hat. Es gibt Zustände, die gemessen werden können – die das Teilchen also im Augenblick nach einer Messung einnehmen kann. Wenn gerade nicht gemessen wird, kann sich das Teilchen auch in einer Kombination solcher messbaren Zustände (einem *Überlagerungszustand*) befinden.

Literatur

Einsteins Lichtquantenhypothese

Einstein, A. (1905). Über einen die Erzeugung und Verwandlung des Lichtes betreffenden heuristischen Gesichtspunkt. Annalen der Physik, 322, 6.

Die in Säure aufgelösten Nobelpreismedaillen

A unique gold medal. NobelPrize.org. Nobel Prize Outreach (1998). https://www.nobelprize.org/prizes/about/the-nobel-medals-and-the-medal-for-the-prize-in-economic-sciences

Louis de Broglie über den Welle-Teilchen-Dualismus

de Broglie, L. (1970). The reinterpretation of wave mechanics. Foundations of Physics, 1, 5.

Max Planck über die Rezeption von de Broglies Ideen

Planck, M. in: Roos, H., Hermann, A. (Hg.) (2001). Vorträge, Reden, Erinnerungen. Springer.

Max von Laues Kristallexperimente

Friedrich W., Knipping P., Laue, M. (1913). Interferenzerscheinungen bei Röntgenstrahlen. Annalen der Physik, 346, 10.

Doppelspaltexperiment mit Elektronen

Frabboni, S. (2007). Young's double-slit interference experiment with electrons. American Journal of Physics 75, 1053.

Frabboni, S., Gazzadi, G.C., Pozzi, G. (2008). Nanofabrication and the realization of Feynman's two-slit experiment. Applied Physics Letters, 93, 073108.

Einzelne Teilchen im Doppelspalt

Tonomura, A. et al. (1989). Demonstration of single-electron buildup of an interference pattern. American Journal of Physics, 57, 117.

Niels Bohrs Zitat Entsetzen über die Quantentheorie

zitiert in: Heisenberg, W. (1969). Der Teil und das Ganze. R. Piper & Co.

Max Plancks Strahlungsgesetz

Planck, M. (1900). Zur Theorie des Gesetzes der Energieverteilung im Normalspektrum. Verhandlungen der Deutschen Physikalischen Gesellschaft, 2, 17.

Bohrs Atommodell

Bohr, N. (1923). Über die Anwendung der Quantentheorie auf den Atombau. Zeitschrift für Physik, 13, 117.

Heisenbergs Unschärferelation

Heisenberg, W. (1927). Über den anschaulichen Inhalt der quantentheoretischen Kinematik und Mechanik. Zeitschrift für Physik, 43, 3, 172.

Heisenberg über seine Entdeckung der Matrizenmechanik

Heisenberg, W. (1969). Der Teil und das Ganze. R. Piper & Co.

Schrödinger über das Matrizenkalkül
Zitiert in: Rechenberg, H. (2010). Werner Heisenberg – Die Sprache der Atome. Springer.
Schrödinger über den Weg zur Schrödingergleichung
Zitiert in: von Meyenn, K. (Hg.) (2011). Eine Entdeckung von ganz außerordentlicher Tragweite. Springer.
Die Schrödingergleichung
Schrödinger, E. (1926). Quantisierung als Eigenwertproblem. Annalen der Physik, 79, 80 und 81.
Die Wahrscheinlichkeitsinterpretation von Max Born
Born, M. (1926). Zur Quantenmechanik der Stoßvorgänge. Zeitschrift für Physik, 37, 863.
Der Laplacesche Dämon
Mehr dazu auch in: Aigner, F. (2016). Der Zufall, das Universum und du. Brandstätter.
Über das Stern-Gerlach-Experiment
Friedrich, B. (2003). Stern and Gerlach: How a bad cigar helped reorient atomic physics. Physics Today, 56, 12, 53.
„Bohr hat doch recht“: Gerlachs Telegramm
Gentner, W. (1980). Gedenkworte für Walther Gerlach. Orden Pour le Mérite, Reden und Gedenkworte, Band 16.
Giuseppe Occhialini und Wolfgang Paulis Pech mit Experimenten
Telegdi, V., Pauli-Anekdoten. In: Enz, C.P., von Meyenn, K. (1988). Wolfgang Pauli. Das Gewissen der Physik. Vieweg.
Wheelers Delayed-Choice-Gedankenexperiment
Wheeler, J.A., Law without law. In: Wheeler, J.A., Zurek, W.H. (Hg.) (1983). Quantum theory and measurement. Princeton University Press.
Über Retrokausalität und die Missverständnisse damit
Ellerman, D. (2015). Why delayed choice experiments do not imply retrocausality. Quantum Studies: Mathemathics and Foundations, 2, 183.
Der Quantenradierer
Walborn, S.P. et al. (2003). Quantum erasure. American Scientist, 91, 4.
Die Quantenbombe
Elitzur, A., Vaidman, L. (1993). Quantum mechanical interaction free measurement. Foundations of Physics, 23, 987.
Kwiat, T. et al. (1995). Interaction-free measurement. Phyical Review Letters, 74, 24.
Andromeda und die Milchstraße
Cowen, R. (2012). Andromeda on collision course with the Milky Way. Nature.
Sohn, S.T., Anderson, J., van der Marel, R.P. (2012). The M31 velocity vector. I. Hubble space telescope proper-motion measurements. The Astrophysical Journal, 753, 1.

Chandrasekhar und seine Entdeckung des Masselimits für Weiße Zwerge
Sullivan, W. (1995, Aug 22). Subrahmanyan Chandrasekhar, 84, Is dead; Nobel laureate uncovered ‚White Dwarfs'. The New York Times.
Tunneleffekt und Alphateilchen
Gamow, G. (1928). Zur Quantentheorie des Atomkernes. Zeitschrift für Physik, 51.
Einsteins Brief an Marie Curie
Schulmann, R. et al. (Hg.) (1998). A. Einstein: The Collected Papers of Albert Einstein, Volume 8. Princeton University Press.
Bertlmanns Socken
Bell, J.S. (1981). Bertlmann's socks and the nature of reality. Journal de Physique, 42, Colloque C-2, suppl. au No. 3.
Bertlmann, R.A. (1990). Bell's Theorem and the Nature of Reality. Foundations of Physics, 20, 10.
Die EPR-Arbeit über den lokalen Realismus und die Quantentheorie
Einstein, A., Podolsky, B., Rosen, N. (1935). Can quantum-mechanical description of physical reality be considered complete?. Physical Review, 47, 777.
J.S. Bell über die spontane Königswerdung beim Tod der Königin von England
Bell, J.S. (2011). Speakable and Unspeakable in Quantum Mechanics (Second Edition), La nouvelle cuisine. Cambridge University Press.
Die Bellsche Ungleichung
Bell, J.S. (1964). On the Einstein Podolsky Rosen Paradox. Physics, 1, 3.
Mermin, N.D. (1993). Hidden variables and the two theorems of John Bell. Reviews of Modern Physics, 65, 3.
Quanten-Teleportation
Bouwmeester, D. et al. (1997). Experimental quantum teleportation. Nature 390, 575.
Quanten-Teleportation von Insel zu Insel
Ma, X-S. et al. (2012). Quantum teleportation over 143 kilometres using active feed-forward. Nature 489, 269.
Allgemeinverständliche Einführung in die Kryptographie
Singh, S. (1999). The Code Book. Dobleday.
Quantenkryptographie-Protokoll mit verschränkten Teilchen und Test der Bellschen Ungleichung
Ekert, A.K. (1991). Quantum cryptography based on Bell's theorem. Physical Review Letters, 67, 661.
Experimentelle Umsetzung der Quantenkryptographie
Jennewein, T. et al. (1999). Quantum cryptography with entangled photons; Physical Review Letters, 84, 20.
Schrödingers Katze
Schrödinger, E. (1935). Die gegenwärtige Situation in der Quantenmechanik. Die Naturwissenschaften, 23.

Wigners Freund und das Bewusstsein
Wigner, E.P. Remarks on the Mind-Body Question. In: Mehra, J. (Hg.) (1995). Philosophical Reflections and Syntheses. The Collected Works of Eugene Paul Wigner, vol B/6. Springer.
Das Schalter-Atom im Stern-Gerlach-Apparat und die Dekohärenz
Zurek, W.H. (2002). Decoherence and the transition from quantum to classical-revisited. Los Alamos Science, 27.
Quanten-Darwinismus
Zurek, W.H. (2009). Quantum Darwinism. Nature Physics. 5, 181.
Die Viele-Welten-Theorie
Everett III, H. (Autor), Barrett, J.A., Byrne, P. (Hg.) (2012). The Everett Interpretation of Quantum Mechanics. Princeton University Press.
Radikalere Viele-Welten-Ansichten
Tegmark, M. (2014). Our Mathematical Universe. Alfred A. Knopf.
„Shut up and calculate!"
Mermin, N.D. (2004). Could Feynman Have Said This?. Physics Today, 57, 5, 10.
Quantenesoterik
Hümmler, H. (2017). Relativer Quantenquark. Springer.
Quanten und fernöstliche Mystik
Capra, F. (1975). Das Tao der Physik. O.W. Barth.
Rupert Sheldrakes „Morphische Felder"
Sheldrake, R. (1981). A New Science of Life. Tarcher.
Max Planck und Philipp von Jolly
Hoffmann D. (2008). Max Planck. C.H. Beck.
Der erste Laser
Maiman, T.H. (1960). Stimulated Optical Radiation in Ruby. Nature, 187, 493.
Vorsicht mit der Überbewertung des Quantencomputers
Hossenfelder, S. (2019, August 2). Quantum supremacy is coming. It won't change the world. The Guardian.
Quantenfluktuationen und die größten Strukturen im Universum
Hawking, S.W. (1982). The development of irregularities in a single bubble inflationary universe. Physics Letters B, 115, 4.

Danke!

Ein Buch über Quantentheorie kann man nur schreiben, wenn man seine Gedanken mit vielen klugen Leuten auf passende Weise verschränkt. Ich danke allen, die durch prüfende, korrekturlesende Blicke, kritische Kommentare, konstruktives Feedback oder hilfreiche Diskussionen zum Entstehen dieses Buchs beigetragen haben - ganz besonders bei Martin Bäker, Christina Bisanz, Stefan Donsa, Daniel Grumiller, Marcus Huber, Holm Hümmler, Renate Pazourek, Teresa Profanter, Volkmar Putz und Stefan Rotter.

Liebe Leser*innen,

wir sagen Danke, dass wir Sie auf Ihrer Lesereise begleiten durften. Viele weitere Abenteuer, aufregende Geschichten, unverwechselbare Geschenkideen finden Sie auf unserem Abenteuerspielplatz **www.brandstaetterverlag.com**

Bleiben wir in Verbindung!
Wir freuen uns auf Ihre Anregungen, Wünsche und Kritiken.
leserbrief@brandstaetterverlag.com

Besuchen Sie uns auf unserer Website!

Christian Brandstätter Verlag GmbH & Co KG
Wickenburggasse 26, 1080 Wien
Tel.: (0043) 1 5121543256

#florianaigner #warumwirnichtdurchwändegehen #quantenverstehen

ISBN 978-3-7106-0689-2

1. Auflage, 2023

Designed in Austria, printed in Europe

Grafische Gestaltung: Caroline Plank-Bachselten

Lektorat: Teresa Profanter

Illustrationen: Florian Aigner

Projektleitung: Judith E. Innerhofer

Der Inhalt dieses Buchs wurde auf hochwertigem, FSC©-zertifizierten Naturpapier gedruckt. Dieses Papier trägt darüber hinaus ein Zertifikat auf dem Cradle to Cradle Certified® Silver Level.

Das Forest Stewardship Council® ist eine internationale Nichtregierungsorganisation, die weltweit eine umweltfreundliche, sozial gerechte und wirtschaftlich tragfähige Bewirtschaftung der Wälder fördert. Cradle to Cradle® zielt auf ein ökologisch verträgliches Wirtschaften in sich wiederholenden Rohstoff-Produkt-Kreisläufen ab.

Für die Druckproduktion und Endfertigung wurde auf umweltfreundliche, ressourcenschonende und schadstofffreie Produktionsweisen und Materialien geachtet. Die Druckerei ist FSC©-zertifiziert (FSC-C106600); als Mitglied von ClimatePartner ermöglicht die Druckerei ihren Kunden die Option von klimaneutralen Produktionen.

Diese international anerkannten, unabhängigen und regelmäßig überprüften Standards gewährleisten eine umweltgerechte, sozial verträgliche, nachhaltige und ökonomisch tragfähige Nutzung entlang der gesamten Wertschöpfungskette Holz, vom Baum bis zum Buch.

FSC®
www.fsc.org
MIX
Papier | Fördert gute Waldnutzung
FSC® C106600